高职高专规划教材

工程成本核算

王　胜　主编

李跃珍　主审

中国建筑工业出版社

图书在版编目（CIP）数据

工程成本核算/王胜主编. —北京：中国建筑工业出版社，
2014.2（2023.5重印）
高职高专规划教材
ISBN 978-7-112-16211-6

Ⅰ.①工…　Ⅱ.①王…　Ⅲ.①建筑工程-成本计算-高等职业教
育-教材　Ⅳ.①TU723.3

中国版本图书馆 CIP 数据核字（2013）第 304951 号

《工程成本核算》是以施工企业内部的施工单位和工程项目部财会工作的
主要内容为对象编写的，比较系统地介绍了工程项目会计核算的基本理论和
方法。全书分为两部分，涵盖了基础会计、施工企业会计的主要内容。本书
详细介绍了工程成本核算的基本知识和方法，包括各种资产的核算、资金筹
集的核算、工程成本和期间费用的核算、收入利润的核算以及财务报告的编
制与分析等内容，突出了会计实务的操作，具有较强的适用性和可操作性。

责任编辑：张　晶　张　健
责任设计：李志立
责任校对：王雪竹　党　蕾

高职高专规划教材
工 程 成 本 核 算
王　胜　主编
李跃珍　主审

*

中国建筑工业出版社出版、发行（北京西郊百万庄）
各地新华书店、建筑书店经销
北京红光制版公司制版
建工社（河北）印刷有限公司印刷

*

开本：787×1092毫米　1/16　印张：16½　字数：400千字
2014年3月第一版　2023年5月第七次印刷
定价：**32.00**元
ISBN 978-7-112-16211-6
（24969）

前　言

　　《工程成本核算》是以施工企业内部的施工单位和工程项目部财会工作的主要内容为对象编写的，比较系统地介绍了工程项目会计核算的基本理论和方法。全书分为两部分，涵盖了基础会计、施工企业会计的主要内容。本书详细介绍了工程成本核算的基本知识和方法，包括各种资产的核算、资金筹集的核算、工程成本和期间费用的核算、收入利润的核算以及财务报告的编制与分析等内容，突出了会计实务的操作，具有较强的适用性和可操作性。

　　本书可作为建筑类高等专科学校、高等职业技术学院、成人高校的工程管理、工程造价、建筑经济管理专业学生的教学用书，也可作为施工企业财会人员的参考读物。

　　本书由山西建筑职业技术学院王胜、张晋、陈海英、周雪琳以及山西四建集团张培亮共同编写，由王胜任主编，张晋、周雪琳任副主编，山西建筑职业技术学院李跃珍任主审。写作分工如下：第1章、第4章、第7章，周雪琳；第2章、第9章，张培亮；第3章、第10章，陈海英；第5章、第6章、第11章，张晋；第8章，王胜。

　　本书在编写过程中参考了大量的国内外专业教材和论文，力求达到全面、科学、新颖、系统的目的，在此谨向有关作者深表谢意。

　　由于作者理论水平和实际工作经验所限，本书缺点错误难免，敬请同行和广大读者批评指正。

目　　录

1 会 计 基 础 知 识

本 章 提 要

本章主要阐述会计核算的基础知识。通过学习，理解会计的基本要素及其平衡原理，掌握借贷记账法的基本理论和方法，熟悉填制和审核会计凭证、设置和登记会计账簿的方法，了解科目汇总表核算程序的基本内容，为进一步学习施工企业会计奠定基础。

1.1 会 计 的 概 念

1.1.1 会计的定义

会计是以货币为主要计量单位，反映和监督一个单位经济活动的一种经济管理工作。施工企业会计是以货币为主要计量单位，对施工企业在施工生产经营活动中所产生的会计信息进行核算和加工，以反映和监督施工生产的全过程，是施工企业的一项重要管理活动。

施工企业，又称建筑安装企业，指主要承揽工业与民用房屋建筑、设备安装、矿山建设和铁路、公路、桥梁等工程施工的生产经营性企业。施工企业承建的工程项目，都必须与建设单位签订建造合同。建造合同的乙方（施工企业）必须按合同规定组织施工生产，保证工期和工程质量，按期将已完工程交付建造合同的甲方（建设单位或业主）验收使用，并向甲方收取工程价款。

1.1.2 会计的基本职能

会计的职能是指会计在经济管理中所具有的功能。会计核算和会计监督是会计的两大基本职能。

1. 会计核算

会计核算是指对施工企业经济活动过程及结果进行确认、计量、记录、计算和汇总，然后以财务报告的形式向有关各方提供全面、系统、真实的会计信息。简言之，会计核算就是记账、算账和报账。

2. 会计监督

会计监督是指依据各种法规、制度、计划和预算，对施工企业经济活动过程的合理、合法和有效性进行控制和指导，以维护财经纪律，保证公共财产的安全与完整。首先是建立企业内部的会计控制制度，以减少违法乱纪行为的发生。同时，还要对每项经济活动的合理性、有效性进行事前、事中的控制、分析和检查，以防止损失浪费。

会计的两大基本职能是密切结合、相辅相成的。会计核算是进行会计监督的前提，没有会计核算提供的信息资料，会计监督就没有客观依据；会计监督又是会计核算资料真实准确的保证，如果只核算不监督，会计核算也就失去了意义。只有把会计核算和会计监督有机地结合起来，才能充分发挥会计的作用。

1.2 会计核算的基本前提

会计核算的基本前提又称基本假设，是对企业会计确认、计量、报告的前提，是对会计核算所处的时间、空间和环境所作的合理设定。会计核算的基本前提包括会计主体、持续经营、会计分期和货币计量四项基本假设。

1.2.1 会计主体

会计主体是指会计工作为之服务的特定单位或组织。它限定了会计确认、计量和报告的空间范围。要求会计核算应当区分企业自身经济活动与其他单位的经济活动，区分企业的经济活动与企业投资人及企业职工个人的经济活动。在会计主体的假设下，企业应对其自身发生的交易或事项进行会计确认、计量和报告，反映企业本身所从事的生产经营活动。

应当明确，会计主体与法律主体的概念不能等同。法律主体必然是会计主体，但会计主体并不一定是法律主体。会计主体可以是一个具有法人资格的企业，也可以是非法人的合伙经营单位；可以是一个企业，也可以是企业中的内部单位；可以是单个企业，也可以是若干企业组成的企业集团。

1.2.2 持续经营

持续经营是指在可预见的将来，企业将会按当期的规模和状态继续经营下去，不会停业，也不会大规模的削减业务。连续性是现代化大生产的特征。作为社会生产表现形式的社会价值运动也应是连续的。但具体到微观，实际上很少有企业能够永久不变地经营下去。企业经营多久不完全以人的主观意志为转移。然而从会计实务处理的角度看，除非有充分的相反证明，否则为了解决资产估价和费用跨期分摊问题，在会计上就必须假定企业将会长期地以它现有的目标和现实形态持续不断地经营下去，足以完成现有的经营目标而不至于结束。资产将按原定用途在正常的经营过程中去使用，负债到期将予以偿付，债券也将及时收回。持续经营前提为资产计量和收益确认奠定了基础，提供了理论依据。同时在这一前提的基础之上，企业所采用的会计方法、会计程序才能保持稳定，才能按正常的基础反映企业的财务状况和经营成果。所以持续经营前提是会计在每个主体中正常活动的条件，它明确了会计工作的时间范围。

当然，在市场经济环境下，任何企业都存在破产、清算的风险，也就是说，企业不能持续经营的可能性总是存在的。因此，需要企业定期对其持续经营基本前提做出分析和判断。如果可以判断企业不能持续经营，就应当改变会计核算的原则和方法，并在企业财务报告中做相应的披露。如果一个企业在不能持续经营时还假设企业能够持续经营，并仍按照持续经营的基本假设选择会计核算的原则和方法，就不能客观地反映企业的财务状况、经营成果和现金流量，误导财务报告使用者进行经济决策。

1.2.3 会计分期

会计分期是指将施工企业持续不断的生产经营活动，人为地分割为若干个相等的期间，以定期反映企业的财务状况和经营成果。会计期间通常有年度、半年度、季度和月份之分，其起讫日期均采用公历日期。会计年度是最重要的会计期间，其他称为会计中期。

会计核算应当定期结算账目，计算盈亏，编制财务报告，并向会计信息使用者提供会计核算资料。

1.2.4 货币计量

货币计量是指在会计核算中用货币作为主要计量单位，记录和反映企业的生产经营情况。施工企业的生产经营活动大多表现为实物运动，如材料的消耗、固定资产的增减等。由于各种实物的计量单位很难统一，无法进行比较、汇总。因此，会计核算客观上需要一种统一的计量单位作为其计量尺度。货币作为一般等价物，自然而然地被选择作为计量单位来综合反映企业的财务状况和经营成果。

《企业会计准则》规定，会计核算以人民币"元"为记账本位币。业务收支以外币为主的企业，也可选用某种外币作为记账本位币，但在编制会计报表时应当折算为人民币反映。

1.3 会计信息质量要求

会计信息质量要求是对企业财务报告中所提供的会计信息的基本要求，只有符合质量要求的会计信息，才能满足信息使用者决策的需要。我国企业会计基本准则对会计信息提出了八项质量要求，即可靠性、相关性、可理解性、可比性、实质重于形式、重要性、谨慎性和及时性。

1.3.1 可靠性

可靠性要求企业应当以实际发生的交易或者事项为依据进行会计确认、计量和报告，如实反映符合确认和计量要求的各项会计要素及其他相关信息，保证会计信息真实可靠、内容完整。具体包括以下三方面的要求：一是企业应以实际发生的交易或者事项为依据进行会计确认、计量和报告，而不能以虚拟的交易或者事项为依据进行会计确认、计量和报告；二是企业应当如实反映其应反映的交易或者事项，将符合会计要素定义及其确认条件的各项会计要素和其他相关信息如实反映在财务报表中；三是企业应当在符合重要性和成本效益的原则下，保证会计信息的完整性。

1.3.2 相关性

相关性要求企业提供的会计信息应当与财务报告使用者的经济决策需要相关，有助于财务报告使用者对企业过去、现在或者未来的情况做出评价或者预测。为了满足会计信息质量相关性要求，企业应当在确认、计量和报告会计信息的过程中，充分考虑使用者的决策模式和信息需要。

1.3.3 可理解性

可理解性要求企业提供的会计信息应当清晰明了，即要求会计核算所提供的信息简明、易懂，能够简单明了地反映企业的财务状况和经营成果，便于财务报告使用者理解和使用。但应注意会计信息是一种专业性较强的信息产品，因此在强调会计信息的可理解性的同时，还应假定使用者具有一定的有关企业经营活动和会计核算方面的知识，企业不能以会计信息会使某些使用者难以理解而将其排除在财务报告所应披露的信息之外。

1.3.4 可比性

可比性要求企业提供的会计信息应当具有可比性。具体包括：第一，为了便于信息使用者了解企业财务状况和经营成果的变化趋势，比较企业在不同时期的财务报告信息，从而全面、客观地评价过去、预测未来，会计信息质量的可比性要求同一企业不同时期发生的相同或者相似的交易或者事项，应当采用一致的会计政策，不得随意变更。当然，这并不表明不允许企业变更会计政策，如果会计政策变更后可以提供更可靠、更相关的会计信息时，就有必要变更会计政策。确需变更的，应当在附注中予以说明。第二，为了便于使用者评价不同企业的财务状况、经营成果的水平及其变动情况，会计信息质量的可比性要求不同企业发生的相同或者相似的交易或事项，应当采用规定的会计政策，确保会计信息口径一致、相互可比。另外，会计核算也应满足国民经济宏观管理和调控的需要，使其所提供的会计核算资料和数据建立在相互可比的基础上，能够相互便于比较、分析和汇总。

1.3.5 实质重于形式

实质重于形式要求企业应当按照交易或事项的经济实质进行会计确认、计量和报告，不应仅以交易或事项的法律形式为依据。如融资租入的固定资产，在租期未满以前，从法律形式上讲，所有权并没有转移给承租人，但是从经济实质上讲，与该项固定资产相关的收益和风险已经转移给承租人，承租人实际上能行使对该项固定资产的控制，因此承租人应该将其视同自有的固定资产，并计提折旧。因此，如果企业仅仅以交易或事项的法律形式为依据进行会计确认、计量和报告，就容易导致会计信息失真，无法反映经济现实。所以，会计信息要想反映其所应反映的交易或事项，就必须根据交易或事项的经济实质来进行判断，而不能仅仅根据他们的法律形式。

1.3.6 重要性

重要性要求企业提供的会计信息应当反映与企业财务状况、经营成果和现金流量等有关的所有重要交易或事项。在会计核算过程中对交易或事项应当区别其重要程度，采用不同的核算方式。对于重要的会计事项，即影响财务报告使用者据以做出合理判断的会计事项，必须按照规定的会计方法和程序进行处理，并在财务报告中予以充分、准确地披露；对于次要的会计事项，在不影响会计信息真实性和不至于误导财务报告使用者做出正确判断的前提下，可适当简化处理。如果会计信息不分主次，有时反而可能会有损于其使用价值，甚至影响决策。因此，会计信息质量的重要性，既有利于财务报告使用者有重点地使用会计信息，也可以减轻会计核算的工作量。

1.3.7 谨慎性

谨慎性要求企业对交易或事项进行会计确认、计量和报告应当保持应有的谨慎，不应高估资产或者收益、低估负债或者费用。在市场经济环境下，企业的生产经营活动面临着许多风险和不确定性，如应收款项收回的可能性、固定资产的使用寿命、无形资产的使用寿命等。会计信息质量的谨慎性要求企业在面临不确定因素的情况下做出职业判断时，保持应有的谨慎，充分估计到可能发生的风险和损失，既不高估资产或者收益，也不低估负债或者费用。但也应注意，谨慎性的应用并不允许企业设置秘密准备，如果企业故意低估资产或者收益，故意高估负债或者费用，将导致会计信息失真，从而对使用者的决策产生误导，这是企业会计准则不允许的。

1.3.8 及时性

及时性要求企业对于已经发生的交易或事项，应当及时进行会计确认、计量和报告，不得提前或者延后。如果不及时提供，就失去了时效性，对于使用者的效用就会大大降低，甚至不具有任何意义。所以，及时性要求企业及时收集会计信息、及时处理会计信息、及时传递会计信息，便于使用者及时使用与决策。

1.4 会计要素和会计等式

1.4.1 会计要素

会计要素是会计对象的具体内容，是构成会计报表的基本要素。企业的会计要素包括资产、负债和所有者权益、收入、费用和利润，其中资产、负债和所有者权益要素侧重于反映企业的财务状况，收入、费用和利润要素侧重于反映企业的经营成果。

1. 资产

（1）资产的定义

资产，是指企业过去的交易或者事项形成的、由企业拥有或控制的、预期会给企业带来经济利益的资源，包括各种财产、债权和其他权利。

（2）资产的特征

1）资产预期会给企业带来经济利益。不能给企业带来经济利益的项目就不能继续确认为企业的资产。

2）资产应为企业拥有或者控制的资源。由企业拥有或者控制，是指企业享有某项资源的所有权，或者虽不享有某项资源的所有权，但该资源能被企业所控制。如融资租入的固定资产，虽然没有所有权，但按实质重于形式的要求，应当作为企业的资产确认。

3）资产是由企业过去的交易或者事项形成的。企业过去的交易或者事项包括购买、生产、建造行为或者其他交易事项。只有过去发生的交易或者事项才能产生资产，企业预期发生的交易或者事项不形成资产。

（3）资产的确认条件

某项资源确认为资产，首先应当符合资产的定义。除此之外，还需要同时满足以下两个条件：

1）与该资源有关的经济利益很可能流入企业。

2）该资源的成本或者价值能够可靠地计量。

（4）资产的分类

资产按其流动性，可分为流动资产和非流动资产。流动资产是指可以在一年或者超过一年的一个营业周期内变现、出售或耗用的资产，包括货币资金、交易性金融资产、应收票据、应收账款、预付账款、应收利息、应收股利、其他应收款、存货等。非流动资产是指流动资产以外的资产，主要包括长期股权投资、固定资产、在建工程、工程物资、无形资产、临时设施、长期待摊费用等。

2. 负债

（1）负债的定义

负债是指过去的交易或者事项形成的，预期会导致经济利益流出企业的现实义务。

（2）负债的特征

1）负债是企业承担的现时义务。现时义务，是指企业在现行条件下已承担的义务。未来发生的交易或者事项形成的义务，不属于现时义务，不应当确认为负债。

2）负债的清偿预期会导致经济利益流出企业。负债通常是在未来某一日通过交付资产（库存现金或其他资产）或提供劳务来清偿。

3）负债是由企业过去的交易或事项形成的，也就是导致负债的交易或事项必须已经发生。例如：购置货物或使用劳务会产生应付账款的义务。

（3）负债的确认条件

将一项现时义务确认为负债，首先应当符合负债的定义。除此之外，还需要同时满足以下两个条件：

1）与该义务有关的经济利益很可能流出企业。

2）未来流出经济利益的金额能够可靠地计量。

（4）负债的分类

负债按偿还期限的长短，分为流动负债和非流动负债。流动负债是指预计在一年（含一年）或者超过一年的一个营业周期内到期应予以偿还的债务。流动负债包括短期借款、应付票据、应付账款、预收账款、应付职工薪酬、应交税费、应付利息、应付股利、其他应付款等。非流动负债是指流动负债以外负债，包括长期借款、应付债券、长期应付款等。

3. 所有者权益

（1）所有者权益的定义

所有者权益是指企业资产扣除负债后由所有者享有的剩余权益。公司所有者权益又称股东权益。所有者权益的内容包括实收资本（或股本）、资本公积、盈余公积和未分配利润等，其金额等于资产减去负债后的余额。

（2）所有者权益的来源构成

所有者权益按其来源主要包括所有者投入的资本、直接计入所有者权益的利得和损失、留存收益等。

所有者投入的资本，是指所有者投入企业的资本部分，它既包括构企业注册资本或者股本部分的金额，又包括投入资本超过注册资本或者股本部分的金额，即资本溢价或者股本溢价。这部分投入资本在我国企业会计准则体系中被计入了资本公积，并在资产负债表中的资本公积项目下反映。

直接计入所有者权益的利得和损失是指不应计入当期损益、会导致所有者权益发生增减变动的、与所有者投入资本或者向所有者分配利润无关的利得或者损失。其中，利得是指由企业非日常活动所形成的、会导致所有者权益增加的、与所有者投入资本无关的经济利益的流入；损失是指由企业非日常活动所发生的、会导致所有者权益减少的、与向所有者分配利润无关的经济利益的流出。直接计入所有者权益的利得和损失主要包括处置固定资产的净收益或净损失、可供出售金融资产的公允价值变动额、现金流量套期中套期工具利得或损失属于有效套期部分等。

留存收益，是企业历年实现的净利润留存于企业的部分，主要包括计提的盈余公积金和未分配利润。

（3）所有者权益的确认条件

由于所有者权益体现的是所有者在企业中的剩余权益，因此所有者权益的确认主要依赖于其他会计要素，尤其是资产和负债的确认。所有者权益金额的确定也主要取决于资产和负债的计量。例如，企业接受投资者投入资本的资产，在该资产符合企业资产确认条件时，也相应的符合了所有者权益的确认条件。

4. 收入

（1）收入的定义

收入是指企业在日常活动中形成的、会导致所有者权益增加的、与所有者投入资本无关的经济利益的总流入。

（2）收入的特征

1）收入是从企业的日常经营活动中产生的，而不是从偶发的交易或事项中产生的。所谓日常活动，是指销售商品、提供劳务及让渡资产使用权等。非日常活动所形成的经济利益流入不能确认为收入，而应当计入利得。如出售固定资产、无形资产不属于日常经营活动，其产生的经济利益流入就不能确认为收入，而是利得。2）收入会导致经济利益的流入，且该流入不包括所有者投入的资本。收入为企业带来经济利益的形式多种多样，即可能表现为资产的增加，如销售货物增加银行存款或形成应收账款；也可能表现为负债的减少，如减少预收账款；还可以表现为二者的组合，如销售实现时，部分冲减预收的货款，部分增加银行存款。但是不包括资本的增加，如所有者投入资本的增加不应当确认为收入，应当将其直接确认为所有者权益。同时也不包括为第三方或者客户代收的款项，如代收代缴增值税、代收的货款等。3）与收入相关的经济利益总流入最终应当导致所有者权益的增加，不会导致所有者权益增加的经济利益的流入不符合收入的定义，不应确认为收入。

（3）收入的分类

按照日常活动在企业所处的地位收入可分为主营业务收入和其他业务收入。其中，主营业务收入是企业为完成其经营目标而从事的日常活动中的主要项目。施工企业的主营业务收入是指企业进行施工生产活动取得的收入即建造合同收入。其他业务收入是主营业务以外其他日常活动，如施工企业销售产品和材料、出租固定资产（出租建筑物除外）、开展多种经营等取得的收入。

（4）收入确认的条件

收入的确认除了应当符合定义外，还应当满足严格的确认条件。收入只有在经济利益很可能流入，从而导致企业资产增加或者负债减少，且经济利益的流入额能可靠计量时才能予以确认。因此，收入的确认至少应当同时符合下列条件：1）与收入相关的经济利益很可能流入企业。2）经济利益流入企业的结果会导致企业资产的增加或者负债的减少。3）经济利益的流入额能够可靠地计量。

5. 费用

（1）费用的定义

费用是指企业在日常活动中发生的、会导致所有者权益减少的、与向所有者分配利润无关的经济利益的总流出。

（2）费用的特征

根据费用的定义，费用具有以下几方面的特征：1）费用是企业在日常活动中发生的经济利益的流出，这些日常活动的界定与收入中的日常活动相一致。日常活动中所产生的费用包括销售成本、职工薪酬、折旧费、无形资产摊销等。将费用界定为日常活动中所形成的，目的是为了将其与损失相区分，因企业非日常活动所形成的经济利益的流出不能确认为费用，应当计入损失。以施工企业为例，日常活动中产生的费用主要有工程成本与期间费用，工程成本包括人工费、材料费、机械使用费、其他直接费和施工间接费；期间费用包括管理费用、财务费用和销售费用。非日常活动所形成的经济利益流出如出售固定资产、无形资产，不属于日常经营活动，其产生的经济利益流出就不能确认为费用，而是计入当期损益的损失。2）费用应当会导致经济利益的流出，该流出不包括向所有者分配的利润。费用应当导致经济利益的流出，从而导致资产的减少或者负债的增加。其表现形式包括现金或者现金等价物的流出，存货、固定资产和无形资产等的流出或者消耗等。鉴于企业向所有者分配利润也会导致经济利益流出企业，而该经济利益的流出属于所有者权益的抵减项目，因而不应确认为费用，应当将其排除在费用之外。3）费用将引起所有者权益的减少。与费用相关的经济利益的流出最终应当会导致所有者权益的减少，不会导致所有者权益减少的经济利益流出不符合费用的定义，不应确认为费用。所有者权益减少也不一定都列入费用，如企业偿债性支出和向投资者分配利润，显然减少了所有者权益，但不能归入费用。

（3）费用确认的条件

费用的确认除了应当符合定义以外，还应当满足严格的确认条件，即费用只有在经济利益很可能流出，从而导致企业资产的减少或者负债增加，且经济利益的流出能可靠地计量时才能予以确认。因此，费用的确认至少应当符合以下条件：1）与费用相关的经济利益应当很可能流出企业。2）经济利益流出企业的结果会导致资产的减少或者负债的增加。3）经济利益的流出额能够可靠计量。

费用的确认应当注意以下几点：1）企业为生产产品、提供劳务等发生的可归属于产品成本、劳务成本等的费用，应当在确认产品销售收入、劳务收入等时，将已销售产品、已提供劳务的成本等计入当期损益，即这些费用应当与企业实现的相关收入相配比，并在同一会计期间予以确认，计入利润表。2）企业发生的支出不产生经济利益的，或者即使能够产生经济利益但不符合或者不再符合资产确认的条件，应当在发生时确认为费用，计入当期损益。如借款利息计入财务费用等。3）企业发生交易或事项导致其承担了一项负债而又不确认为一项资产的，应当在发生时确认为费用，计入当期损益。如应付管理人员薪酬。

6. 利润

（1）利润的定义

利润是指企业在一定会计期间的经营成果，反映企业的经营业绩情况。利润通常是评价企业管理层业绩的一项重要指标，也是投资者、债权人等作出投资决策、信贷决策等的重要参考指标。利润有营业利润、利润总额和净利润。

（2）利润的来源构成

利润包括收入减去费用后的净额、直接计入当期利润的利得和损失等。其中，收入减去费用后的净额反映的是企业日常活动的业绩、直接计入当期利润的利得和损失反映的是企业非日常活动的业绩。直接计入当期利润的利得和损失，是指应当计入当期损益、最终会引起所有者权益发生增减变动的、与所有者投入资本或者向所有者分配利润无关的利得或损失。企业应当严格区分收入和利得、费用和损失之间的区别，以更加全面反映企业的经营业绩。

（3）利润的确认条件

利润反映的是收入减去费用、利得减去损失的净额，因此利润的确认主要依赖于收入和费用以及利得和损失的确认，其金额的确定也主要取决于收入、费用、利得、损失金额的计量。

1.4.2　会计等式

1. 会计等式

（1）静态会计等式

如前所述，施工企业要进行正常的生产经营活动，必须拥有一定数量的资产。这些资产的来源渠道有两个：一是由所有者提供，二是由债权人提供。所有者和债权人为企业提供了资产，就理所当然地对企业资产享有要求权。这种对企业资产的要求权，在会计上称为"权益"。其中，所有者对企业资产的要求权称为"所有者权益"，债权人对企业资产的要求权称为"债权人权益"，也称"负债"。

资产反映企业拥有多少资源和什么样的资源，权益则表明这些资源是谁提供的，谁对这些资源拥有要求权。因而，资产与权益之间存在着相互依存的关系：有一定数额的资产，必然有同等数额的权益；有一定数额的权益，必然表现为同等数额的资产。资产总额与权益总额必然相等。用等式表示为：

$$资产＝权益$$
$$＝债权人权益＋所有者权益$$
$$＝负债＋所有者权益$$

上述等式称为会计的基本等式，亦称"会计平衡式"。它反映了资产与负债、所有者权益之间的数量关系，是会计核算的理论依据。现举例说明如下：

【例 1-1】　盛达建筑公司×项目部 2012 年 12 月 31 日资产、负债和所有者权益状况见表 1-1。

表 1-1

资产	金额（元）	负债及所有者权益	金额（元）
库存现金	5800	短期借款	21200
银行存款	31500	应付账款	10000
应收账款	10000	应付职工薪酬	20000
原材料	61900	实收资本	250000
固定资产	210000	盈余公积	18000
合计	319200	合计	319200

从表 1-1 可以看出，企业的资产总额为 319200 元，所有者权益总额为 268000 元，负债总额为 51200 元，权益总计为 319200 元，资产总额与权益总额相等。

（2）动态会计等式

企业的目标是从生产经营活动中获取收入，实现盈利。企业为获得收入，必然发生相应的费用。收入与费用相比较，才能计算确定企业在一定期间能实现的损益总额。利润与收入、费用之间存在如下关系：

$$收入-费用=利润$$

这一等式表明，一定期间收入、费用与经济成果的关系。它是编制利润表的理论依据。这三个要素的变化会引起企业资产和所有者权益的变化。因为，收入会增加企业资产，费用会使资产因消耗而减少；如果收入大于费用，则是企业净资产增加，反之，使企业净资产减少。在某一时点，企业资产增减变化的结果包含于基本会计等式左边的资产中。从另外一方面看，企业实现的利润属于所有者权益，表明所有者在企业中的权益数额增加；反之，企业亏损，只能由所有者承担，表明所有者权益数额减少。

（3）综合会计等式

将"收入-费用=利润"等式带入基本会计等式，则可以得出扩展会计等式如下：

$$资产=负债+（所有者权益+利润）=负债+（所有者权益+收入-费用）$$

移项得如下扩展的会计等式：

$$资产+费用=负债+所有者权益+收入$$

这一等式表明会计主体的财务状况与经营成果之间的相互联系。发生收入和费用变动的经济业务，会引起会计等式中各个会计要素的增减变动，但不会破坏会计等式的平衡。

2. 经济业务的发生对会计基本等式的影响

企业在生产经营活动中会发生各种各样的经济活动。在会计上，通常将那些能够以货币计量，并能引起会计要素有关项目发生增减变动的经济活动称为经济业务，亦称"会计事项"。

经济业务的发生，尽管会引起会计要素的有关项目发生增减变动，但就一个会计主体而言，无论发生什么样的经济业务，都不会破坏资产与权益之间的平衡关系。

下面举例说明经济业务对会计基本等式的影响。

【例1-2】仍沿用例1-1的资料，假设该公司2013年1月份发生下列经济业务：

（1）从银行提取现金20000元，准备发放工资。

这项业务的发生，使企业的资产"库存现金"增加了20000元，同时使另一项资产"银行存款"减少了20000元，资产项目一增一减，增减金额相等，资产总额不变，资产总额与权益总额依然相等。

（2）企业签发并承兑一张金额为10000元的商业汇票，用以抵付前欠的应付账款。

这项业务的发生，使企业的流动负债"应付票据"增加了10000元，同时使另一项流动负债"应付账款"减少了10000元，负债项目一增一减，增减金额相等，权益总额不变，资产总额与权益总额依然相等。

（3）企业以现金20000元支付职工工资。

这项业务的发生，使企业的资产"库存现金"减少了20000元，同时使一项流动负债"应付职工薪酬"也减少了20000元，资产与权益项目同时减少，减少的金额相等，资产总额与权益总额依然保持平衡关系。

（4）企业接受投资者投入的设备两台，价值200000元。

这项业务的发生，使企业的"固定资产"增加了200000元，同时使企业的"实收资本"也增加了200000元，资产与权益项目同时增加，增加的金额相等，资产总额与权益总额依然保持平衡关系。

企业的经济业务虽然多种多样，但归纳起来不外乎以上四种类型。上述经济业务引起盛达建筑公司资产与权益的增减变化情况及结果如表 1-2 所示。

（单位：元）**表 1-2**

资产项目	变动前金额	增加金额	减少金额	变动后金额	权益项目	变动前金额	增加金额	减少金额	变动后金额
库存现金	5800	20000	20000	5800	短期借款	21200			21200
银行存款	31500		20000	11500	应付账款	10000		10000	
应收账款	10000			10000	应付职工薪酬	20000		20000	
原材料	61900			61900	应付票据		10000		10000
固定资产	210000	200000		410000	实收资本	250000	200000		450000
					盈余公积	18000			18000
合计	319200	220000	40000	499200	合计	319200	210000	30000	499200

综上所述可知：

经济业务的发生，如果引起资产和权益两方项目发生变动，资产总额和权益总额会同时增加或同时减少，但增减后的双方总额仍然相等，不会破坏二者的平衡关系；经济业务的发生，如果只引起资产或者权益一方项目发生变动，不仅不会破坏资产与权益的平衡关系，而且原来的总额也保持不变。

由此可见，任何经济业务的发生都不会破坏资产与权益之间的平衡关系。正确理解和运用这一平衡关系，对于掌握按这一平衡关系建立的各种会计核算方法具有重要意义。

1.5 会计科目和账户

为了全面、系统地反映和监督各项会计要素的增减变动情况，分门别类地为会计信息使用者提供必需的会计核算资料，有必要对会计要素作进一步分类，设置若干会计科目，并据以开设账户，以取得各种会计指标。

1.5.1 会计科目

会计科目是按照经济内容对会计要素进一步分类形成的项目，是设置账户、登记账簿、分类汇总会计信息的工具。例如，为了反映各项资产的增减变动，就需要设置"库存现金"、"银行存款"、"固定资产"、"原材料"等科目；为了反映负债的增减变动，就需要设置"短期借款"、"长期借款"、"应付账款"、"应付职工薪酬"等科目。

1. 设置会计科目的原则

（1）设置会计科目必须结合会计对象的特点，做到统一性与灵活性相结合

会计科目是依据企业会计准则中确认、计量和报告的规定制定的，涵盖了各类企业的交易与事项。所谓统一性，是指企业应根据《企业会计准则》的要求，对会计科目的核算内容进行统一规定，便于会计核算指标在一定范围内综合汇总。所谓灵活性，是指企业在不违反会计准则中确认、计量和报告的前提下，可以根据自身经济业务的特点，在统一会计科目的基础上自行增设、分拆、合并会计科目。企业不存在的交易或事项可以不设置相关会计科目。如施工企业主要从事施工生产活动，就需要设置"工程施工"科目对施工生

产过程进行核算和监督；而工业企业则需要设置"生产成本"、"制造费用"等账户对产品生产过程进行核算和监督。再如，施工企业由于不经常发生广告、展览等费用，可不设"销售费用"科目，对发生的零星宣传费可列入"管理费用"科目核算。

（2）会计科目的设置必须保持相对稳定

为了便于对不同时期的会计核算指标进行对比分析，企业设置的会计科目必须保持相对稳定。

2. 会计科目的分类

会计科目可以按不同的标准进行分类。

（1）按反映的经济内容分类

按照反映的经济内容，一般企业的会计科目可分为六大类，即资产类、负债类、共同类（多为金融、保险、投资、基金等公司使用，施工企业没有此类）、所有者权益类、成本类和损益类。

（2）按提供指标的详细程度分类

按提供指标的详细程度，会计科目可分为总分类科目和明细分类科目。总分类科目又称一级科目，提供总括的核算资料。企业会计准则中规定的科目都是总分类科目。明细分类科目是对总分类科目作进一步分类的科目，能够提供更加详细具体的核算资料。二者之间是统驭与被统驭、补充与被补充的关系。

3. 会计科目的内容

参照《企业会计准则》，根据会计科目设置的原则，施工企业一般应设置如下的会计科目名称与编号，见表1-3。

施工企业会计科目表　　　　　　　　　　　　　　表1-3

顺序号	编号	名　称	顺序号	编号	名　称
		（一）　资产类	16	1408	委托加工物资
1	1001	库存现金	17	1409	采购保管费
2	1002	银行存款	18	1411	周转材料
3	1012	其他货币资金	19	1412	低值易耗品
4	1101	交易性金融资产	20	1471	存货跌价准备
5	1121	应收票据	21	1501	持有至到期投资
6	1122	应收账款	22	1502	持有至到期投资减值准备
7	1123	预付账款	23	1503	可供出售金融资产
8	1131	应收股利	24	1511	长期股权投资
9	1132	应收利息	25	1512	长期股权投资减值准备
10	1221	其他应收款	26	1521	投资性房地产
11	1231	坏账准备	27	1531	长期应收款
12	1401	材料采购	28	1601	固定资产
13	1402	在途物资	29	1602	累计折旧
14	1403	原材料	30	1603	固定资产减值准备
15	1404	材料成本差异	31	1604	在建工程

顺序号	编号	名　称	顺序号	编号	名　称
32	1605	工程物资	61	4001	实收资本（或股本）
33	1606	固定资产清理	62	4002	资本公积
34	1607	临时设施	63	4101	盈余公积
35	1608	临时设施摊销	64	4103	本年利润
36	1609	预计损失准备	65	4104	利润分配
37	1701	无形资产	66	4201	库存股
38	1702	累计摊销			（五）　成本类
39	1703	无形资产减值准备	67	5301	研发支出
40	1711	商誉	68	5401	工程施工
41	1801	长期待摊费用	69	5402	工程结算
42	1811	递延所得税资产	70	5403	机械作业
43	1901	待处理财产损溢	71	5404	辅助生产
		（二）　负债类	72	5405	施工间接费
44	2001	短期借款	73	5406	工业生产
45	2201	应付票据			（六）　损益类
46	2202	应付账款	74	6001	主营业务收入
47	2203	预收账款	75	6051	其他业务收入
48	2211	应付职工薪酬	76	6101	公允价值变动损益
49	2221	应交税费	77	6111	投资收益
50	2231	应付利息	78	6301	营业外收入
51	2232	应付股利	79	6401	主营业务成本
52	2241	其他应付款	80	6402	其他业务成本
53	2401	递延收益	81	6403	营业税金及附加
54	2501	长期借款	82	6404	合同预计损失
55	2502	应付债券	83	6601	销售费用
56	2701	长期应付款	84	6602	管理费用
57	2702	未确认融资费用	85	6603	财务费用
58	2711	专项应付款	86	6701	资产减值损失
59	2801	预计负债	87	6711	营业外支出
60	2901	递延所得税负债	88	6801	所得税费用
		（四）　所有者权益类	89	6901	以前年度损益调整

以上有关科目的核算内容和使用方法以及应设置的明细科目，将在以后各章详述。

1.5.2　会计账户

会计科目虽然规定了对会计对象进行分类核算的项目，但是却不能反映各项目的增减变化，因此还必须根据规定的会计科目在账簿中开设会计账户，通过会计账户记录来反映一定期间各项会计要素的增减变动情况。设置和运用会计账户是会计核算的基本方法。

会计账户与会计科目既有联系又有区别。会计科目是会计账户的名称，二者都是对会计对象具体内容的科学分类，反映的经济内容相同。二者的不同点在于：会计科目仅仅反映某一经济内容，而会计账户不仅反映这一经济内容，还反映该经济内容的增减变动及其结果。

为了科学系统地记录和反映各项经济业务，会计账户不但要有明确的核算内容，还必须具有一定的结构。会计账户的结构是由会计要素的数量变化决定的。经济业务发生所引起的各项会计要素的变化，在数量上不外乎增加和减少两种情况。因此，用来记录经济业务的会计账户在结构上也相应地划分为左、右两方，以一方登记增加额，另一方登记减少额。至于哪一方登记增加额，哪一方登记减少额，则取决于会计账户反映的经济内容以及采用的记账方法。

在账户中，一定时期所登记的增加金额的合计数称为本期增加发生额，一定时期所登记的减少金额的合计数称为本期减少发生额，本期增加发生额与本期减少发生额相抵后的差额称为期末余额，本期的期末余额就是下期的期初余额。其关系可用公式表示如下：

期末余额＝期初余额＋本期增加发生额－本期减少发生额

在实际工作中，由于采用的记账方法不同，账户的格式也不完全相同。账户的格式虽然多种多样，但其基本内容应包括以下几个方面：

（1）账户的名称，即会计科目。

（2）日期，即记录经济业务的日期。

（3）凭证字号，即登记账户依据的记账凭证的种类和顺序号。

（4）摘要，即经济业务的简要内容。

（5）金额，即本期发生的增加金额、减少金额和余额。

在借贷记账法下，账户的结构和一般格式见表1-4。

账户名称　　　　　　　　　　　　　　　　　　　　　　　　　　　表 1-4

年		凭证字号	摘要	借方	贷方	借或贷	余额
月	日						

在理论上和教学上，为了说明的方便，通常将账户的基本结构简化为"T"字形，称为"丁字账"，如表1-5所示。

表 1-5

借方	账户名称	贷方

1.6 会 计 计 量

会计计量，是为了将符合确认条件的会计要素登记入账，并列报于财务报表而确定其金额的过程。企业应当按照规定的会计计量属性进行计量，确定相关金额。

会计计量属性主要包括以下五种：

1. 历史成本

在历史成本计量下，资产按照购置时支付的现金或者现金等价物的金额，或者按照购置资产时所付出的对价的公允价值计量；负债按照其因承担现时义务而实际收到的款项或者资产的金额，或者承担现时义务的合同金额，或者按照日常活动中为偿还负债预期需要支付的现金或者现金等价物的金额计量。

2. 重置成本

在重置成本计量下，资产按照现在购买相同或者相似资产所需支付的现金或者现金等价物的金额计量；负债按照现在偿付该项债务所需支付的现金或者现金等价物的金额计量。

3. 可变现净值

在可变现净值计量下，资产按照其正常对外销售所能收到现金或者现金等价物的金额扣减该资产至完工时估计将要发生的成本、估计的销售费用以及相关税费后的金额计量。

4. 现值

在现值计量下，资产按照预计从其持续使用和最终处置中所产生的未来净现金流入量的折现金额计量；负债按照预计期限内需要偿还的未来净现金流量的折现金额计量。

5. 公允价值

在公允价值计量下，资产和负债按照在公平交易中，熟悉情况的交易双方自愿进行资产交换或者债务清偿的金额计量。

企业在对会计要素进行计量时，一般应当采取历史成本计量属性。例如，施工企业购入存货、购建厂房、进行施工生产等，应当以发生的实际成本计量。但某些情况下，如果仅仅以历史成本作为计量属性，可能难以达到会计信息的质量要求，有时甚至损害会计信息质量。为了提高会计信息的有用性，向使用者提供与决策更为相关的会计信息，就有必要采用其他计量属性进行会计计量。但应注意，采用重置成本、可变现净值、现值、公允价值计量时，应当保证所确定的会计要素金额能够取得并可靠计量。

1.7 复 式 记 账

1.7.1 复式记账原理

设置会计账户，仅仅对会计要素的具体内容进行归类、加工和汇总提供了核算的工具与载体，而要将经济业务引起的会计要素的变动情况准确登记入账，还必须采用科学的记账方法。记账方法有单式记账法和复式记账法两种，现代会计一般采用复式记账法。

复式记账法简称复式记账，是指对发生的每一项经济业务，均以相等的金额在两个或两个以上相互联系的账户中进行登记的方法。采用复式记账法记账，可以全面地、相互联系地反映一项经济业务的来龙去脉，可以了解有关账户之间的对应关系，可以进行试算平衡，以检查记账的正确性。因此，复式记账是一种比较完整、系统、科学的记账方法。

国际上通行的复式记账法是借贷记账法。借贷记账法是以"借"、"贷"作为记账符号，以相等的金额、相反的方向同时在两个或两个以上相互联系的账户中记录经济业务的方法。

我国《企业会计准则》规定：会计记账采用借贷记账法。因此本书对各类经济业务的会计处理均按借贷记账法阐述。

1.7.2 借贷记账法的基本内容

1. 借贷记账法的记账符号

借贷记账法以"借"和"贷"作为记账符号，表示账户的方向，左方为借方，右方为贷方。"借"和"贷"只是一种记账符号，没有字面上的含义。

2. 借贷记账法的账户结构

采用借贷记账法时，账户的借贷两方必须做相反的记录。即对于每一个账户来说，如果规定借方用来登记增加额，则贷方用来登记减少额；反之，如果规定借方用来登记减少额，则贷方用来登记增加额。究竟哪一方登记增加额，哪一方登记减少额，要根据账户反映的经济内容来决定。

（1）资产类账户

资产类账户的借方登记增加额，贷方登记减少额，余额在借方，表示资产的结存数。用"T"字账表示，如表 1-6 所示。

表 1-6

借方	资产类账户	贷方
期初余额×××		
本期增加额×××		本期减少额×××
本期发生额×××		本期发生额×××
期末余额×××		

资产类账户期末余额可用下式计算：

期末借方余额＝期初借方余额＋本期借方发生额－本期贷方发生额

（2）权益类账户

权益类账户包括负债及所有者权益两类账户，其借方登记减少额，贷方登记增加额，余额在贷方，表示权益的结存数。用"T"字账表示，如表 1-7 所示。

表 1-7

借方	负债及所有者权益类账户	贷方
		期初余额×××
本期减少额×××		本期增加额×××
本期发生额×××		本期发生额×××
		期末余额×××

负债及所有者权益类账户期末余额可用下式计算：

期末贷方余额＝期初贷方余额＋本期贷方发生额－本期借方发生额

（3）收益类账户

收益在未分配之前，是权益的增加。因此收益类账户的结构与权益类账户的结构基本相同，即贷方登记增加数，借方登记减少数或转销数，期末一般无余额。

（4）成本费用类账户

成本费用的性质与收入正好相反，因此成本费用类账户的结构与收入类账户的结构正好相反，即借方登记增加数，贷方登记减少数或转销数，期末一般无余额。若有余额，应该在借方，表示资产。比如"生产成本"账户的余额表示正在加工的产品的成本。

为了便于掌握和运用账户，现将上述各类账户的结构归纳见表 1-8。

各类账户的结构归纳 表 1-8

账户类型	借方	贷方	余额
资产类	增加	减少	借方
负债类	减少	增加	贷方
所有者权益类	减少	增加	贷方
收益类	减少	增加	无
费用成本类	增加	减少	借方

此外，在借贷记账法下还可以设置一些双重性质的账户。这类账户的借方登记资产的增加和权益的减少，贷方登记权益的增加和资产的减少，期末根据余额的方向判断账户的性质。若期末余额在借方即为资产，若期末余额在贷方则为权益。比如，企业因生产经营

经常与同一企业发生应收账款和应付账款的往来关系，就可以设置一个"供应单位往来"账户或"购买单位往来"账户进行核算，而无须分别设置"应收账款"和"应付账款"两个账户。当发生应收账款增加或应付账款减少时记入该账户的借方，发生应收账款减少或应付账款增加时记入该账户的贷方。期末余额若在借方，即为应收账款；期末余额若在贷方，则为应付账款。设置双重性质的账户，不仅可以减少账户数量，简化记账手续，而且还便于债权、债务的核对与结算。双重性质账户的结构见表1-9。

表 1-9

借方	双重性质账户	贷方
期初余额（资产）×××		或期初余额（权益）×××
资产增加额或权益减少额×××		资产减少额或权益增加额×××
本期发生额×××		本期发生额×××
期末余额（资产）×××		或期末余额（权益）×××

3. 借贷记账法的记账规则

记账规则是指采用复式记账方法在账户中记录经济业务的基本规律。运用借贷记账法记账，关键在于正确分析经济业务。即首先根据经济业务的内容确定所涉及的账户及其影响，是增加还是减少；然后根据账户的性质判断应记入账户的借方还是贷方。现举例说明如下：

【例1-3】 盛达建筑公司×项目部收到投资人投入全新的施工机械一台，价值200000元。

这项经济业务使得企业的固定资产和实收资本同时增加了200000元。该业务涉及"固定资产"和"实收资本"两个账户。"固定资产"账户是资产类账户，增加应记借方；"实收资本"账户是所有者权益类账户，增加应记贷方。账户记录结果如图1-1所示。

借方	实收资本	贷方		借方	固定资产	贷方
		200000			200000	

图 1-1　账户记录结果

【例1-4】 盛达建筑公司×项目部以银行存款偿还应付账款23000元。

这项经济业务，使得企业的应付账款和银行存款同时减少了23000元。该业务涉及"银行存款"和"应付账款"两个账户。"银行存款"账户是资产类账户，减少应记贷方；"应付账款"账户是负债类账户，减少应记借方。账户记录结果如图1-2所示。

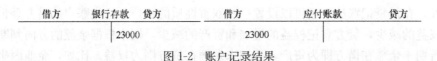

借方	银行存款	贷方		借方	应付账款	贷方
		23000		23000		

图 1-2　账户记录结果

【例 1-5】 盛达建筑公司×项目部以银行存款 50000 元购买材料一批，已验收入库。

这项经济业务的发生，使企业的银行存款减少了 50000 元，同时使原材料增加了 50000元。该业务涉及"银行存款"和"原材料"两个账户。"银行存款"账户是资产类账户，减少应记贷方；"原材料"账户也是资产类账户，增加应记借方。账户记录结果如图 1-3 所示。

图 1-3 账户记录结果

【例 1-6】 盛达建筑公司×项目部签发并承兑一张金额为 60000 元的商业汇票，用以抵付前欠的应付账款。

这项经济业务的发生，使企业的应付账款减少了 60000 元，同时应付票据增加了 60000元。该业务涉及"应付票据"和"应付账款"两个账户。"应付账款"账户是负债类账户，减少应记借方；"应付票据"账户也是负债类账户，增加应记贷方。账户记录结果如图 1-4 所示。

图 1-4 账户记录结果

通过对以上经济业务的分析，可以发现借贷记账法的基本规律：对于每一项经济业务的处理，都是以相等的金额、相反的方向同时在两个或两个以上账户中进行登记。即在记入一个账户借方的同时，记入另一个或几个账户的贷方；或在记入一个账户贷方的同时，记入另一个或几个账户的借方，而且记入借方账户的金额与记入贷方账户的金额相等，这就是借贷记账法的记账规则，概括起来就是"有借必有贷，借贷必相等"。

1.7.3 账户的对应关系

综上所述可知，运用借贷记账法记账时，对每一项经济业务都必须在两个或两个以上相互关联的账户中进行登记，从而使这些账户形成了应借应贷的相互关系。账户之间的这种相互依存、相互对照的关系，称为账户的对应关系；发生对应关系的账户，称为对应账户。通过账户的对应关系，可以反映资金运动的来龙去脉，便于了解经济业务的内容。并且对照有关的法律法规，还可以分析经济业务是否合理合法。

1.7.4 会计分录

1. 会计分录的内容

为了保证账户记录的准确性，便于事后检查，一般在将经济业务登记入账前，先要编制会计分录。所谓会计分录，是标明某项经济业务应登记的账户名称、方向和金额的一种记录。如上述四项经济业务的会计分录为：

①借：固定资产　　　　　　　　　　　　200000
　　贷：实收资本　　　　　　　　　　　　　　200000
②借：应付账款　　　　　　　　　　　　23000
　　贷：银行存款　　　　　　　　　　　　　　23000
③借：原材料　　　　　　　　　　　　　50000

贷：银行存款	50000
④借：应付账款	60000
贷：应付票据	60000

由上述分录可知，一笔会计分录应该包括以下内容（称为会计分录三要素）：

（1）账户名称（即会计科目）；

（2）记账方向（即记借方还是贷方）；

（3）金额。

2. 会计分录的编制步骤

编制会计分录，应按以下步骤进行：

（1）分析这项经济业务所涉及的账户名称及其金额，是增加还是减少；

（2）根据账户的性质确定对应账户的记账方向，即是记借方还是贷方；

（3）检查会计分录的借贷是否平衡，有无错误。

3. 会计分录的类型

会计分录有简单分录和复合分录两种。简单分录是只涉及两个账户（即一借一贷）的分录，如上面所列四笔分录均属简单分录；复合分录是涉及两个以上账户的分录，即指一个账户的借方（或贷方）同几个账户的贷方（或借方）存在对应关系的分录，即一借多贷或一贷多借的分录。

【例1-7】 盛达建筑公司×项目部采购材料一批，价值50000元，以银行存款支付了20000元，余款暂欠。其会计分录为：

借：原材料	50000	
贷：银行存款		20000
应付账款		30000

【例1-8】 盛达建筑公司×项目部以银行存款偿还应付账款30000元和短期借款50000元。其会计分录为：

借：应付账款	30000	
短期借款	50000	
贷：银行存款		80000

复合分录实际上是由若干个简单分录组合而成的。如例1-7也可作成如下两个简单分录：

借：原材料	20000	
贷：银行存款		20000
借：原材料	30000	
贷：应付账款		30000

编制复合分录，既可以简化记账手续，又可以集中反映一项经济业务的全貌，在实际工作中经常使用。但是，为了使账户的对应关系清晰，一般不宜把不同类型的经济业务合并在一起编制多借多贷的会计分录。因为多借多贷的分录，无法辨明账户的对应关系，难以了解经济业务的实际情况。

4. 会计分录的格式

采用借贷记账法编制会计分录的一般格式为：

（1）先借后贷，借和贷要分行书写，并前后错开；

（2）在"一借多贷"或"一贷多借"的分录中，借方或贷方账户的名称和金额必须对齐。

在实际工作中，会计分录一般是通过填制具有一定格式的记账凭证来完成的。

1.7.5 借贷记账法的试算平衡

为了保证账簿记录的正确性，需要在一定时期终了时，对账户记录进行试算平衡。试算平衡是根据资产与权益之间的恒等关系和借贷记账法的记账规则来检查记账是否正确的方法。在借贷记账法下，试算平衡包括发生额试算平衡和余额试算平衡两种。

1. 发生额试算平衡

根据借贷记账法的记账规则，每笔经济业务记入账户借方、贷方的金额是相等的。因此，将一定时期的经济业务全部登记入账后，所有账户的本期借方发生额合计与本期贷方发生额合计必然相等。用公式表示为：

全部账户本期借方发生额合计＝全部账户本期贷方发生额合计

2. 余额试算平衡

根据"资产＝负债＋所有者权益"的平衡原理，运用借贷记账法记录各项经济业务的结果，应该表现为一定时点的资产总额与负债及所有者权益的总额必然平衡。由于资产总额表现为所有账户的借方余额合计，负债和所有者权益总额表现为所有账户的贷方余额合计，因此，一定时点所有账户的借方余额合计数必然等于所有账户的贷方余额合计数。用公式表示为：

全部账户期初借方余额合计＝全部账户期初贷方余额合计

全部账户期末借方余额合计＝全部账户期末贷方余额合计

在实际工作中，试算平衡通常是在月末结出各个账户的本期发生额和期末余额后，通过编制试算平衡表进行的。试算平衡表分为两种，一种是将本期发生额和期末余额分别列表编制；另一种是将本期发生额和期末余额合并编制在一张表上。现根据例 1-2 的有关资料编制盛达建筑公司×项目部的试算平衡表，见表 1-10。

试算平衡表　　　　　　　　　　　表 1-10
2013 年 1 月 31 日　　　　　　　　（单位：元）

账户名称	期初余额		本期发生额		期末余额	
	借方	贷方	借方	贷方	借方	贷方
库存现金	5800		20000	20000	5800	
银行存款	31500			20000	11500	
应收账款	10000				10000	
原材料	61900				61900	
固定资产	210000		200000		410000	
短期借款		21200				21200
应付账款		10000	10000			
应付职工薪酬		20000	20000			
应付票据				10000		10000

续表

账户名称	期初余额		本期发生额		期末余额	
	借方	贷方	借方	贷方	借方	贷方
实收资本		250000		200000		450000
盈余公积		18000				18000
合计	319200	319200	250000	250000	499200	499200

应当指出的是，如果试算不平衡，表明记账或汇总计算肯定有错误，应予以查找、更正；如果试算平衡，却不能肯定记账没有错误，因为有些错误记录并不影响借贷双方的平衡。如对某些经济业务重记、漏记或用错账户、方向颠倒等，通过试算平衡是不能被发现的。因此，除定期进行试算平衡外，记账时还应尽可能地认真、细致，并加强审核凭证和对账工作，以提高会计核算的正确性。

1.8 会 计 凭 证

1.8.1 会计凭证的意义

会计凭证是记录经济业务、明确经济责任的书面证明，是登记账簿的依据。企业在经济活动中发生的每一项经济业务，都必须取得或填制会计凭证。只有经过审核无误的会计凭证才能作为记账的依据。填制和审核凭证，可以如实记录经济业务的实际情况，从而保证账簿记录的正确性；可以检查经济业务是否合理合法，充分发挥会计的监督作用；可以加强经济管理责任制，明确经济责任。

1.8.2 会计凭证的种类

会计凭证按其填制程序和用途不同分为原始凭证和记账凭证两类。

1. 原始凭证

原始凭证是在经济业务发生时取得或填制的，用以记录或证明经济业务发生或完成情况，具有法律效力的书面凭据，如各种发票、收据、入库单等。按照来源不同，原始凭证可分为外来原始凭证和自制原始凭证。外来原始凭证是在经济业务发生时从其他单位取得的凭证，如购货发票等；自制原始凭证是指本单位经办业务的人员在完成经济业务时填制的凭证，如入库单等。由于经济业务的内容多种多样，原始凭证的格式也各不相同，但都要求表明经济业务的发生和完成情况，明确经办部门和人员的责任。因此，原始凭证一般应具备以下基本内容：原始凭证的名称、填制日期和编号、接受凭证单位的名称、经济业务的内容、实物数量、单价及金额、填制凭证单位的名称及有关人员的签章等。

2. 记账凭证

记账凭证是会计人员根据原始凭证填制的，用以确定会计分录，作为记账依据的凭证。记账凭证有专用记账凭证和通用记账凭证两种。专用记账凭证是用来专门记录某一类经济业务的凭证，按其记录的经济业务与货币资金是否有关，分为收款凭证、付款凭证和转账凭证三种，其格式如表1-11～表1-13所示；通用记账凭证是一种适合所有经济业务的凭证，经济业务所涉及的会计科目全部填列在一张凭证内，借方在前，贷方在后，将各会计科目所记应借应贷的金额填列在"借方金额"和"贷方金额"栏内，借贷要相等。其格式如表 1-14 所示。

收款凭证 表 1-11

借方科目：　　　　　　　　　　　年　　月　　日　　　　　　　　字第　　号

摘要	贷方科目		金额	记账
	总账科目	明细科目		
	合计			

会计主管　　　　　　　　记账　　审核　　出纳　　　　　　　　制单

付款凭证 表 1-12

贷方科目：　　　　　　　　　　　年　　月　　日　　　　　　　　字第　　号

摘要	借方科目		金额	记账
	总账科目	明细科目		
附件　　张	合计			

会计主管　　　　　　　　记账　　审核　　出纳　　　　　　　　制单

转账凭证 表 1-13

年　　月　　日　　　　　　　　　转字第　　号

摘要	会计科目		借方金额	贷方金额	记账
	总账科目	明细科目			
附件　　张	合计				

会计主管　　　　　　　　记账　　审核　　　　　　　　　　制单

记账凭证 表 1-14

年　　月　　日　　　　　　　　字第　　号

摘要	会计科目		借方金额	贷方金额	记账
	总账科目	明细科目			
附件　　张	合计				

会计主管　　　　　　　　记账　　审核　　出纳　　　　　　　　制单

无论是哪一种格式的记账凭证，都必须具备以下基本内容：

（1）凭证的名称及编号；

（2）填制凭证的日期；

（3）经济业务的内容摘要；

（4）科目名称、记账方向和金额；

（5）所附原始凭证张数；

（6）有关人员的签章。

1.8.3 会计凭证的填制和审核

1. 原始凭证的填制和审核

为了保证原始凭证能正确、真实地反映经济业务的完成情况，填制原始凭证时应当符合以下基本要求：内容完整，记录真实，书写清楚，填制及时，手续完备。大、小写金额必须相符，属于复写的凭证必须写透，凭证填错要按规定的方法更正，不得随意涂改等。

对于取得的原始凭证，必须进行严格的审核。原始凭证的审核是会计监督的重要内容，具有十分重要的作用。原始凭证审核的内容主要包括两个方面：一是对凭证的完整性、准确性进行审核。主要审核记录的经济业务是否与实际情况相符，应填列的项目是否填写齐全，数字计算是否正确，手续是否完备，有关单位和人员是否已签名或盖章等。二是对凭证合理性、合法性的审核。主要审核经济业务的内容是否符合国家的政策、法令和制度的规定，有无违反财经纪律、营私舞弊等违法乱纪行为。例如审查费用的开支是否合理，财产物资的收发领退是否按规定办理了有关手续等。

2. 记账凭证的填制和审核

填制记账凭证，除了要做到记录真实、内容完整、填制及时、书写规范外，还应符合以下要求：经济业务的内容摘要简单明了，会计科目应用正确，账户对应关系清楚，借贷金额相等，每张凭证要按规定连续编号，并注明所附原始凭证的张数，以便日后查找。

为了保证账簿记录的正确性，应有专人对记账凭证进行审核。审核的主要内容有：凭证反映的经济业务是否同所附原始凭证的内容一致，所确定的会计分录是否正确，应填列的项目是否填写齐全，有关人员是否签章等。对审核中发现的错误凭证，应及时查明更正。只有审核无误的记账凭证，才能据以登记有关账簿。

1.8.4 会计凭证的传递和保管

会计凭证的传递，是指会计凭证从填制、审核、记账、整理到归档保管为止，在有关部门、人员之间办理业务手续的过程，包括会计凭证的传递程序、传递手续和传递时间。企业应根据经济业务的特点、机构设置和人员分工等情况，明确会计凭证填制的联数和传递程序。既要保证会计凭证经过必要的环节进行处理和审核，又要避免凭证在不必要的环节停留，使有关部门和人员及时了解情况、掌握资料，按规定程序工作。

会计凭证的保管是指会计凭证记账后的整理、装订、归档存查工作。会计凭证作为记账依据，是重要的会计档案，应妥善整理和保管，不得任意销毁和丢失。既要保证安全无损，又要便于查阅。其主要要求有：会计凭证应定期装订成册，防止散失；为了便于查阅，还应加具封面，封面上应注明单位名称、年度和月份、起讫日期、记账凭证种类、起讫号数、所附原始凭证张数，并由有关人员签章；装订成册的会计凭证，应集中保管并指定专人负责；查阅时应履行必要的手续；保管期满的会计凭证可按规定程序销毁。根据《会计档案管理办法》的规定，企业对原始凭证和记账凭证的保管期限为 15 年。

1.9 会 计 账 簿

1.9.1 会计账簿的意义

会计账簿是由具有一定格式的账页组成的，用于全面、系统、连续地记录各项经济业务的簿籍。

通过填制和审核凭证，虽然已将各项经济业务记录在会计凭证中，但是会计凭证比较零碎分散，每张凭证只能孤立地反映一项经济业务的情况，无法连续、系统、完整地反映经济活动的全貌。因此需要设置账簿，将分散在会计凭证上的资料加以归类、整理，登记到账簿中。正确地设置和登记会计账簿，可以全面、系统、连续地记录和反映企业经济活动的过程及其结果，为编制财务报告和进行财务分析提供资料。

1.9.2 会计账簿的种类

为了更好地理解和运用账簿，通常按用途和外表形式的不同对账簿进行分类。

1. 账簿按外表形式分类

账簿按外表形式，可分为订本式账簿、活页式账簿、卡片式账簿三类。

（1）订本式账簿

订本式账簿，简称订本账，是指在启用前就把已经编号的若干账页固定装订在一起的账簿。这种账簿可以避免账页散失和抽换，便于保管。但它在同一时间内只能由一个人登记，不便于分工；而且账页固定，不能增减，使用起来不灵活。一般用于总账、日记账的登记。

（2）活页式账簿

活页式账簿，简称活页账，是指启用前不作固定装订，只把分散的账页装放在账夹里，随时可以增减账页，使用完毕后才装订成册的账簿。这种账簿具有可以根据实际需要增添账页，使用灵活，便于分工的优点。但是账页容易散失和被抽换。因此，必须在年度终了后装订成册，并连续编号，妥善保管。活页账适用于各种明细账。

（3）卡片式账簿

卡片式账簿，简称卡片账，是由许多分散的、具有专门格式的卡片存放在卡片箱（或柜）中保管的账簿。这种账簿的优缺点与活页账相同，且可以跨年度使用，无须每年更换，一般用于不需经常更换账页的明细账的登记，如"固定资产明细账"。

2. 账簿按用途分类

账簿按用途可以分为序时账、分类账和备查账三种。

（1）序时账簿

序时账簿又称日记账，是指按经济业务发生时间的先后顺序，逐日逐笔连续登记的账簿。企业一般设置"库存现金日记账"和"银行存款日记账"，登记货币资金的收付业务，以加强货币资金的监督和管理。日记账一般采用三栏的订本式账簿，其账页格式如表1-15所示。

银行存款日记账   表 1-15

年		凭证		摘要	结算凭证		收入	付出	结存
月	日	种类	号数		种类	号数			

（2）分类账簿

分类账簿是指对全部经济业务分类记录的账簿。按照提供指标的详细程度不同，分类账又可分为总分类账和明细分类账两种。

总分类账简称总账，是根据总分类科目开设的，用以分类记录全部经济业务，提供总括核算资料的账簿。总账采用三栏式的订本账，其账页格式与上述日记账的格式基本相同。

明细分类账，简称明细账，是根据二级或明细科目开设的，用以分类登记某一类经济业务，提供详细、具体的核算资料的账簿。明细账一般采用活页式或卡片式账簿，其账页格式有三栏式、多栏式和数量金额式几种，由企业根据需要选用。数量金额式和多栏式账页的格式如表1-16、表1-17所示。

材料明细分类账　　　　　　　　　　　　　　　　　表1-16

品种：　　　　　　　　　　　　　　　　　　　　　　　　　计量单位：

规格：　　　　　　　　　　　　　　　　　　　　　　　　　存放地点：

年		凭证		摘要	收入			发出			结存		
月	日	种类	号数		数量	单价	金额	数量	单价	金额	数量	单价	金额

工程成本明细账（单位：元）　　　　　　　　　　　　表1-17

年		凭证		摘要	借　方						贷方	余额
月	日	种类	号数		人工费	材料费	机械使用费	其他直接费	间接费用	合计		

（3）备查账簿

备查账簿也称辅助账簿，是对某些不能在日记账和分类账中记录的经济事项或记录不全的经济业务进行补充登记的账簿。如租入固定资产登记簿、受托加工材料登记簿等。备查账没有固定的格式，由企业根据管理需要自行设计。

1.9.3 会计账簿的登记

1. 会计账簿的启用

为了保证账簿记录的规范和完整，明确记账责任，账簿应由专人负责登记。在启用账簿时，应认真填写账簿扉页的"账簿启用及经管人员一览表"。记账人员调换时，应办理交接手续，在交接记录栏内注明交接日期，并由交接人员和监交人员签章。"账簿启用及经管人员一览表"的格式如表 1-18 所示。

账簿启用和经管人员一览表 表 1-18

账簿名称：　　　　　　　　　　　　　　　　　　　　　单位名称：
账簿编号：　　　　　　　　　　　　　　　　　　　　　账簿册数：
起止页数：　　　　　　　　　　　　　　　　　　　　　启用日期：

移交日期			移交人		接管日期			接管人		会计主管	
年	月	日	姓名	盖章	年	月	日	姓名	盖章	姓名	盖章

另外，在账簿的第一页应编制一个目录，写明每一账户的名称和页次，以便查找。

2. 登记账簿的规则

登记账簿的基本要求如下：

（1）准确完整。登记账簿时，应当将会计凭证的日期、编号、业务内容摘要、金额和其他有关资料逐项记入账内。登记完毕后，要在记账凭证上签名或盖章，并注明已经登账的符号"√"，以免重记或漏记。

（2）清晰整洁。账簿中书写的文字或数字上面应留有适当的空距，一般占格距的二分之一，以便出现差错时更正。登记账簿要用蓝黑墨水或碳素墨水书写，不得使用圆珠笔或者铅笔。红色墨水只能在结账划线、改错、冲账时使用。登账如果出现错误，应按照更正错账的方法更正，不得随意刮擦、挖补、涂改或用褪色药水更改字迹。

（3）记录连贯。各种账簿按页次顺序连续登记，不得跳行、隔页，如不慎发生跳行、隔页时，应当将空行、空页划线注销，或者注明"此页空白"、"此行空白"、"作废"字样，并由记账人员签章。

每一账页登记完毕结转下页时，应当结出发生额及余额，写在本页最后一行和下页第一行有关栏内，并在摘要栏内分别注明"过次页"和"承前页"字样。

月末，凡需要结出余额的账户，结出余额后，应当在"借或贷"栏内写明"借"或"贷"字样。没有余额的账户，应在"借或贷"栏内写"平"字，并在余额栏内用"0"表示。一般说来，对于没有余额的账户，在余额栏内标注的"0"应当放在"元"位。

3. 更正错账的规则

会计人员应严格遵守账簿登记的规则，尽可能避免发生错账。如果记账发生错误，应根据错误的具体情况采用不同的方法予以更正。常用的错账更正方法有画线更正法、红字更正法和补充登记法三种。

（1）画线更正法

画线更正法适用于结账前发现账簿记录有错误，而记账凭证无错误，纯属记账时文字或数字上的笔误。更正方法是：先将错误的文字或数字画一条红线予以注销，并保持原有字迹仍可辨认。然后将正确数字写在画线上面，并由记账员在更正处盖章，以明确责任。在画线时，应将错误数字全部画线注销，不得只画线更正其中的个别数字。

（2）红字更正法

红字更正法适用于以下两种情况：

1）记账后，发现记账凭证中应借应贷科目或记账方向错误。更正方法为：先填一张与原有凭证的科目、借贷方向和金额相同的记账凭证，但金额为红字，在"摘要"栏中注明"更正第××号凭证的错误"，并据以用红字金额登记入账，以冲销原有错误的账簿记录；然后再用蓝字填一张正确的记账凭证，并据以用蓝字登记入账。

【例1-9】 盛达建筑公司×项目部购入钢材一批，实际成本56000元，已经验收入库，货款暂欠。根据有关资料，填制如下记账凭证，并已登记入账：

借：原材料　　　　　　　　　　　　　　　　　　56000
　　贷：应收账款　　　　　　　　　　　　　　　　56000

更正时，先用红字填制一张内容相同的记账凭证：

借：原材料　　　　　　　　　　　　　　　　　　56000
　　贷：应收账款　　　　　　　　　　　　　　　　56000

再用蓝字填一张正确的记账凭证，作分录如下：

借：原材料　　　　　　　　　　　　　　　　　　56000
　　贷：应付账款　　　　　　　　　　　　　　　　56000

2）账后发现据以记账的记账凭证中应借应贷科目、记账方向正确，但所记金额大于应记金额。更正方法为：将多记的金额用红字填制一张与原错误记账凭证的记账方向、会计科目相同的记账凭证，在"摘要"栏中注明"冲销第××号凭证多记数"，并据以登记入账。

【例1-10】 盛达建筑公司×项目部采购员张翔宇预支差旅费900元，以库存现金付讫。根据有关资料，填制如下记账凭证，并已登记入账：

借：其他应收款——张翔宇　　　　　　　　　　　9000
　　贷：库存现金　　　　　　　　　　　　　　　　9000

更正时，只需编制红字金额为8100元的记账凭证进行更正：

借：其他应收款——张翔宇　　　　　　　　　　　8100
　　贷：库存现金　　　　　　　　　　　　　　　　8100

（3）补充登记法

补充登记法适用于更正记账后发现据以记账的记账凭证中应借应贷科目、记账方向正确，但所记金额小于应记金额的错误。更正方法为：将少记的金额用蓝字填制一张与原错误记账凭证的记账方向、会计科目相同的记账凭证，在"摘要"栏中注明"记第××号凭证少记数"，并据以登记入账。

【例 1-11】 盛达建筑公司以银行存款支付管理部门电话费 5000 元。在填制记账凭证时，误记为 500 元，且已登记入账。更正时，应用蓝字编制如下记账凭证进行更正：

借：管理费用   4500

  贷：银行存款   4500

4. 总分类账和明细分类账户平行登记的规则

（1）总分类账户和明细账户意义

运用借贷记账法把会计主体的各项经济业务在有关账户中登记以后，就可以根据有关账户的记录总括地了解企业一定时期的某方面生产经营情况。例如，某企业购买材料 10000 元，其中：甲材料 6000 元，乙材料 4000 元，货款暂欠。对这笔经济业务需要在"原材料"和"应付账款"两个账户中记录反应。"原材料"账户可以提供有关企业材料的总括资料，但企业材料的品种类别繁多，仅仅了解材料的总括资料还不能满足生产管理的需要，生产经营管理要求会计核算不仅要提供综合的会计信息，还要提供具体的、详细的会计信息。因此会计工作中就有必要同时设置和运用两类账户：一类是根据一级会计科目开设的、用来对各会计要素具体内容的变化情况进行总括记录的账户，如，"原材料"和"应付账款"账户，称为总分类账户（简称总账账户）；另一类是根据明细会计科目开设的，用来对某一种总分类账户的核算内容详细记录的账户，称为明细分类账户（简称明细账户）。可以说，明细账户是对某一总账账户的核算内容并根据管理需要，按照更详细的分类来分别设置的账户。例如，在"原材料"账户下，可根据材料的类别和品种，分别设置明细账户如"原材料——甲材料"、"原材料——乙材料"等。

在实际工作中，还有另外一类账户，它提供的核算指标比总账账户详细，比明细账户概括。该类账户称之为二级账户。例如，企业可在"原材料"总账账户下，开设"主要材料"，"辅助材料"等二级账户，在各个二级账户下，再开设明细账户，其目的是为了利用总分类账户控制二级账户，再由二级账户来控制明细账户，这样逐级控制便于资料的相互核对，如发现差错，也便于在较小的范围内查对。

（2）总分类账户和明细分类账户的关系

总分类账户和明细分类账户，所记录的经济业务内容是相同的，所不同的只是提供核算资料有详简程度的差别。因此，总分类账户与其所属的明细分类账户的关系是总分类账户提供的总括核算资料，对明细分类账户起统驭作用，每一个总分类账户对其所属的明细分类账户进行综合和控制，设有明细分类账户的总分类账户叫作统制账户。而明细分类账户提供详细核算资料，对总分类账户起着补充说明的作用，每一个明细分类账户就是对统制账户核算内容的必要补充。

（3）总分类账户与明细分类账户的平行登记方法

根据总分类账户与所属的明细分类账户之间的上述关系，在会计核算中为了便于进行账户记录的核对，保证核算资料的完整性和正确性，总分类账户与其所属的明细分类账户必须采用平行登记的方法。

所谓平行登记，就是对发生的每项经济业务，要记入有关的总分类账户，设有明细分类账的，还要记入有关的明细分类账户。登记总分类账户和明细分类账户的原始依据必须相同，记账方向必须一致，记入总分类账户的金额必须与记入有关明细分类账户的金额之和相等。

总分类账户与明细分类账户平行登记的要点，可以概括归纳如下：①依据一致。每项经纪业务发生后，都要根据审核后的会计凭证，一方面记入有关的总分类账户，一方面计入该总账所属的明细分类账户。登记总分类账户与其所属明细分类账户的原始依据是一致的。②期间一致。在登记总分类账户和明细分类账户时，尽管具体记账的时间可能有差别，但总账与明细账对同一笔经济业务的登记必须在同一会计期间完成。③方向一致。在登记总分类账户和明细分类账户时，登记的方向是一致的。对一项经济业务，在总账的借方登记，也应在其明细账的借方登记；在总账的贷方登记，也应在其明细账的贷方登记。④金额相等。对每项经纪业务，记入总分类账户的金额与记入其所属明细分类账户的金额必须相等。如果同时涉及几个明细账户，那么，记入总分类账户的金额与记入其所属的几个明细账户的金额之和必须相等。

采用平行登记的方法以后，总分类账户与其所属的明细分类账户之间可产生如下的数量关系：

总分类账户本期发生额＝所属明细分类账户本期发生额合计

总分类账户期末余额＝所属明细分类账户期末余额合计

在会计核算中，通常应用这种关系来检查总分类账户和明细分类账户的完整性和正确性。

下面以"原材料"、"应付账款"账户为例，说明总分类账户和明细分类账户平行登记的方法。

【例 1-12】 某企业 2012 年 1 月份"原材料"和"应付账款"两个总分类账户和所属明细分类账户的月初余额如下：

"原材料"总分类账户借方余额为 60000 元，其所属明细分类账户的月初余额见表 1-19。

"原材料"明细账月初余额   表 1-19

名称	数量（kg）	单价（元）	金额（元）
甲材料	2000	20	40000
乙材料	2000	10	20000
合计	4000		60000

"应付账款"总分类账户贷方余额为 15000，其所属明细分类账户余额为：A 厂贷方余额为 10000 元；B 厂贷方余额为 5000 元。

假设本月份发生的材料收发业务及与供应单位的结算业务如下：

1）1 月 5 日仓库发出甲材料 1500kg，单价 20 元，计 30000 元，乙材料 1000kg，单价 10 元，计 10000 元，以上共计 40000 元。上述材料直接用于制造 A 产品。

2）1 月 8 日向 A 厂购进甲材料 1000kg，单价 20 元，计 20000 元，货款未付。

3）1 月 14 日向 B 厂购进乙材料 800kg，单价 10 元，计 8000 元，货款未付。

4）1 月 20 日通过银行结算偿还 A 厂 15000 元，B 厂 5000 元，共计 20000 元。

根据上述资料，采用平行登记的方法登记"原材料"总分类账户和"应付账款"总分类账户及其所属各明细分类账户。具体做法如下：

1）将月初余额分别记入"原材料"和"应付账款"。

2）根据上列有关经济业务编制会计分录如下：

①发出材料的会计分录：

借：生产成本—A产品　　　　　　　　　　40000

　　贷：原材料—甲材料　　　　　　　　　　　　30000

　　　　—乙材料　　　　　　　　　　　　　　10000

②向A厂购进材料的会计分录：

借：原材料—甲材料　　　　　　　　　　20000

　　贷：应付账款—A厂　　　　　　　　　　　　20000

③向B厂购进材料的会计分录：

借：原材料—乙材料　　　　　　　　　　8000

　　贷：应付账款—B厂　　　　　　　　　　　　8000

④偿还前欠A厂、B厂货款的会计分录：

借：应付账款—A厂　　　　　　　　　　15000

　　　　—B厂　　　　　　　　　　　　　　5000

　　贷：银行存款　　　　　　　　　　　　　　20000

3）根据上述会计分录平行登记"原材料"和"应付账款"两个总分类账户及其所属各明细分类账户，并分别计算本期发生额和期末余额。登账结果分别见表1-20～表1-25。

原材料总分类账户　　　　　　　　　　　　　表1-20

会计科目：原材料　　　　　　　　　　　　　　　　　　　　单位：元

2002年		凭证		摘要	借方	贷方	借或贷	金额
月	日	字	号					
1	1			月初余额			借	60000
	5		(1)	生产领用		40000	借	20000
	8		(2)	购进	20000		借	40000
	14		(3)	购进	8000		借	48000
	31			本月发生额与余额	28000	40000	借	48000

原材料明细分类账户　　　　　　　　　　　　　表1-21

材料名称：甲材料　　　　　　　　　　　　　　　　　　单位：元　　第　页

2002年		凭证		摘要	单价	收入		发出		结存	
月	日	字	号			数量	金额	数量	金额	数量	金额
1	1			月初余额	20					2000	40000
	5		(1)	生产领用	20			1500	30000	500	10000
	8		(2)	购进	20	1000	20000			1500	30000
				本月发生额及余额	20	1000	20000	1500	30000	1500	30000

原材料明细账 表 1-22

材料名称：乙材料 单位：元 第 页

2002年		凭证		摘要	单价	收入		发出		结存	
月	日	字	号			数量	金额	数量	金额	数量	金额
1	1			月初余额	10					2000	20000
	5		(1)	生产领用	10			1000	10000	1000	10000
	14		(3)	购进	10	800	8000			1800	18000
	31			本月发生额及余额		800	8000	1000	10000	1800	18000

应付账款总分类账 表 1-23

会计科目：应付账款 单位：元 第 页

2002年		凭证		摘要	借方	贷方	借或贷	金额
月	日	字	号					
1	1			月初余额			贷	15000
	8		(2)	购进材料		20000	贷	35000
	14		(3)	购进材料		8000	贷	43000
	20		(4)	偿还贷款	20000		贷	23000
				本月发生额与余额	20000	28000	贷	23000

应付账款明细账 表 1-24

明细科目：A厂 单位：元 第 页

2002年		凭证		摘要	借方	贷方	借或贷	金额
月	日	字	号					
1	1			月初余额			贷	10000
	8		(2)	购进材料		20000	贷	30000
	20		(4)	偿还贷款	15000		贷	15000
				本月发生额与余额	15000	20000	贷	15000

应付账款明细分类账户 表 1-25

明细科目：B厂 单位：元 第 页

2002年		凭证		摘要	借方	贷方	借或贷	金额
月	日	字	号					
1	1			月初余额		8000	贷	5000
	4		(3)	购进材料			贷	13000
	20		(4)	偿还贷款	5000		贷	8000
				本月发生额与余额	5000	8000	贷	8000

4）总分类账户与明细分类账户的核对

在根据平行登记的方法登记总分类账户及其所属各明细类账户之后，为了检查账户记录是否正确，应当对总分类账户和明细分类账户登记的结果进行相互核对。主要是核对总分类账户与其所属明细分类账户的发生额和余额是否相等，以便及时发现和更正错账，保证账户记录的正确性。

下面就以前例"原材料"和"应付账款"总分类账户及其所属明细分类账户平行登记的结果，说明总分类账户与明细分类账户核对的方法，见表1-26、表1-27。

"原材料"总账与明细账的核对　　单位：元　　表 1-26

原材料账户	月初余额		发生额		月末金额	
	借	贷	借	贷	借	贷
甲材料明细账户	40000		20000	30000	30000	
乙材料明细账户	20000		8000	10000	18000	
	60000		28000	40000	48000	

"应付账款"总账与明细账的核对　　单位：元　　表 1-27

应付账款账户	月初余额		发生额		月末金额	
	借	贷	借	贷	借	贷
A厂明细账户		10000	15000	20000		15000
B厂明细账户		5000	5000	8000		8000
		15000	20000	28000		23000

1.9.4 结账和对账

1. 结账

为了总结某一会计期间的经营活动情况，会计必须定期结账。结账就是在把一定时期内发生的经济业务全部登记入账的基础上，结算出账户的本期发生额和期末余额。结账分为月结、季结和年结。其具体做法为：

（1）月结。在本月最后一笔业务发生额下端划一条红线，在红线下一行结出本月发生额和月末余额，并在摘要栏注明"本期发生额及余额"或"本月合计"，然后在月结行下沿底线画通栏红线。需要结出本年累计数的，还应在月结行下面增加"本年累计"一行，并在下面再划一条红线。

（2）季结。在月结数字的下一行结出本季发生额及余额，并在摘要栏内注明"本季发生额及余额"或"本季合计"字样，然后在季结数字下划一条红线。

（3）年结。年终结账时，在12月份结账记录的下一行摘要栏注明"年度发生额及余额"或"本年合计"字样，计算出全年累计发生额及年末余额，在累计数下划通栏双红线，表示封账。

2. 对账

对账就是核对账目，主要包括以下几方面内容：

（1）账证核对。即将各种账簿记录同会计凭证核对相符。账证核对应在日常填制凭证和登记账簿时进行。

（2）账账核对。是指将各种账簿之间的记录核对相符。其主要内容有：

1）总分类账户借方本期发生额合计数同贷方本期发生额合计数核对相符；

2）总分类账户的金额同所属明细分类账户的金额核对相符；

3）库存现金日记账和银行存款日记账的金额同总分类账账户的金额核对相符；

4）会计部门有关财产物资明细账的金额同财产保管或使用部门的明细账（卡）核对相符。

（3）账实核对。账实核对是指财产物资的账面余额同实存数额核对相符。其主要内容有：

1）库存现金日记账的余额同库存现金核对相符；

2）银行存款日记账的余额同银行送来的对账单核对相符；

3）各种债权债务明细账的余额同有关单位或个人核对相符；

4）财产物资的账面余额同库存数额核对相符。

1.9.5 账簿的更换与保管

1. 账簿的更换

为了清晰地反映各个会计年度的财务状况和经营成果，每个会计年度开始时一般都要启用新账，并把上年度的会计账簿归档保管。年终结账时，应将各账户的余额直接转入新账簿中相应账户的"余额"栏内，不需要编制记账凭证，也不必将本年有余额的账户调整为零。

库存现金日记账、银行存款日记账、总分类账每年都要更换新账。固定资产明细账或固定资产卡片可以继续使用，不必每年更换。

2. 账簿的保管

账簿是重要的经济档案，必须按规定妥善保管，不得丢失和随意销毁。账簿的保管既要安全、完整，又要保证需要时能迅速查到所需资料。为此，会计人员必须在年度终了更换新账后，将各种活页账清点整理，统一编号，装订成册，与各种订本式账簿一起归档保管。保管期满，按照规定的程序审批后方可销毁。

1.10 会计核算方法与程序

1.10.1 会计核算方法

会计核算方法是指对企业的经济活动进行连续、系统、全面地核算和监督所应用的专门方法。会计核算方法主要包括以下几种专门方法：

1. 设置账户

设置账户是对会计对象的具体内容进行分类核算和监督的一种专门方法。

企业经济活动的内容纷繁复杂。为了对企业的经济活动进行系统地核算和监督，就必须对会计对象的具体内容进行科学分类，划分为若干个科目，依据会计科目开设具有一定结构内容的账户，通过账户分门别类地登记经济业务，从而获得需要的会计信息。

2. 复式记账

复式记账是一种科学的记账方法。其特点是对每一项经济业务，都以相等的金额在两个或两个以上账户中进行登记。采用复式记账法记录经济业务，可以相互联系地反映经济业务的全貌，还便于检查会计记录的正确性。

3. 填制和审核凭证

会计凭证是记录经济业务、明确经济责任的书面证明，是登记账簿的重要依据。填制会计凭证就是将已经发生和完成的各项经济业务逐一记录在会计凭证上，审核会计凭证就是检查凭证上记录的经济业务是否合理合法，是否真实完整。只有经过审核无误的会计凭证才能作为记账的依据。通过填制和审核会计凭证，能够明确经济责任，对经济活动进行有效的监督。

4. 登记账簿

账簿是用来全面、连续、系统地记录经济业务的簿籍，是储存会计数据的重要工具。登记账簿就是将会计凭证记录的经济业务，按照先后顺序和业务类别记入有关账簿，为编制会计报表、进行会计分析提供全面而又系统的信息资料。

5. 成本计算

成本计算就是将经济活动中发生的各种生产费用，按照不同的成本核算对象进行归集，计算出不同成本计算对象的总成本和单位成本。成本计算是企业会计核算的中心环节。通过成本计算，可以了解企业人力、物力、财力的消耗情况，以便有针对性地采取降低成本的措施；可以为进行成本预测、编制成本计划提供必要的数据资料。

6. 财产清查

财产清查是通过盘点实物、核对账目来核实各项资产和权益的实际数与账存数是否相符的一种专门方法。财产清查对于保证会计信息的真实可靠和财产物资的安全完整具有非常重要的作用。

7. 编制财务会计报告

财务会计报告是综合反映施工企业财务状况和经营成果的书面文件。编制财务会计报告，就是对企业一定时期账簿记录的数据进行加工、汇总，以表格的形式提供系统的会计核算指标。财务会计报告提供的数字比账簿记录更概括、更集中。

以上各种会计核算方法相互联系、相互补充、密切配合，构成了一个以复式记账为核心的会计核算方法体系。具体表现在：对生产经营活动中发生的各项经济业务，经办人员要取得或填制原始凭证；会计人员要根据审核无误的原始凭证，按照设置的会计科目，运用复式记账方法，填制记账凭证，并据以登记账簿；期末，根据账簿记录进行成本计算，并根据配比原则确定盈亏；对账簿记录，要通过财产清查加以核实；在账实相符的基础上，编制财务会计报告，向有关各方提供真实、准确的财务信息。

1.10.2 会计核算程序

在实际工作中，填制和审核凭证、登记账簿、编制会计报表等会计核算方法是相互联系、密切结合的，构成了一个完整的方法体系。为使会计核算工作有条不紊地进行，为经营管理提供准确无误的会计信息，就必须明确规定各种凭证、账簿和会计报表之间的衔接关系，从而将它们有机地结合起来。

会计核算程序又称账务处理程序，它是指账簿组织和记账步骤有机结合的方式。账簿组织是指账簿的种类以及各种账簿之间的关系；记账步骤是填制会计凭证、登记账簿、编制会计报表的步骤和方法。科学的会计核算程序是做好会计工作的重要前提，对于保证会计工作质量、提高会计工作效率、节约核算费用等有着非常重要的意义。企业应根据生产经营的特点和经济管理的要求选择适用、合理的会计核算程序。

目前，我国企、事业单位采用的会计核算程序有记账凭证核算程序、科目汇总表核算程序、汇总记账凭证核算程序、多栏式日记账核算程序等。其中，大多数企业采用的是科目汇总表核算程序。

科目汇总表核算程序的特点是定期将所有记账凭证汇总编制科目汇总表，再根据科目汇总表登记总分类账。具体步骤如图1-5所示。

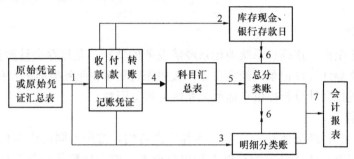

图1-5 科目汇总表核算程序图

科目汇总表也叫记账凭证汇总表，是将一定时期内的全部记账凭证按相同科目进行归类，计算出每一科目的借方发生额和贷方发生额，然后加计合计数。全部科目借方发生额合计与贷方发生额合计应该相等。科目汇总表的格式见表1-28。

科目汇总表　　　　　　　　　　　　　　　　表1-28

年　　月　　日　　　　　　　　　　单位：元　第　号

会计科目	记账凭证起讫号数	本期发生额		总账页数
		借方	贷方	
合计				

采用科目汇总表核算程序，记账手续简便，大大简化了登记总账的工作量，并且通过科目汇总表还可以进行试算平衡，能在一定程度上保证会计记录的正确性，因此为大多数企业所采用。

本　章　小　结

会计要素是会计核算和监督的具体内容。企业的会计要素包括资产、负债、所有者权益、收入、费用和利润。

会计计量是为了将符合确认条件的会计要素登记入账，并列报于财务报表而确定其金额的过程。会计计量主要包括历史成本、重置成本、可变现净值、现值、公允价值五种属性。

会计的基本等式反映了资产与负债和所有者权益之间的数量关系，是会计核算的理论依据。任何经济业务的发生都不会破坏这种平衡关系，资产总额与权益总额永远相等。

会计科目是按照经济内容对会计要素进一步分类的项目，是设置账户、登记账簿、分类汇总会计信息的工具。会计账户是对会计对象的具体内容（会计要素）分类核算的工具。会计科目是账户的名称。

借贷记账法是以"借"和"贷"作为记账符号，以"有借必有贷，借贷必相等"作为记账规则的一种复式记账方法。

会计分录是标明某项经济业务应登记的账户名称、方向和金额的一种记录。账户名称、记账方向和金额，称为会计分录的三要素。

会计凭证是记录经济业务、明确经济责任的书面证明，是登记账簿的依据。按其填制程序和用途不同分为原始凭证和记账凭证两大类。原始凭证是在经济业务发生时取得或填制的，用以记录或证明经济业务发生或完成情况，具有法律效力的书面凭据。记账凭证是会计人员根据原始凭证填制的，用以确定会计分录，作为登记账簿的直接依据。

设置和登记会计账簿，可以全面、系统、连续地记录和反映企业经济活动的过程及其结果，为编制财务报告和进行财务分析提供资料。

会计核算方法包括设置账户、复式记账、填制和审核凭证、登记账簿、成本计算、财产清查、编制财务报告等几种专门方法，各种会计核算方法相互联系、相互补充、密切配合，构成了一个以复式记账为核心的会计核算方法体系。

科目汇总表核算程序的特点是定期将所有记账凭证汇总编制科目汇总表，再根据科目汇总表登记总分类账。

思　考　题

1. 施工企业会计要素的具体内容有哪些？

2. 会计计量属性的内容有哪些？

3. 什么是会计等式？经济业务的发生为什么不会破坏资产与权益之间的平衡关系？

4. 什么是会计科目？什么是会计账户？二者有何联系与区别？

5. 什么是复式记账？有何特点？

6. 什么是借贷记账法？如何理解借贷记账法的记账规则？

7. 账户的对应关系有何作用？试举例说明。

8. 什么是会计分录？如何编制会计分录？

9. 什么是会计凭证？填制和审核会计凭证有什么意义？

10. 什么是会计账簿？为什么要设置和登记账簿？登记账簿的规则有哪些？

11. 错账更正的方法有哪几种？各适用于什么错误？

12. 什么是对账？对账包括哪些内容？

13. 什么是结账？如何结账？

14. 会计核算有哪些主要方法？各种会计核算方法之间有哪些联系？

15. 什么是会计核算程序？简述科目汇总表核算程序的主要特点、核算步骤、优缺点及适用范围。

习　　题

1. 练习资产和权益的分类。

资料：某施工企业某年 6 月 1 日资产和权益的资料如下：

（1）企业的房屋与建筑物 246000 元；

(2) 生产用的施工机械 675000 元；

(3) 出纳员保管的库存现金 5100 元；

(4) 各种工具和办公用具 21000 元；

(5) 企业在银行的存款 30000 元；

(6) 向银行借入的短期借款 150000 元；

(7) 国家投入的资本金 1000000 元；

(8) 应向建设单位收取的工程款 27000 元；

(9) 企业购入的准备在一年内变现的股票 10000 元；

(10) 为施工生产储存的材料 131050 元；

(11) 运输用的载重汽车 55700 元；

(12) 应付给供应单位的货款 50850 元。

要求：对以上各项目划分资产、负债和所有者权益，并编表试算平衡；

判断上述各项应分别在哪个账户中核算？写出账户的名称。

2. 熟悉资产和权益的增减变动及其平衡关系。

资料：

(1) 某企业 2012 年 6 月末有关项目余额如表 1-29 所示。

科目余额表 表 1-29

2012 年 6 月 30 日 单位：元

资产类项目	金额	负债及所有者权益类项目	金额
库存现金	1300	短期借款	50000
银行存款	40000	应付账款	20000
应收账款	53700	实收资本	430000
原材料	80000		
工程施工	65000		
固定资产	260000		
合计	500000	合计	500000

(2) 该企业 7 月份发生下列经济业务：

1) 收到投资人的投资 100000 元，存入银行。

2) 购入材料 6000 元，货款已通过银行支付，材料也已经验收入库。

3) 购入材料 50000 元，已经验收入库，货款尚未支付。

4) 施工生产领用材料 60000 元。

5) 以银行存款 20000 元，归还到期的短期借款。

6) 通过银行收回建设单位前欠的工程款 53700 元。要求：确认资料 (2) 中各项经济业务的类型。

根据资料 (1)、(2)，编制 7 月末的试算平衡表，进行试算平衡。

3. 熟悉资产和权益的平衡关系。

资料：东方建筑公司 2010 年 12 月末负债总额为 180 万元，所有者权益总额为 380 万元。2011 年 1 月份发生下列经济业务：

(1) 购入价值 22 万元的汽车一辆，已投入使用，但款项尚未支付；

(2) 向银行借款 60 万元，存入银行；

(3) 以银行存款 3 万元上缴欠交的税金；

(4) 将现金 1 万元存入银行；

(5) 以银行存款偿还所欠盛达公司的材料款 18 万元；

（6）经批准，以资本公积 20 万元转增资本金。

要求：（1）确认上述各项经济业务的类型；

（2）计算东方建筑公司在上列各项经济业务发生后的资产总额。

4. 练习借贷记账法下账户的基本结构。

资料：某企业部分经济业务资料如表 1-30 所示。

表 1-30

序号	经济业务内容	应记账户及方向		
		账户名称	借方	贷方
1	施工机械增加			
2	银行存款减少			
3	银行借款增加（一年以上）			
4	应付购货款减少			
5	材料增加			
6	企业资本增加			
7	应收销货款增加			
8	库存现金减少			
9	原材料减少			
10	应付职工薪酬增加			
11	管理费用增加			
12	短期借款利息增加			
13	半年期借款减少			
14	起重机械一台报废			

要求：根据表中资料分别判断应记账户的名称以及借贷方向，并填入表内。

5. 掌握借贷记账法的记账规则，编制会计分录。

资料：某公司 4 月份发生下列经济业务：

（1）4 月 1 日，向银行取得短期借款 50000 元，存入银行。

（2）4 月 5 日，收到投资者追加投资 200000 元，存入银行。

（3）4 月 7 日，施工生产领用水泥 10t，单价 320 元；钢材 8t，单价 900 元。

（4）4 月 10 日，向水泥厂购入水泥 20t，单价 340 元；材料已验收入库，货款未付。

（5）4 月 15 日，以银行存款 6800 元，偿还前欠水泥厂货款。

（6）4 月 17 日，以银行存款偿还到期的长期借款 50000 元。

（7）4 月 19 日，材料科王明凯预借差旅费 1000 元，以库存现金支付。

（8）4 月 24 日，开出商业承兑汇票 7500 元，抵付应付账款。

（9）4 月 24 日，从银行提取库存现金 2000 元。

（10）4 月 28 日，以银行存款购入施工机械一台，价款 45000 元，已交付使用。

要求：根据以上经济业务编制会计分录。

6. 掌握借贷记账法下账户的设置、登记及试算平衡方法。

资料：

（1）某公司 4 月 1 日各账户期初余额如表 1-31 所示。

<h3 style="text-align:center">账户余额表</h3>

表 1-31

资产账户	余　额	权益账户	余　额
库存现金	350	短期借款	32000
银行存款	1500	应付票据	2000
应收账款	7800	应付账款	7500
其他应收款	400	其他应付款	350
原材料	53000	长期借款	50000
低值易耗品	21000	实收资本	108000
固定资产	123500	资本公积	3500
		盈余公积	4200
合　计	207550	合　计	207550

（2）4月份发生的经济业务见习题5资料。

要求：

开设各总分类账户（用"T"形账户表示），并登记期初余额；

根据习题5的会计分录登记有关账户，并结算各账户的本期发生额和期末余额；

根据各账户期初、期末余额和本期发生额编制试算平衡表。

7. 练习记账凭证的填制。

资料：习题5所列各项经济业务。

要求：根据资料填制收款凭证、付款凭证和转账凭证。

8. 练习会计账簿的登记。

资料：习题5所列有关资料。

要求：

（1）根据资料开设日记账和总分类账，并登记期初余额；

（2）根据习题7填制的记账凭证登记日记账和有关总分类账，并结出发生额和期末余额。

2 工程成本会计概述

本 章 提 要

本章主要介绍成本的经济内容、工程成本会计的特点、工程成本核算的意义和要求以及工程成本会计工作的组织形式。通过学习，应该了解施工企业生产经营活动的内容和特点，初步认识成本的含义和工程成本会计的特点，理解成本会计工作的组织形式，明确工程成本核算的要求，为学习以后章节的内容奠定基础。

2.1 成本与成本会计

任何企业从事生产经营活动，总是期望以尽可能少的劳动耗费，创造出尽可能多的物质财富，取得尽可能大的经济效益。而要实现这一目标，就必须采用一定的方法对生产经营过程的所得与所费进行确认、计量、记录，取得各种数据资料，并通过对这些数据的比较分析寻找出改进的措施。这种对生产经营活动的组织和管理在很大程度上是需要会计来进行的。

2.1.1 成本的含义

成本有以下几方面的含义：

1. 成本是商品价值的组成部分。根据马克思的商品价值理论，商品的价值（W）由生产产品消耗的生产资料的价值（C）、劳动者为自己劳动创造的价值（V）、劳动者为社会劳动创造的价值（M）三个部分组成。马克思曾用公式 $W=C+V+M$ 来表示这种关系。其中，C 通常被称作物化劳动的转移价值，包括劳动资料的损耗和劳动对象的消耗；V 通常被称为活劳动的消耗，主要指支付给劳动者的薪酬；M 指劳动者创造的剩余价值，主要表现为企业的盈利和上缴国家的税费。如果从产品价值中减去剩余价值 M，剩下来的 $C+V$ 就是商品的成本价格。

2. 成本具有补偿的性质。成本是一种耗费，任何一个行为主体为达到预定的目的都会发生耗费，表现为一定的人力、物力和财力的消耗。企业是实行独立核算自负盈亏的经济实体，其从事生产经营活动取得的收入，必须能够补偿生产经营过程中发生的耗费。如果一个企业销售商品的收入不能补偿其耗费，就无法维持简单再生产，更谈不上盈利和扩大再生产了。可见，成本是企业为了维持简单再生产应从收入中得到补偿的价值尺度。

3. 成本本质上是一种价值牺牲。成本是为达到一种目的而放弃另一种目的所牺牲的经济价值。

2.1.2 成本的内容

按照成本的经济实质，成本的内容应该是生产经营活动中物化劳动的转移价值和活劳动的消耗两部分。商品价值中的 C＋V 两部分，属于产品生产过程中的资金耗费，因而是再生产过程中价值补偿的尺度。但在实际工作中，国家根据经济管理的要求规定了成本开支范围，把某些不属于 C＋V 的内容即不形成产品价值的支出（如财产保险费、停工损失、保修损失等）也列入成本，使得现实成本（即会计账面成本）与理论成本（C＋V）不完全一致。

2.1.3　成本会计及内容

成本会计是以成本费用为对象的一种专业会计，是会计的一个分支。它是以成本资料为依据，采用成本预测、决策、计划、控制、核算、分析等专门方法，对企业生产经营活动中发生的成本费用进行加工整理，为企业管理和其他方面提供成本信息的一个信息管理系统。

成本会计核算和监督的内容，主要是企业在经营活动中发生的各种有关成本费用的耗费。因为在产品生产过程中，除了发生与产品生产直接相关的耗费外，还要发生为组织和管理生产经营活动发生的管理费用、为了筹集和使用资金发生的财务费用、为了销售产品发生的销售费用等期间费用。这些期间费用是为了保证生产经营活动的正常进行发生的，与产品生产有一定的关系，但又不便计入产品成本。因此，在会计实务中将期间费用单独核算，直接由当期收入来补偿。因此成本会计实际上是成本会计、费用会计。

2.2　工程成本会计的特点

2.2.1　施工企业生产经营活动的主要内容

施工企业，又称建筑安装企业，指主要承揽工业与民用房屋建筑、设备安装、矿山建设和铁路、公路、桥梁、机场、码头等工程施工的生产经营性企业。施工企业承建的工程项目，都必须与建设单位签订建造合同。建造合同的乙方（施工企业）必须按合同规定组织施工生产，保证工期和工程质量，按期将已完工程交付建造合同的甲方（建设单位或业主）验收使用，并向甲方收取工程价款。

施工企业从事生产经营活动，必须拥有一定数量的房屋、设备、施工机械以及材料等财产物资。这些财产物资的货币表现称为资金，它们是企业进行生产经营活动的物质基础。施工企业的生产经营活动可以分为施工准备过程（供应过程）、施工过程（生产过程）和工程点交过程（销售过程）三个阶段。在生产经营活动中，企业的资金随着供、产、销过程的进行不断地运动，表现为不同的实物形态。

供应过程是施工生产的准备阶段。在供应过程中，企业用货币资金购买施工生产所需的各种材料物资，形成必要的物资储备，货币资金转变为储备资金。

施工过程是施工企业生产经营活动的中心环节。在施工过程中，储备的物资不断投入施工生产，并改变其形态，构成正在施工中的在建工程（也叫未完工程），储备资金转变为生产资金。同时，企业还要用货币资金支付职工工资和其他生产费用，使一部分货币资金直接转化为生产资金。此外，固定资产由于使用会发生损耗，其损耗价值以折旧的形式转化为生产资金。随着施工生产过程的进行，未完工程逐步完工，生产资金转化为成品资金。

工程点交过程是施工企业生产经营活动的最终环节。在这一过程中，施工企业将已完工程"销售"给建设单位，收回工程价款，成品资金就转化为货币资金。若工程点交后尚未收到款项，暂时形成结算资金，待收回款项后即转化为货币资金。施工企业收取的货币资金，首先用于补偿施工过程中的资金耗费，以保证再生产活动的顺利进行，剩余部分即为企业的利润。企业实现利润的一部分，要以税金形式上交国家，税后利润再根据国家规定进行分配：一部分以积累形式留归企业，形成企业的盈余公积金和未分配利润，一部分以投资回报的形式分配给投资者。

2.2.2 施工企业生产经营活动的特点

施工企业是从事建筑安装工程施工的生产经营性企业，房屋、构筑物、道路、桥梁、机场、码头等是其主要产品。这些建筑产品一般都具有位置固定、体积庞大、结构造型各异等特征。建筑产品本身的特征，使得施工企业的生产经营活动与工业企业相比，有以下显著特点：

1. 施工生产的流动性

建筑产品不同于工业产品，它从开工建设到竣工交付使用，位置固定不变。施工企业只能在业主指定的地点组织施工生产。因此，企业的生产工人、施工机具以及施工管理、后勤服务等机构都要随施工地点的改变而经常处于流动状态。

2. 施工生产的单件性

建筑产品是按照建设单位的设计要求建造的，几乎每一建筑产品都有独特的造型和结构。即使采用相同的标准设计，也可能因为建造地点的地形、地质以及交通、材料资源等条件的不同，而采用不同的施工组织和施工方法，从而发生不同的成本费用。

3. 生产经营的长期性和复杂性

建筑产品大多体积庞大、结构复杂，从开工到竣工，少则数月，多则数年，施工周期长。有些建筑安装工程施工规模大，技术难度高，还可能需要几个施工企业共同完成。这类工程通常采用总承包负责制的方式组织施工。施工企业在生产经营过程中经常同建设单位、分包单位、监理单位、设计单位以及建筑物的毗邻单位等发生业务往来。企业需正确处理与各协作单位之间的经济关系，才能使生产经营活动顺利开展。

4. 施工生产受自然气候条件影响大

建筑产品的生产通常露天进行，并且高空、地下、水下作业多，自然气候条件对施工生产的影响较大。

2.2.3 工程成本会计的特点

受施工企业生产经营活动的影响，工程成本会计具有以下特点：

1. 特别重视项目的成本核算

由于大部分施工项目离企业所在地较远而且较为分散，使得施工企业不得不重视分级管理和分级核算。公司、分公司和工程项目部，均要设置会计机构或配备成本会计人员，进行会计核算和会计监督。特别是在当前普遍推行项目经理负责制的情况下，项目部是成本中心，工程成本主要是在项目部发生和形成的。项目成本的高低直接决定着企业利润的大小。因此，企业从上到下都非常重视基层的成本核算。对于分散在外的工程项目部，要给予比工业企业的车间、班组更大的权限，以便能及时、恰当地处理生产经营过程中存在的问题。工程项目部一般都配备有精明强干的成本会计人员，负责本项目的日常开支及项目成本的核算。这样，既能满足生产经营管理的需要，也能为企业的工程成本核算提供客观、准确的资料。

2. 以单位工程或单项工程为对象进行成本核算和成本考核

建筑产品的多样性和生产的单件性，使得各个建筑产品不可能按统一的价格结算，只能采用一系列专门方法计算出各工程的工程造价，并以此作为办理工程结算的依据。同样，建筑产品的单件性也决定了同类工程成本的不可比性。为了反映各项工程的资金耗费，企业必须以每一工程项目作为成本核算对象组织成本核算。在进行成本考核时，不能按同类工程的实物计量单位（如建筑面积等）进行分析对比，只能将每一工程的实际成本与其预算成本相对比进行分析考核。

3. 按在建工程办理工程价款结算和成本结算

施工生产的长期性使得施工企业不能等到工程全部竣工再办理结算。否则，不仅会引起企业资金周转发生困难，而且会计核算也只能是事后记录，难以发挥应有的作用。因此，需要定期计算和确认各期已完工程（相对于竣工工程而言为在建工程）的价款收入和实际成本，按确认的工程价款与甲方办理结算，以及时收回资金。同时，将确认的工程实际成本与预算成本进行对比，考核成本节超情况，找出引起成本升降的原因，及时采取减低成本的措施。

2.3　施工企业成本费用概述

费用是指企业在日常活动中发生的、会导致所有者权益减少、与向所有者分配利润无关的经济利益的总流出。其中，日常活动是指销售商品、提供劳务及让渡资产使用权等。所以，费用是指销售商品、提供劳务及让渡资产使用权过程中发生的各种耗费，如施工企业生产经营过程中发生的原材料消耗、固定资产消耗、职工薪酬的支付等都属于费用。非日常活动是指日常活动以外的活动，非日常活动中发生的各种耗费不能确认为费用。如出售固定资产、无形资产等非流动资产的损失，因违约支付罚款，对外捐赠，因自然灾害等非常原因造成的财产毁损等，这些活动所形成的经济利益流出不能确认为费用，应当作为损失直接计入当期损益。

2.3.1　施工企业成本费用的分类

1. 按照成本费用的经济内容（性质）分类

成本费用的经济内容反映成本费用的构成。成本费用按照经济内容（性质）分类，一般可分为：（1）外购材料费用；（2）外购燃料费用；（3）外购动力费用；（4）支付的职工薪酬；（5）折旧费；（6）利息支出；（7）税金；（8）其他费用支出。

成本费用按经济内容进行分类，可以反映企业在施工过程中发生了哪些耗费，金额各是多少，便于分析企业各个时期各种施工费用的构成情况，进而分析各种费用要素的支出水平。

2. 按照成本费用的经济用途分类

成本的经济用途是指成本费用在施工生产中的作用。成本费用按照经济用途的不同，分为应计入工程成本的费用和不计入工程成本的费用（即期间费用）两大部分。

成本费用按经济用途进行分类，能够明确地反映出工程成本的构成内容，有助于企业考核成本费用的开支是否合理，以便于企业加强成本管理和成本分析。

3. 按照计入成本核算对象的方式分类

按照计入成本核算对象的方式，可以把成本分为直接成本和间接成本。直接成本是指发生后可以直接计入各工程项目成本中的各种耗费。比如能明确区分为某一工程项目耗用的材料费、人工费、机械使用费等。间接成本是指不能直接归属于某一工程项目，需要先行归集，然后再采用一定的方法分配计入各工程项目的耗费，比如管理人员薪酬、管理用固定资产的折旧等。

2.3.2　施工生产费用与工程成本

施工企业在生产经营过程中，必然要发生各种各样的资金耗费，如领用材料、支付工资和其他生产费用、发生固定资产损耗等。施工企业在一定时期内从事工程施工、提供劳务等经营活动发生的各种耗费称为生产费用。将这些生产费用按一定的对象进行分配和归集，就形成了成本。生产费用是形成产品成本的基础，生产费用的发生过程就是成本的形成过程，没有生产费用发生，就不存在成本计算。二者的主要区别表现在：生产费用是按一定期间归集的，成本则是按一定的对象归集计算的。一定会计期间发生的支出并不一定全部计入本期成本，本期成本也并不一定都是本期发生的费用，还可能包括以前期间支付而应由本期成本负担的费用，如长期待摊费用的摊销；也可能包括本期尚未支付、但应计入本期成本的费用，如本期应付的水电费、机械租赁费等。

2.3.3　工程成本的类型

根据建筑安装工程的特点和成本管理的要求，企业应分别确定工程预算成本、工程计划成本和工程实际成本。

1. 工程预算成本

工程预算成本是企业根据施工图设计和预算定额、预算单价以及有关取费标准，通过编制施工图预算确定的工程成本。它反映的是工程成本的平均水平，是施工企业确定投标报价的基础，是控制成本支出、考核成本节超的依据。但施工图预算并不等于预算成本。施工图预算确定的是工程造价，不仅包括属于工程成本的各种施工费用，还包括不属于工程成本的其他内容，如管理费用、财务费用、计划利润和税金等。工程预算成本是工程造价的主要组成部分。

2. 工程计划成本

工程计划成本是企业根据确定的降低成本指标，以工程预算成本为基础，结合实际情况确定的工程成本。它反映企业在计划期内应达到的成本水平，是成本支出的标准。计划成本与预算成本的差额，是企业降低成本的奋斗目标。

3. 工程实际成本

工程实际成本是企业按照确定的成本核算对象归集的实际施工生产费用，反映的是某一企业的生产耗费水平。实际成本与计划成本比较，可以考核成本计划的完成情况；与预算成本比较，可以确定工程成本降低额（或超支额），反映企业的经营管理水平。

必须说明的是，工程预算成本与工程实际成本各项目的内容不尽相同。在住建部《关于调整建筑安装工程费用项目组成的若干规定》中，工程造价由直接工程费、间接费用、计划利润和税金等组成。其中，直接工程费包括直接费、其他直接费、现场经费三个组成部分，相当于会计核算中工程成本的内容。间接费用包括企业管理费、财务费用等，相当于会计核算中的期间费用。工程预算成本与工程实际成本的相互关系如表2-1所示。

工程预算成本与工程实际成本的相互关系　　　　　　　　表 2-1

		人工费	人工费	直接费	直接工程费	工程预算成本
工程实际成本	直接费	材料费	材料费			
		机械使用费	施工机械使用费			
		其他直接费	其他直接费			
	间接费用		临时设施费	现场经费		
			现场管理费			
期间费用	管理费用		企业管理费		间接费用	
			劳动保险费			
	财务费用		财务费用			

　　由于工程实际成本不包括管理费用和财务费用，因此企业在将工程实际成本与工程预算成本进行对比分析时，应从预算成本中剔除企业管理费和财务费用。本书主要介绍工程实际成本的核算，如不特别强调，下文提及的工程成本即指工程实际成本。

2.4　工程成本核算的意义和要求

2.4.1　工程成本核算的意义

　　工程成本核算是对发生的施工费用进行确认、计量，并按照一定的成本核算对象进行归集和分配，从而计算出工程实际成本的会计处理工作。它是施工企业经营管理工作的一项重要内容，对于加强成本管理、促进增产节约、提高企业的市场竞争能力等，具有非常重要的作用。

　　1. 通过工程成本的核算，可以反映企业的施工管理水平。工程成本是工程施工过程中各项耗费的货币表现，工人劳动效率的高低、材料的节约与浪费、施工机械的利用程度等，都可以直接或间接地通过成本指标反映出来。将工程实际成本与预算成本进行比较，可以揭示成本节超的情况及原因，便于制定措施、提高施工管理水平。

　　2. 通过工程成本核算，可以确定施工耗费的补偿尺度。为了保证再生产的顺利进行，施工企业取得的工程价款必须能够补偿施工过程中的资金耗费，在补偿了施工耗费后即为企业实现的毛利润。工程成本就是以货币形式反映这一补偿金额的尺度。在工程价款收入一定的情况下，成本降低，毛利润就多，经营效益就好。

　　3. 通过工程成本核算，可以促进各项财经制度的贯彻执行，有效地控制成本支出。在成本核算过程中，财务人员要根据规定对各项开支进行认真审核，对不符合国家规定的经济行为予以抵制，对不合理开支不予报销，促使业务经办人员按制度和规定办事。这样，有利于保证国家政策、法令、制度的贯彻落实，避免和减少不应有的浪费和损失，使企业的生产经营活动坚持正确的方向。

　　4. 通过工程成本核算，为企业的生产经营决策提供重要依据。在建筑工程实行招投标制的情况下，建筑市场竞争加剧。企业要在激烈的市场竞争中赢得工程任务，除了保证工程质量和工期外，还必须在投标报价方面占有优势。工程成本是投标报价的基础，企业在确定投标价格时通常要参考以往的成本数据。可见，工程成本在一定程度上影响着企业的市场竞争力。

此外，通过工程成本核算，还可以为各种不同类型的工程积累经济技术资料，为修订预算定额、施工定额提供依据。

2.4.2 工程成本核算的要求

工程成本核算必须做到如下几个方面：

1. 适应企业的管理体制，合理组织成本核算

为了有效地组织工程成本核算，施工企业应结合自身的规模和管理体制，建立和完善成本核算体制。目前我国施工企业一般实行公司、分公司（工程处、工区）和项目部（施工队）三级管理体制，小型施工企业通常实行公司、项目部两级管理体制。成本核算的组织也应与此相适应，实行统一领导，分级核算。

在实行三级管理制的企业，工程成本的计算工作一般在分公司完成。由项目部计算各工程的直接费成本，并分析工料成本升降的原因；分公司分配间接费用并计算工程成本，编制成本报表，进行成本分析；公司汇总计算企业的全部工程成本，汇总成本报表，进行全面成本分析。

在实行两级管理的小型施工企业，一般由项目部计算直接成本，公司核算全部工程成本。

不论由哪一级会计部门计算工程成本，都要重视基层的成本核算工作。因为基层发生的施工生产费用，是工程成本的主要内容。基层成本核算的正确与否，直接影响着企业成本核算的质量。此外，还应该加强各相关部门的协调配合，建立和健全横向的成本管理责任制，按照费用归口管理的要求，严格控制各项开支。

2. 严格遵守成本开支范围，划清各项费用开支的界限

企业进行生产经营活动，要发生各种各样的费用支出，但并非所有支出都可以计入工程成本。哪些费用应计入成本，哪些费用不应计入成本，会计制度都有明确的规定，这种规定叫作成本开支范围。严格遵守成本开支范围是一项重要的财经纪律，也是正确计算成本的最起码的要求。为了正确核算施工生产过程中发生的各项费用支出，正确计算工程成本，施工企业应严格遵守成本开支范围，正确划分下列各项费用开支的界限：

（1）划清生产费用支出与非生产费用支出的界限

施工企业在生产经营活动中的资金耗费多种多样，用途各异。要准确计算各期损益，必须划清资本性支出和收益性支出的界限、营业支出和营业外支出的界限。按规定，施工企业的下列支出不得列入成本费用：1）为购置和建造固定资产、无形资产和其他长期资产的支出；2）对外投资的支出；3）被没收的财物、支付的滞纳金、罚款、违约金、赔偿金以及对外赞助、捐赠的支出；4）国家法律、法规规定以外的各种付费；5）国家规定不得列入成本费用的其他支出。

（2）划清工程成本和期间费用的界限

工程成本是指建筑安装企业在工程施工过程中发生的，按一定的成本核算对象归集的生产费用总和，包括直接费用和间接费用两部分。直接费用是指直接耗用于施工过程，构成工程实体或有助于工程形成的各项支出，包括人工费、材料费、机械使用费和其他直接费等。间接费用是指施工企业所属各直接从事施工生产的单位（如施工队、项目部等）为组织和管理施工生产活动所发生的各项费用，包括临时设施费、施工单位管理人员的薪

酬、管理用固定资产的折旧及修理费、物料消耗、低值易耗品摊销、水电费、办公费、差旅费、保险费、工程保修费、劳动保护费及其他费用。

期间费用是指与具体工程没有直接联系，不应计入工程成本，而应直接计入当期损益的各项费用，包括管理费用、财务费用和销售费用。

需要指出的是，如果施工企业的分公司代替公司行使管理职能，可视为公司的派出机构，其发生的支出列入管理费用核算。

（3）划清本期工程成本与非本期工程成本的界限

按照成本管理的要求，企业应按期计算成本，以便分析和考核成本计划的执行情况。因此，企业必须正确划分各个时期成本的界限。凡本期支付应由本期成本负担的耗费，全部计入本期成本；本期已经支付但应由以后期间负担的耗费，应分摊计入以后期间的成本；本期虽未支付，但应由本期负担的耗费，应估计其金额计入本期成本。企业应按受益原则，正确核算各期的成本费用，严禁利用待摊和预提的方法人为地调节工程成本。

（4）划清不同成本核算对象的费用界限

为了分析和考核工程成本计划的执行情况，企业必须分别计算各项工程的实际成本。根据建造合同的具体情况和管理要求，按照确定的工程成本核算对象设置成本明细账，归集发生的各项施工费用。凡是能够分清具体承担对象的费用，直接归属该成本核算对象；凡是不能分清具体承担对象的费用，应选择合理的方法，分配计入受益对象的成本，以真实反映各工程的成本水平。

（5）划清已完工程成本与未完工程成本的界限

工程施工周期与会计核算期间的不一致性，往往导致期末时有未完施工存在。因此在进行工程成本核算时，还应将各成本核算对象归集的费用在已完工程和未完施工之间进行分配，计算出已完工程成本，以便与工程预算成本进行比较，考核成本节超，分析超支原因，采取补救措施。

3. 建立健全成本管理制度，做好工程成本核算的基础工作

为了保证成本核算的质量，便于对成本实施有效监督和控制，必须建立健全成本管理制度。

（1）建立健全定额管理制度

定额是在正常施工条件下，完成单位产品可消耗的人力、物力、财力的数量标准。施工企业使用的定额包括预算定额和施工定额两种。预算定额是由国家或各地区建设主管部门统一制定的，是建筑行业的平均水平，是企业编制工程预算、计算工程造价的依据。施工定额一般是由施工企业自行制定的，它既是企业编制施工预算的依据，也是衡量和控制工程施工过程中人工、材料、机械消耗和费用支出等的标准。施工定额主要包括劳动定额、材料消耗定额、机械台班定额和各项费用定额，它是施工企业对工程成本进行量化管理的有效工具。其中，劳动定额是签发"工程任务单"，考核各施工班组工效的主要依据；材料消耗定额是签发"定额领料单"，考核材料消耗情况的主要依据；机械台班定额是考核机械设备利用程度的依据；费用定额是控制各项费用开支的标准。有了明确的定额，就可以对各项费用支出进行有效的控制。建立健全定额管理制度，对于提高劳动生产率、节约材料消耗，提高机械设备利用率，减少费用开支，从而降低工程成本，具有非常重要的作用。

（2）建立健全各项原始记录

原始记录是直接记载和反映各种成本费用的发生时间、地点、用途、金额的原始资料，是进行工程成本核算的基础。成本核算的原始记录主要包括工程任务单、材料领（退）料单、考勤表、机械使用记录、未完施工盘点单等。如果原始记录不全或数字不准确，工程成本核算就失去了客观依据。因此，必须建立健全各项原始记录的填制和审核制度，为工程成本核算提供真实可靠的第一手资料。

（3）建立健全内部结算制度

为了适应分级管理、分级核算的组织管理体制，分析和考核各内部单位的经营成果，明确各内部单位的经济责任，考核各内部单位的成本管理水平，提高全面成本管理的综合效益，企业应建立健全内部结算制度。内部结算应以合理的内部价格为依据。企业应制定合理的内部价格，作为内部各单位之间相互提供材料、产品、作业和劳务等的结算依据。内部结算价格应保持相对稳定，但也要定期修订，使之尽量适应各个时期的实际情况。

（4）建立健全物资管理制度

对于各种财产物资的收发、领退以及在不同工程成本核算对象之间的转移，都应经过计量和验收，办理必要的凭证手续，防止冒领滥用。对于库存以及施工现场堆放的各种材料物资，应定期进行清查盘点，防止丢失、损坏和积压浪费。对于施工过程中产生的废料和边角料，应尽可能回收利用。对期末的已领未用材料，应及时办理退料或"假退料"手续，以正确核算材料费用。

2.5　工程成本会计工作的组织

工程成本会计工作的组织，包括建立健全会计机构、培养德才兼备的成本会计人员、确定和执行科学适用的会计政策三个方面。

2.5.1　根据生产经营需要设置成本核算机构

施工企业成本核算机构的设置，应与企业生产经营的特点、规模的大小以及管理体制相适应。

大中型施工企业一般实行公司、分公司、工程项目部三级管理体制。会计上也要设置相应的会计机构和人员组织成本核算。公司是独立核算单位（一级核算单位），一般设财务会计部。主要任务是依据会计法律、行政法规和会计规章确定本企业的会计政策，处理公司管理部门的日常会计业务，指导和监督所属单位的会计工作，汇总所属单位的会计信息，全面核算企业各项经济指标。分公司是内部独立核算单位，一般设财会科，主要任务是组织和指导各工程项目部的成本核算，归集和分配分公司发生的施工管理费用，汇总计算工程成本，定期向公司报送财务报告等。工程项目部一般配备成本核算员，负责本项目部日常经济业务的核算和项目工程成本的计算。

小型施工企业一般实行两级管理，公司直接领导工程项目部的工作。因此，一般在公司设置财会科，全面核算企业的各项经济指标。在各工程项目部配备成本核算员，负责日常施工生产费用的核算和工程成本的计算。

需要指出的是，实际工作中各工程项目部一般只配备一个成本核算员，这在一定程度上削弱了会计监督和内部控制工作。在这种情况下，项目负责人应当负责各项收支的审批工作，以保证企业资金的合理使用和安全完整。

2.5.2 配备德才兼备的成本会计人员

为了保证成本信息的质量，施工企业必须配备德才兼备的会计人员从事成本会计工作。成本会计人员的配备应该是多层次的。企业不仅要在公司、分公司设置专职的成本会计人员参与成本管理，更要在工程项目部配备成本会计人员做好成本核算工作，及时向项目经理提供成本信息，提出改进经营管理的方法以及降低成本、节约费用的建议，真正当好项目经理的参谋和助手。

作为特殊的从业人员，成本会计工作者不仅要有较高的业务素质，更应具备较强的法制观念和良好的职业道德。主要包括以下几方面：

（1）敬业爱岗

热爱本职工作，是做好一切工作的出发点。只有敬业爱岗，才会勤奋、努力钻研业务，使自己的知识和技能适应成本会计工作的要求。特别是在工程项目部的会计人员，要处理项目部所有的日常耗费，业务繁杂，因此要熟悉施工过程，任劳任怨。

（2）熟悉法规

成本会计工作不只是单纯的记账、算账、报账，它时时、事事、处处涉及法律法规方面的问题。成本会计人员应当熟悉会计法律、行政法规和企业会计准则，在处理会计业务时依法把关。成本会计人员应知而未知会计准则而造成会计行为违法，同样要负法律责任。

（3）客观公正

做好成本会计工作，不仅要有过硬的技术本领，更需要实事求是的精神和客观公正的态度。对于违反会计法律、行政法规和会计规章的经济业务，应拒绝付款、拒绝报销或拒绝执行。要敢于同弄虚作假、营私舞弊等违法乱纪行为做斗争。

（4）保守秘密

由于工作性质的原因，成本会计人员有机会了解本单位的财务状况和生产经营情况，了解或掌握企业的重要商业机密。成本会计人员应当保守秘密，不私自向外界提供或者泄露企业的成本信息。

2.5.3 确定科学、先进、可行的成本会计制度

成本会计制度是企业对成本会计工作所做的规定，是在开展成本会计工作时应遵循的具体原则和应采纳的具体会计处理方法。建立健全成本会计制度，对于规范企业的成本会计工作，保证成本信息的质量具有十分重要的意义。

企业的成本会计制度一般包括以下几个方面的内容：

（1）成本计划的编制方法。

（2）存货的收发领退及盘存制度。

（3）关于成本核算的原始记录和凭证传递流程。

（4）成本核算制度。包括成本核算对象的确定、成本项目的设置、各项成本费用的归集与分配方法、成本的计算方法等。

（5）成本预测和决策制度。包括成本预测资料的收集整理，成本预测和决策的一般方法和程序等。

（6）成本控制制度。包括原始凭证的审核方法，各种耗费的开支标准和审核权限、成

本差异的计算与分析，各项成本指标的考核与奖惩办法等。

（7）成本分析制度。包括成本分析的指标以及计算口径，成本分析的一般方法等。

（8）成本报表制度。包括成本报表的种类、格式、编制方法、传递程序、报送日期等。

成本会计制度的制定是一项复杂而细致的工作。既要保持相对稳定，又不能一成不变。随着经济形势的变化和有关法律法规的不断完善，成本会计制度也要适时进行修订，以保证其科学性、先进性和可行性。

本 章 小 结

施工企业生产经营活动具有流动、单件、复杂、生产周期长、受自然气候条件影响大等特点。

受施工企业生产经营活动的影响，工程成本会计表现出特别重视项目的成本核算、以单位工程或单项工程为对象进行成本核算和成本考核、按在建工程办理工程价款结算和成本结算等显著特点。

通过工程成本的核算，可以反映企业的施工管理水平、确定施工耗费的补偿尺度、促进各项财经制度的贯彻执行、为企业的生产经营决策提供重要依据。

为了有效地组织工程成本核算，施工企业应结合自身的规模和管理体制建立和完善成本管理制度。在成本核算过程中，应严格遵守成本开支范围，划清各项费用开支的界限，并做好成本核算的各项基础工作。

根据建筑安装工程的特点和成本管理的要求，施工企业应分别确定工程预算成本、工程计划成本和工程实际成本。

思 考 题

1. 工程成本会计有哪些特点？
2. 简述工程成本会计的内容。
3. 加强工程成本核算有哪些重要意义？
4. 工程成本核算应该做好哪些基础工作？
5. 简述施工生产费用与工程成本之间的关系。

3 资 金 筹 集

本 章 提 要

本章主要阐述了资金筹集的渠道和方式、筹资的核算方法。通过学习要求了解资金筹集的原则与渠道，掌握权益资本筹资、债券筹资、银行借款筹资、租赁筹资、商业信用筹资的核算。

3.1 资 金 筹 集 概 述

资金是企业从事经营活动的基本条件。为了保证生产经营的正常进行，企业必须拥有一定数量和结构的资金。

资金筹集是指根据企业生产经营状况、调整资金结构以及未来经营发展的资金需要，通过一定的筹资渠道，运用一定的筹资方式，经济有效地筹集企业所需资金的过程。资金筹集是企业资金运动的起点，是向企业的投资者和债权人筹措资金，以保证企业生产经营资金需要的一项理财活动，它对于企业的创建、生存和发展有着十分重要的意义。

3.1.1 资金筹集的分类

企业从不同渠道筹集的资金，可按不同的标志划分为各种不同的类型。

1. 按资金使用期限长短分类

按资金使用期限的长短分类，可把企业筹集的资金分为长期资金和短期资金两种。

长期资金是指使用期限在一年以上的资金，它是企业长期、持续、稳定地进行生产经营活动的前提和保证，主要用于生产规模的扩大、设备更新、新产品的开发和推广等。长期资金一般通过吸收直接投资、发行股票、发行公司债券、取得长期借款、融资租赁和内部积累等方式来筹集。

短期资金是指使用期限在一年以内的资金，它是企业在生产经营过程中由于短期性的资金周转需要而引起的，主要用于存货的购置、现金和应收账款的往来。短期资金一般通过短期借款、商业信用等方式来筹集。

2. 按资金的来源渠道分类

按资金来源渠道不同，可将企业资金分为权益性筹资和负债性筹资，也就是所有者权益（自有资金）和负债两大类。

所有者权益是指投资人对企业净资产的所有权，包含投资人投入企业的资本及持续经营中形成的经营积累，主要包括实收资本、资本公积金、盈余公积金和未分配利润等内容。企业通过发行股票、吸收直接投资、内部积累的方式筹集的资金属于企业所有者权益。所有者权益一般不用还本，是企业的自有资金。企业吸收的权益资金无须还本付息，因而财务风险小，但出资者期望的必要报酬率高，企业付出的资金成本相对较高。

负债是企业所承担的能以货币计量，需以资产或劳务偿付的债务。企业可通过发行债券、银行借款、融资租赁等方式筹集。企业的负债资金又称企业借入资金，企业借入的负债到期需要还本付息。企业吸收和利用负债资金，还本付息的压力大，承担风险大，但与所有者权益相比，出资者期望得到的报酬率较低，因而企业付出的资金成本相对较低。

3.1.2 资金筹集的渠道和方式

筹资渠道是指筹措资金的来源方向与通道，体现资金的源泉和流量，说明企业资金是从哪里取得的。筹资方式是筹集资金时采取的具体形式，说明企业运用何种形式筹集资金。一定的筹资方式可以适用于不同的筹资渠道，同一渠道的资金往往可以采用不同的方式筹集。

1. 企业筹资渠道

认识筹资渠道的种类及特点，正确利用筹资渠道。我国企业的筹资渠道主要有以下几种：

（1）国家财政资金。国家对企业的直接投资历来是国有企业的主要资金来源。现在国有企业的资金来源，大部分是由国家财政以直接拨款方式形成的；其次是国家对企业减免各种税款形成的。从产权关系看，国家投入的资金，产权归国家所有。

（2）银行信贷资金。银行对企业的各种贷款，是目前企业最重要的资金来源。我国银行可为企业提供政策性贷款和商业性贷款。政策性贷款是国家银行为特定企业和产业提供的符合国家有关产业政策规定的贷款；商业性贷款是银行以盈利为目的，为各类企业提供的信贷资金。

（3）非银行金融机构资金。非银行金融机构主要有信托投资公司、金融租赁公司、保险公司、证券公司和财务公司等。这些公司主要从事承销证券、融资、融物业务等，集聚着一定数量的资金，可以为企业直接提供一定数量的资金或为企业筹资服务。

（4）其他法人单位的投资。企业在生产经营过程中，形成部分闲置资金，并为一定的目的相互投资。另外，企业利用商业信用方式进行购销，企业之间形成债权债务关系，因而形成了债务人对债权人的短期信用资金的占用，这都为企业筹资提供了资金来源。

（5）企业内部自留资金。企业内部形成的资金，主要是指提取的盈余公积金和未分配利润而形成的资金，这是无须筹集而由企业内部生成或转移的资金。

（6）个人资金。企业职工和城乡居民的个人结余资金，是游离于银行及非银行金融机构之外，构成庞大的民间资本金，可为企业筹资使用。

（7）外商资金。外商资金是指外国投资者以及我国香港、澳门和台湾地区投资者投入的资金，是外商投资企业的重要来源。

2. 企业筹资方式

我国企业目前筹资方式有以下七种：

（1）吸收直接投资。是指企业以合同协议等形式吸收国家、其他法人单位、个人和外商等直接投入形成企业资本金的筹资方式。它是企业筹措自有资金的一种基本方式，出资者都是企业的所有者，他们对企业拥有所有权。

（2）发行股票。股票是股份有限公司为筹集自有资金而发行的有价证券，企业通过发行股票获得的资金是企业的自有资金。股东持有的股份，代表了对股份公司的所有权。

（3）利用留存收益。是指企业利用积累的盈余公积金和未分配利润等筹措资金。

（4）利用商业信用。是指企业利用赊购商品、预收货款、延期支付应付账款等形成的短期债务资金，是企业在经营活动中自然形成的债权债务关系，是自然性筹资。

（5）向银行借款。是指企业根据借款合同从银行或非银行金融机构借入所需资金的一种筹资方式。银行借款可分为长期借款和短期借款。

（6）发行公司债券。公司债券是指公司依照法定程序发行的，约定在一定期限还本付息的有价证券。发行公司债券是公司筹集负债资金的方式之一，通过发行公司债券获得的是企业的负债资金，有期限限制，到期还本付息。

（7）融资租赁。是指承租企业向租赁公司提出申请，由融资租赁公司购进租赁物件，并按合同在较长时间内租给承租企业使用的信用性业务。它是集融资与融物于一身的借贷业务。

3.1.3 资金筹集的原则

不同的筹资方式各有利弊，企业应根据自身条件选择适当的筹资方式以及不同筹资方式的有效组合，以降低筹资成本，提高筹资效益。为使筹资工作行之有效，应遵循以下原则：

（1）依法筹资的原则

企业的筹资活动，影响社会资金的流向和流量，涉及各方面的经济利益，因此必须依照国家的法律、法规和一定的程序进行，以维护各方的合法权益。

（2）筹资规模适当的原则

提高资金的利用效率，必须严格控制资金投放量。筹资的目的在于确保企业生产经营和发展所必需的资金。资金不足，会影响生产经营和发展；资金过剩，则会导致资金使用效果低下。因此，企业应按保证生产经营正常、高效运行的最低需用量筹集，合理确定筹资规模。

（3）最优筹资组合的原则

筹资数量、筹资时间、筹资来源和资金市场要统一确定和认真研究，不同筹资渠道和方式筹资的难易程度、资金成本和财务风险各不相同。企业必须综合考察各种筹资渠道和筹资方式，以降低筹资成本，减少筹资风险，实现最优投资组合。

（4）资本结构合理的原则

企业的资本结构一般由权益资本和借入资本构成。负债的多少要与权益资本和偿债能力的大小相适应，既要防止负债过多，偿债能力过低，导致财务风险过大，又要有效地利用负债经营，提高权益资本的收益水平。

（5）筹措时间及时的原则

企业在不同时点上资金需求不同。企业筹资时，既要考虑资金筹集的时间，又要与资金需要相衔接，避免资金取得过早而闲置或取得滞后而贻误最佳投放时机，最有效地获得和使用资金。

3.2 权益资本筹资的核算

3.2.1 权益资本的含义和特点

权益资本也称自有资本或所有者权益，是企业依法筹集并长期拥有、自主调配运用的资金来源。企业的权益资本包括资本金、资本公积金、盈余公积金和未分配利润。

资本金是企业在工商行政管理部门登记的注册资金，是投资者按照企业章程或合同、协议的约定，实际投入企业的资本。投资者出资达到法定注册资本的要求是企业设立的先决条件。

资本公积金是指投资者或其他人投入到企业，所有权归属于投资者，并且投入金额超过法定资本部分的资金。从来源上看，它不是由企业实现的利润转化而来的，本质上属于投入资本的范畴。

盈余公积金是从净利润中提取的各种积累资金，是有指定用途的留存收益。

未分配利润是企业实现的净利润经过弥补亏损、提取盈余公积和向投资者分配利润后留存在企业的、历年结存的利润。

权益资本是通过国家财政资金、其他企业资金、民间资金、外商资金等渠道，采取吸收直接投资、发行股票、留用利润等方式筹措而成的。

权益资本的特点是：第一，权益资本的所有权归属企业所有者，所有者凭其参与企业的经营管理和分配利润，并对企业的经营状况承担有限责任。第二，企业对权益资本依法享有经营权，在企业的存续期内，投资者除依法转让外不得以任何方式抽回其投入的资本。这就为企业提供了长期使用的经济资源，也为投资人带来了可长期享有的权利。第三，企业权益资本除了实收资本，还有资本公积、盈余公积和未分配利润，所有者对企业资产的长期要求权使其成为企业资产增值的受益者。

3.2.2 吸收直接投资

吸收直接投资是指企业以协议等方式吸收国家、其他法人、个人和外商等直接投入资金，形成企业资本金的一种筹资方式，是非股份制企业筹措自有资金的基本方式。

1. 吸收直接投资的种类

（1）按吸收投资的渠道不同可以分为：国家资本金、法人资本金、个人资本金和外商资本金。国家资本金是政府部门或机构以国有资产投入企业形成的资本。吸收国家直接投资是国有企业筹集自有资金的主要方式，有三个特点：一是国有资本金产权归属国家；二是资金的运用和处置受国家约束较大；三是广泛适用于国有企业。法人资本金发生在法人单位之间，出资方式灵活多样。个人资本金是企业内部职工和社会个人的合法财产投入企业形成的，投资人数较多。

（2）按投资者投入资本的形式不同可以分为：现金投资和非现金投资。其中非现金投资主要包括实物资产投资和无形资产投资。《公司法》规定全体股东的货币出资金额不得低于有限责任公司注册资本的 30%。

2. 吸收直接投资的程序

企业吸收直接投资一般遵循如下程序：第一，确定吸收资金的数量；第二，选择吸收投资单位；第三，签订投资协议；第四，取得所筹集的资金；第五，共同分享投资利润。

3. 吸收直接投资的核算

为了总括地核算和监督投资者投入资本的增减变动情况，企业应设置"实收资本"账户进行核算。它属于所有者权益类账户，其贷方登记企业实际收到投资者投入的资本金以及由各渠道转增资本金的数额；借方登记按法定程序经批准后核减的资本金；贷方余额表示企业实有资本金数额。该账户应分别设立"国家资本金"、"法人资本金"、"个人资本金"、"外商资本金"等明细账户进行明细核算。

(1) 接受现金资产投资的核算

【例3-1】 甲、乙两企业合资组建盛达建筑公司，注册资金为2000000元，双方出资比例为6∶4，全部资本金数额以货币资金形式一次缴足。盛达建筑公司应编制的会计分录如下：

借：银行存款 2000000
  贷：实收资本——法人资本金（甲） 1200000
    实收资本——法人资本金（乙） 800000

【例3-2】 盛达建筑公司收到资本金1000000元，其中国家资本金750000元，法人资本金250000元，全部资本金数额以货币资金形式一次缴足。盛达建筑公司应编制的会计分录如下：

借：银行存款 1000000
  贷：实收资本——国家资本金 750000
    实收资本——法人资本金 250000

(2) 接受非现金资产投资的核算

企业收到以非现金资产投入的资本时，应按投资各方确认的价值（公允价）借记"固定资产"、"库存材料"、"无形资产"等账户，同时按投资合同或协议约定的其在注册资本中所占的份额，贷记"实收资本"账户。对于投资各方确认的资产价值超过其在注册资本中所占份额的部分，应贷记"资本公积"。

【例3-3】 盛达建筑公司收到个人投入的红旗塔吊一台，账面原值550000元，累计折旧150000元。经评估确认的价值为350000元。企业应编制会计分录如下：

借：固定资产 350000
  贷：实收资本——个人资本金 350000

【例3-4】 假如上例中，盛达建筑公司在工商行政管理部门注册的资本金为1000000元，个人投入设备准备占有该企业注册资本的30%。企业应编制会计分录如下：

借：固定资产 350000
  贷：实收资本——个人资本金 300000
    资本公积 50000

如果投资双方约定的价值不公允，则按照公允价值作为非现金资产的入账价值，按合同协议约定的其在注册资本中所占的份额记入"实收资本"账户，差额记入"资本公积"。

【例3-5】 某单位以专利权作为投资投入盛达建筑公司，双方确认的价值为60000元，该资产公允价为90000元，核定的注册资本份额为70000元。盛达建筑公司应编制会计分录如下：

借：无形资产——专利权 90000
  贷：实收资本——法人资本金 70000
    资本公积 20000

3.2.3 资本公积

资本公积是指由投资者投入，但不能构成实收资本，或从其他来源获得，由所有者享有的资金。它是所有者权益的重要组成部分。

1. 股本溢价

股票实际发行价格高于有面值股票的面值，或无面值股票的设定价值，即溢价发行。我国要求企业实收资本与注册资本相一致。在"股本"账户记录按面值计算的股票发行所得，在"资本公积－股本溢价"记录超过面值部分的股票发行所得扣除支付给证券公司的有关费用后的余额。

【例 3-6】 某公司发行股票 400000 股，每股票面价值 1 元，注册资本 400000 元，发行价 1.2 元，收到的股本总额 480000 元。企业做会计分录如下：

借：银行存款　　　　　　　　　　　　　　　　　480000
　贷：实收资本（股本）　　　　　　　　　　　　　400000
　　　资本公积——股本溢价　　　　　　　　　　　　80000

2. 资本溢价

资本溢价是指投资者对非股份制企业实际出资额超过其在注册资本中所占份额的部分。高出部分计入"资本公积——资本溢价"。

【例 3-7】 甲投资者投资于盛达建筑公司，公司全部注册资金为 1000 万元，甲出资只能占公司全部注册资本的 10%。公司收到甲 150 万元投资，以货币资金形式一次缴足。盛达建筑公司应编制的会计分录如下：

借：银行存款　　　　　　　　　　　　　　　　　1500000
　贷：实收资本——个人资本金（甲）　　　　　　　1000000
　　　资本公积——资本溢价　　　　　　　　　　　500000

3. 资本公积转增资本

【例 3-8】 某公司按照规定程序经有关部门批准，用资本公积 30000 元转增资本后，做会计分录如下：

借：资本公积　　　　　　　　　　　　　　　　　30000
　贷：实收资本　　　　　　　　　　　　　　　　30000

3.2.4 留存收益

1. 留存收益的性质

留存收益是指企业从历年实现的净利润中提取或形成的留存于企业内部的积累，包括企业的盈余公积金和未分配利润。留存收益与投资者投入的资本属性一致，即均为股东权益，它是靠公司经营所得的盈利累积形成的。

2. 留存收益的构成

（1）盈余公积

盈余公积是指企业按照规定从净利润中提取的内部积累资金，包括法定盈余公积和任意盈余公积。法定盈余公积和任意盈余公积的区别在于其各自计提的依据不同，前者以国家的法律法规为依据，后者由企业的权力机构自行决定。

（2）未分配利润

未分配利润指企业实现的利润未作分配，留待以后年度进行分配的结存利润，也是股东权益的组成部分。它包含两层含义：一是留待以后年度分配的利润，二是未指定特定用途的利润。

3. 盈余公积金的用途

（1）用盈余公积金弥补亏损。

（2）用盈余公积金转增资本。

（3）用盈余公积金分配股利。

4. 留存收益的会计处理

（1）用盈余公积金弥补亏损

当公司发生亏损时，根据公司股东会议的决定，可以用盈余公积金弥补亏损。

【例3-9】 某公司税后利润300000元，按照10％和5％提取法定盈余公积和任意盈余公积，做会计分录如下：

借：利润分配——提取法定盈余公积	30000	
利润分配——提取任意盈余公积	15000	
贷：盈余公积——法定盈余公积		30000
盈余公积——任意盈余公积		15000

【例3-10】 某建筑公司本年发生亏损20000元，董事会决议用盈余公积金弥补。

结转亏损至"本年利润"账户，做会计分录如下：

借：利润分配——未分配利润	20000	
贷：本年利润		20000

用盈余公积金弥补当年亏损，做会计分录：

借：盈余公积——法定盈余公积金	20000	
贷：利润分配——盈余公积补亏		20000

同时：

借：利润分配——盈余公积补亏	20000	
贷：利润分配——未分配利润		20000

（2）用盈余公积金转增资本

公司可以根据股东大会的决定，用盈余公积金转增资本金。

【例3-11】 某公司按照规定程序经有关部门批准，用盈余公积80000元转增资本后，做会计分录如下：

借：盈余公积	80000	
贷：实收资本		80000

（3）用盈余公积金分配股利

公司在发生亏损时，原则上无利不分，按一定程序，可以用盈余公积金向投资者分配股利。

【例3-12】 某公司按照规定程序经有关部门批准，用盈余公积150000元分配现金股利，做会计分录如下：

借：盈余公积	150000	
贷：应付股利		150000

3.3 银行借款筹资的核算

银行借款是企业从银行或其他金融机构筹集资金的重要方式。按偿还期限的不同，分为短期借款和长期借款。

3.3.1 短期借款的核算

短期借款是企业向银行或其他金融机构借入的期限在一年以内（含一年）的各种借款。一般为筹集正常生产经营所需的资金或者为抵偿某项债务而借入。企业向银行、单位、个人申请短期贷款，可缓解资金的周转困难，保证生产经营顺利进行。

为了核算和监督短期借款的取得和归还情况，企业应设置"短期借款"账户。其贷方登记借入的本金，借方登记归还的本金，期末贷方余额表示尚未归还的本金。本账户应按债权人设置明细账，并按借款种类进行明细核算。

企业取得短期借款时，借记"银行存款"账户，贷记"短期借款"账户。

短期借款的利息应当计入"财务费用"。企业应当在资产负债表日，按规定利率计算短期借款利息费用，借记"财务费用"账户，贷记"应付利息"账户；实际支付利息时，借记"应付利息"账户，贷记"银行存款"账户。

【例3-13】 盛达建筑公司于7月1日向银行申请借入临时借款200000元，期限3个月，到期一次还本付息，年利率9%。有关账务处理如下：

（1）借入短期借款时，做会计分录如下：

借：银行存款　　　　　　　　　　　　　　　　　　200000
　　贷：短期借款　　　　　　　　　　　　　　　　　　200000

（2）7月末计提短期借款利息1500元（200000×9%÷12），做会计分录如下：

借：财务费用　　　　　　　　　　　　　　　　　　1500
　　贷：应付利息　　　　　　　　　　　　　　　　　　1500

8月末计提利息的分录同上

（3）9月末归还借款本息204500元，做会计分录如下：

借：财务费用　　　　　　　　　　　　　　　　　　1500
　　应付利息　　　　　　　　　　　　　　　　　　3000
　　短期借款　　　　　　　　　　　　　　　　　　200000
　　贷：银行存款　　　　　　　　　　　　　　　　　　204500

3.3.2 长期借款的核算

1. 长期借款的概念和核算账户

长期借款是企业向银行或其他金融机构借入的期限在一年以上（不含一年）的各种借款。一般用于扩展经营规模，如为购建大型机械设备、新建或扩建厂房等，向银行借入的基建借款、技术改造借款等。

为了核算和监督长期借款的取得、计息和归还情况，企业应设置"长期借款"账户。本账户应按贷款单位、种类，分别"本金"、"利息调整"进行明细核算。

企业借入长期借款时，按实际收到的款项借记"银行存款"账户，按借款本金贷记"长期借款——本金"账户，按其差额借记"长期借款——利息调整"账户。

2. 长期借款费用处理

借款费用是指企业因借款而发生的利息及其他相关成本。长期借款的利息，按借款费用的原则进行处理。

（1）借款利息资本化。借款利息资本化，即与购建固定资产有关的专门借款的借款费

59

用，在所购建固定资产达到预定可使用或可销售状态前发生的，按规定计算应予以资本化的部分，记入"在建工程"账户。

（2）借款利息费用化。按规定不能予以资本化的借款费用以及在所购建固定资产达到预定可使用状态后发生的借款费用，应记入"财务费用"账户。与购建固定资产无关的借款费用，在生产经营期间发生的直接记入"财务费用"。

在资产负债表日，企业应按长期借款的摊余成本和实际利率计算确定的利息费用，借记"在建工程"或"财务费用"等账户，按借款本金和合同利率计算确定的应付未付利息，贷记"应付利息"账户，按其差额贷记"长期借款——利息调整"账户。实际利率与合同利率差异较小的，可以采用合同利率计算确定利息费用。

3. 长期借款的账务处理

长期借款的会计核算包括借款的借入和计息、还本的核算。

【例 3-14】　盛达建筑公司于 2012 年 1 月 1 日取得为期两年、年息 10％、单利计息、到期一次还本付息的借款 400000 元，用于生产周转。实际利率与合同利率相同。其有关会计处理为：

（1）借入款项，存入银行。做会计分录如下：

借：银行存款　　　　　　　　　　　　　　　　　　400000
　　贷：长期借款——本金　　　　　　　　　　　　　　　　400000

（2）2012 年末，计算应付利息。做会计分录如下：

借：财务费用　　　　　　　　　　　　　　　　　　40000
　　贷：应付利息　　　　　　　　　　　　　　　　　　　40000

（3）2013 年末计算利息的分录同（2）。

（4）到期还本付息，做会计分录如下：

借：长期借款——本金　　　　　　　　　　　　　　400000
　　应付利息　　　　　　　　　　　　　　　　　　80000
　　贷：银行存款　　　　　　　　　　　　　　　　　　480000

【例 3-15】　盛达建筑公司 2011 年 1 月 1 日向银行借入资金 4000000 元，借款利率 10％，借款期限 2 年，到期一次还本付息。实际利率与合同利率相同。该借款用于建造办公楼，于 2011 年 12 月 31 日完工交付使用，竣工前共发生工料费等 3500000 元。根据上述资料，其有关会计处理为：

（1）借入本金，存入银行。做会计分录如下：

借：银行存款　　　　　　　　　　　　　　　　　　4000000
　　贷：长期借款——本金　　　　　　　　　　　　　　　4000000

（2）2011 年建造办公楼，发生支出。做会计分录如下：

借：在建工程　　　　　　　　　　　　　　　　　　3500000
　　贷：银行存款　　　　　　　　　　　　　　　　　　3500000

（3）2011 年 12 月 31 日计算年利息 400000 元（4000000×10％），按借款费用资本化的原则计算，其中应予以资本化的利息为 320000 元。做会计分录如下：

借：在建工程　　　　　　　　　　　　　　　　　　320000
　　财务费用　　　　　　　　　　　　　　　　　　80000

　　　　贷：应付利息　　　　　　　　　　　　　　　　　　400000

（4）工程竣工交付使用。做会计分录如下：

借：固定资产　　　　　　　　　　　　　　　　　　3820000

　　　　贷：在建工程　　　　　　　　　　　　　　　　　3820000

（5）2012 年 12 月 31 日计算利息。做会计分录如下：

借：财务费用　　　　　　　　　　　　　　　　　　400000

　　　　贷：应付利息　　　　　　　　　　　　　　　　　400000

（6）到期偿还本金和利息。做会计分录如下：

借：长期借款——本金　　　　　　　　　　　　　4000000

　　应付利息　　　　　　　　　　　　　　　　　800000

　　　　贷：银行存款　　　　　　　　　　　　　　　　　4800000

3.4　租赁筹资的核算

　　租赁是指在约定的期间内，出租人将资产使用权让于承租人以获取租金的经济行为。其主要特征是转移资产的使用权，而不转移资产的所有权，承租人以支付租金为代价取得资产的使用权。由于施工生产的临时性或季节性需要，或出于融资等方面的考虑，企业可以采用租赁方式取得生产经营所需的固定资产。

3.4.1　租赁的种类及特点

　　租赁按性质和形式的不同，分为经营租赁和融资租赁。

　　经营租赁的租赁期限较短，其目的是为了取得资产的使用权，而不是为了在租赁期满后，取得该项资产的所有权。在经营租赁方式下，与租赁资产有关的风险和报酬并没有实质上转移给承租人，承租人不承担租赁资产的主要风险。

　　融资租赁是由租赁公司按照承租企业的要求融资购买设备，并在合同或协议规定的期限内提供给承租企业使用的信用业务。与经营租赁相比，租期较长（一般达到租赁资产使用年限的 75％以上）；在租赁期内支付的租金总额大于所租赁资产的原始成本（支付的租金包括设备的价款、租赁费和借款利息等）；租约一般不能取消，租赁期满，承租人有优先选择廉价购买租赁资产的权利。因此在融资租赁方式下，与资产有关的主要风险和报酬已由出租人转归承租人。

3.4.2　经营租赁的核算

　　经营性租入的固定资产，企业只是为了在短期内使用，并不最终取得其所有权。因此，不应将其作为本企业资产入账核算，只需将支付的租金按一定方法确认为费用。

　　【例 3-16】　2012 年 1 月 1 日，宏达建筑公司租入办公楼一幢，租期为 3 年。办公楼的价值为 35000000 元，预计使用年限为 30 年。租赁合约规定，租金每年 58000 元，于每年年初支付。租赁期满，出租方收回办公楼。企业每年应做如下会计分录：

借：管理费用　　　　　　　　　　　　　　　　　　58000

　　　　贷：银行存款　　　　　　　　　　　　　　　　　58000

3.4.3　融资租赁的核算

　　企业采用融资租赁方式租入的固定资产，尽管从法律形式上其所有权在租赁期间仍然属于出租方，但由于资产租赁期基本上包括了资产的有效使用年限，承租方实质上获得了租赁资产所提供的主要经济利益，同时也承担与该资产有关的风险。因此，企业应将融资租入固定资产视同自有资产计价入账，同时确认相应的负债，并按期计提折旧。

对于融资租入的固定资产，企业应在"固定资产"账户下单独设置"融资租入固定资产"明细账户进行核算。在租赁开始日，企业应按计入固定资产成本的金额（即租赁开始日租赁资产的公允价与最低租赁付款额的现值中较低者，加上初始直接费用），借记"固定资产"或"在建工程"账户，按最低租赁付款额，贷记"长期应付款——应付融资租赁款"账户，按初始直接费用，贷记"银行存款"账户，按其差额借记"未确认融资费用"账户。租赁期满，如企业取得该固定资产的所有权，应将该固定资产从"融资租入固定资产"明细账转入有关明细账。

"未确认融资费用"应当采用实际利率法在租赁期内的各期分摊。其摊销的会计处理方法与分期付款购买固定资产的核算基本相同。

3.5 商业信用筹资的核算

3.5.1 商业信用筹资的特点

商业信用是指企业在商品交易中因延期付款（赊购）或预收货款而形成的借贷关系，属于企业之间的一种直接信用行为。例如企业以赊购方式向其他公司购进货物，就形成一项负债——应付账款，它在企业的短期负债中占有很大的比例。商业信用的主要形式是赊购商品和预收货款，表现为货款欠账和延期交货、购货企业开出期票或商业汇票以示承诺等，即主要指应付账款、预收账款和应付票据。

商业信用筹资的特点是：商业信用是自然性融资，非常方便；如果没有现金折扣，或企业不放弃现金折扣，则利用商业信用融资没有实际成本，且限制也少。但商业信用的时间较短，如果企业取得现金折扣，则时间会更短；如果放弃现金折扣，则要付出较高的商业信用成本。

3.5.2 应付账款

应付账款是企业在生产经营过程中，因购买材料物资、接受劳务供应而应付给供应单位的货款和劳务费，以及因分包工程应付给分包单位的工程款。这是双方在购销活动中，由于取得物资和接受劳务在先，支付货款在后而暂时占用企业的资金。

1. 应付账款入账时间和入账金额的确定

应付账款的入账时间，应以所购买物资的所有权转移或接受劳务已发生为标志确定。

企业的应付账款往往在短期内就需付款，所以应按发票账单等凭证上记载的应付金额入账。企业的政策是尽可能利用现金折扣，如果购入资产在形成应付账款时是带有现金折扣的，应付账款按发票账单上记载的应付金额的总值入账，不得扣除现金折扣。企业付款时实际获得的现金折扣，将其作为一项理财收益，冲减"财务费用"。

企业购进货物在验收入库时，有时会由于货物的规格、质量等与合同不符，而获得一定的购货折让。企业获得的购货折让应抵减应付账款，直接扣减折让金额后，余额作为应付账款入账。

企业应付给分包单位的工程款，按同分包单位办理结算的"工程价款结算账单"上的金额确认。

2. 应付账款的账务处理

为了反映应付账款的增减变动情况，企业应设置"应付账款"账户。其贷方登记发生的应付账款，借方登记偿还的应付账款以及转销的无法支付的应付账款，期末贷方余额表示尚未支付的各种应付账款。本账户应分别设置"应付工程款"和"应付购货款"两个明细账户，并分别按分包单位和供应单位名称设置明细账。

【例 3-17】 盛达建筑公司向光明水泥厂购入水泥 100 吨，单价 360 元/吨，收到的增值税专用发票上注明的价款为 36000 元，增值税进项税为 6120 元。商品已收到，并验收入库。约定的现金折扣条件为 2/10，（即 10 日内付款可享受 2％的折扣）。其账务处理如下：

（1）水泥验收入库，按应付价款入账。做会计分录如下：

借：原材料 42120
　　贷：应付账款 42120

（2）若企业于第九天付款，可享受 842.4 元折扣（42120×2％＝842.4）。做会计分录如下：

借：应付账款 42120
　　贷：银行存款 41277.6
　　　　财务费用 842.4

（3）若超过折扣期限，则应按全额付款。做会计分录如下：

借：应付账款 42120
　　贷：银行存款 42120

【例 3-18】 盛达建筑公司从诚兴公司购入材料一批，价款 75000 元。验收入库时发现其中部分材料的质量与合同规定不符，故向诚兴公司提出折让条件。经协商，诚兴公司同意折让 3000 元。企业应根据有关凭证作如下会计分录：

借：原材料 72000
　　贷：应付账款——诚兴公司 72000

【例 3-19】 月终收到分包单位江源公司开出的"工程价款结算账单"。经审核，应付分包单位江源公司已完工程款 67000 元。做会计分录如下：

借：工程施工 67000
　　贷：应付账款——应付分包工程款（江源公司） 67000

3.5.3 应付票据

应付票据是指企业在购买商品、接受劳务、工程价款结算或其他交易中，而签发的在未来特定日期偿付一定金额的书面承诺，是因签发商业汇票结算款项而形成的一项债务。应付票据与应付账款虽然都是由于交易而引起的流动负债，但应付账款是未结清的债务，而应付票据是延期付款的证明。

1. 入账价值和到期处理

商业汇票按是否带息，分为带息票据和不带息票据。无论是带息票据还是不带息票据，一律按其票面金额入账。

带息票据入账后，应在期末对尚未支付的应付票据按票面利率计算应付利息，借记

"财务费用"账户，贷记"应付利息"账户。

商业承兑汇票到期，如果企业无力支付的，应将"应付票据"、"应付利息"账户的账面价值转入"应付账款"账户，并且不再计算应付利息。

银行承兑汇票到期，如果企业无力支付的，承兑银行除凭票向持票人无条件付款外，对付款人尚未支付的汇票金额转作逾期贷款处理。企业接到转作贷款的通知时，借记"应付票据"、"应付利息"账户，贷记"短期借款"账户。对计收的利息，按短期借款利息的处理办法核算。

2. 应付票据的账务处理

建筑企业对外开出、承兑的商业汇票，应设置"应付票据"账户核算。其贷方登记企业开出、承兑的商业汇票面值，借方登记汇票到期支付的账面价值或到期无款支付转作应付账款或短期借款的账面价值，期末贷方余额表示尚未到期的应付票据的账面价值。

企业应当设置"应付票据"备查簿，详细登记每一应付票据的种类、号数、签发日期、到期日、票面金额、票面利率、合同交易号、收款人姓名或单位名称以及付款日期和余额等资料。应付票据到期结清时，应在备查簿内注销。

企业签发的商业汇票，核算方法如下：

（1）不带息票据的核算

不带息票据的到期值就是面值。

【例3-20】 盛达建筑公司为了清偿诚兴公司的货款，于3月1日签发并承兑一张期限为两个月，面额为72000元的无息商业汇票。盛达建筑公司应作账务处理如下：

3月1日签发并承兑汇票时，做会计分录如下：

借：应付账款——诚兴公司　　　　　　　　　　　　　72000
　　贷：应付票据　　　　　　　　　　　　　　　　　　　72000

5月1日到期支付票款时，做会计分录如下：

借：应付票据　　　　　　　　　　　　　　　　　　　72000
　　贷：银行存款　　　　　　　　　　　　　　　　　　　72000

（2）带息票据的核算

带息票据的到期值是面值加上根据票面利率计算的应付利息。

【例3-21】 假设上例中盛达建筑公司签发的是一张年利率为9％的银行承兑汇票，另向银行支付承兑手续费100元。则有关会计处理为：

向银行支付承兑手续费，做会计分录如下：

借：财务费用　　　　　　　　　　　　　　　　　　　100
　　贷：银行存款　　　　　　　　　　　　　　　　　　　100

将经银行承兑的汇票交付诚兴公司，做会计分录如下：

借：应付账款——诚兴公司　　　　　　　　　　　　　72000
　　贷：应付票据——诚兴公司　　　　　　　　　　　　　72000

月末计算利息，做会计分录如下：

借：财务费用　　　　　　　　　　　　　　　　　　　540
　　贷：应付利息　　　　　　　　　　　　　　　　　　　540

票据到期，还本付息时，做会计分录如下：

借：应付票据——诚兴公司　　　　　　　　　　　　　　　72000
　　应付利息　　　　　　　　　　　　　　　　　　　　1080
　　贷：银行存款　　　　　　　　　　　　　　　　　　　73080

3.5.4　预收账款

建筑企业的预收账款，包括企业按照合同规定向发包单位预收的备料款、工程进度款以及向购货单位或接受劳务单位预收的货款或定金。预收账款需要用以后的货物或劳务来偿还，一般不需支付货币。

为了核算和监督各种预收账款的结算情况，企业应设置"预收账款"账户，并按发包单位和购货单位名称设置明细账进行明细核算。其贷方登记预收的款项及交货后补收的款项，借方登记销售实现时结算的全部应收款，期末贷方余额表示预收的款项；若为借方余额，则表示应补收的款项。

【例 3-22】　盛达建筑公司向建设单位北岭机械厂预收备料款 500000 元，存入银行。同时收到该厂拨入的价款为 70000 元的材料一批，抵作备料款。会计分录如下：

借：银行存款　　　　　　　　　　　　　　　　　　　　500000
　　原材料　　　　　　　　　　　　　　　　　　　　　70000
　　贷：预收账款——北岭机械厂　　　　　　　　　　　570000

【例 3-23】　盛达建筑公司向市建二公司销售空心板一批，货款金额总计为 400000 元，预计 6 个月交货。销货合同约定市建二公司先预付货款 40%，余款于发货后结算。市建二公司如数预付货款，盛达建筑公司按期交货，共结算货款 400000 元，增值税 68000 元。盛达建筑公司的会计处理如下：

（1）预收货款，做会计分录如下：

借：银行存款　　　　　　　　　　　　　　　　　　　　160000
　　贷：预收账款——市建二公司　　　　　　　　　　　160000

（2）交货后，办理结算。做会计分录如下：

借：预收账款——市建二公司　　　　　　　　　　　　　468000
　　贷：其他业务收入　　　　　　　　　　　　　　　　400000
　　　　应交税金——增值税　　　　　　　　　　　　　68000

（3）收到市建二公司补付的货款，做会计分录如下：

借：银行存款　　　　　　　　　　　　　　　　　　　　308000
　　贷：预收账款　　　　　　　　　　　　　　　　　　308000

如果企业预收账款较少，也可将预收的货款做为应收账款的减项，直接记入"应收账款"账户贷方。待企业以后以商品、劳务结算时，冲抵应收的款项。

3.5.5　应付职工薪酬

职工薪酬是指企业为获得职工提供的服务而给予各种形式的报酬以及其他相关支出。职工薪酬包括：职工工资、奖金、津贴和补贴；货币性福利；各种社会保险金；住房公积金；工会经费和职工教育经费；非货币性福利；因解除与职工的劳动关系给予的补偿；其他与获得职工提供的服务相关的支出。

应付职工薪酬的核算，要设置"应付职工薪酬"账户，用于核算根据企业有关规定应付给职工的各种薪酬。发生应付薪酬时，借记有关账户，贷记"应付职工薪酬"账户；发放职工薪酬时，借记"应付职工薪酬"账户，贷记"银行存款"等有关账户。本账户期末贷方余额，反映企业应付未付的职工薪酬。本账户应按职工类别、薪酬组成内容进行明细核算。

【例 3-24】 盛达建筑公司 2012 年 7 月份应付职工薪酬 33500 元，其中代扣住房公积金 2000 元，养老保险金 1500 元，实发工资 30000 元。账务处理如下：

（1）签发 30000 元现金支票一张，提取现金。做会计分录如下：

借：库存现金		30000
贷：银行存款		30000

（2）以现金发放 7 月份工资 30000 元。做会计分录如下：

借：应付职工薪酬——工资		30000
贷：库存现金		30000

（3）结转代扣款项，住房公积金 2000 元，养老保险金 1500 元。做会计分录如下：

借：应付职工薪酬——工资		3500
贷：其他应付款——代扣住房公积金		2000
——代扣养老保险金		1500

（4）以银行存款支付代扣款项，住房公积金 2000 元，养老保险金 1500 元。做会计分录如下：

借：其他应付款——代扣住房公积金		2000
——代扣养老保险金		1500
贷：银行存款		3500

（5）月末，分配工资 33500 元，其中：建安工人的工资 25000 元，在建工程人员的工资 5000 元，机械作业人员工资 3500 元。做会计分录如下：

借：工程施工		25000
在建工程		5000
机械作业		3500
贷：应付职工薪酬——工资		33500

3.5.6 应交税费

应交税费指施工企业按规定缴纳的营业税、增值税、城市建设维护税、教育费附加、房产税、印花税、企业所得税等。

企业应设置"应交税费"账户，总括反映各种税金缴纳情况。贷方登记应交未交的税款，借方登记实际缴纳的数额。期末若有贷方余额，表示应交尚未缴纳的税金。

1. 营业税的计算和缴纳

【例 3-25】 某建筑公司在 9 月份取得 60000 元营业收入，适用 5％营业税率，7％的城市建设维护税，3％的教育附加费。做会计分录如下：

（1）计算应交营业税

$$60000 \times 3\% = 1800 \ 元$$

借：营业税金及附加		1800
贷：应交税费——应交营业税		1800

（2）计算缴纳城市建设维护税

$$1800 \times 7\% = 144 \ 元$$

借：营业税金及附加   126
  贷：应交税费——应交城市建设维护税   126

（3）计算缴纳教育费附加

$$1800 \times 3\% = 54 \ 元$$

借：营业税金及附加   54
  贷：应交税费——应交教育费附加   54

2. 房产税的计算和缴纳

房产税是以房屋为征收对象，按房屋的计税余值或租金收入为计税依据，向产权所有人征收的一种财产税。房产税有两种税率：

（1）按房产余值计征的，年税率为1.2%
     应交房产税=房产原值×（1-30%）×1.2%

（2）按房产租金收入计征的，年税率为12%
     应交房产税=房产租金收入×12%

【例 3-26】 某建筑公司在9月份取得200000元房产租金收入，计算缴纳房产税。

借：管理费用   24000
  贷：应交税费——应交房产税   24000

本 章 小 结

资金筹集是企业向投资者和债权人筹措资金，以保证企业生产经营资金需要的一项理财活动。

权益资本包括资本金、资本公积金、盈余公积金和未分配利润，是通过吸收直接投资、发行股票、留用利润等方式筹措而成的。

吸收直接投资按吸收的渠道不同可以分为国家资本金、法人资本金、个人资本金和外商资本金；按投资者投入资本的形式不同可以分为现金投资和非现金投资。企业应设置"实收资本"账户核算和监督投资者投入资本的增减变动情况。

银行借款按偿还期限的不同，分为短期借款和长期借款，分别设置"短期借款"账户和"长期借款"账户进行核算。

租赁按性质和形式的不同，分为经营租赁和融资租赁。企业应将融资租入固定资产视同自有资产计价入账，同时确认相应的负债，并按期计提折旧。

商业信用是指企业在商品交易中因延期付款（赊购）或预收货款而形成的借贷关系，主要有应付账款、预收账款和应付票据。

思 考 题

1. 什么是资金筹集？资金筹集的渠道和方式有哪些？

2. 资金筹集应遵循哪些原则？

3. 什么是权益资本？包括哪些内容？采用何种方式筹集？

4. 吸收直接投资的渠道有哪些？投资者投入资本的形式有哪些？

5. 按偿还期限不同，银行借款分为哪几种？各如何核算？

6. 什么是经营租赁？什么是融资租赁？各如何核算？

7. 什么是商业信用？商业信用筹资的方式有哪些？分别如何核算？

习 题

1. 练习权益资本筹资业务的核算

(1) 资料：华泰建筑公司 12 月份发生的经济业务如下：

1) 收到国家投入的资本 300000 元，收到企业职工个人投入的资本 100000 元，款已全部存入开户银行。

2) 收到长城公司投入的搅拌机一台，账面原值 300000 元，累计折旧 25000 元。经评估确认的价值为 290000 元。宏达建筑公司在工商行政管理部门注册的资本金为 1000000 元，长城公司准备占有该企业注册资本的 20%。

3) 收到星海公司投资转入的专利权一项，经评估确认的价值为 100000 元。

4) 假设华泰建筑公司发行普通股 5000 万股。每股面值 1 元，每股发行价 3 元，注册资本 5000 万元。股票发行成功，股款 15000 万元，已划入股份公司的银行账户。

(2) 要求：根据上述资料编制会计分录。

2. 练习非自有资金筹资业务的核算

(1) 资料：华泰建筑公司务：

1) 公司于 7 月 1 日向银行申请借入临时周转借款 200000 元，期限 6 个月，年利率 7%，到期一次还本付息。作出借入款项、按月计提利息、到期还本付息的账务处理。

2) 公司于 11 月 1 日向银行申请借入临时借款 300000 元，期限 3 个月，年利率 6%，到期一次还本付息。作出借入款项、按月计提利息、到期还本付息的账务处理。

3) 月终收到大运施工分包单位开出的"工程价款结算账单"。应付该分包单位已完工程款 95000 元，可扣回的已预付分包备料款 21000 元。

4) 用银行存款支付上述大运施工分包单位的工程款。

5) 公司 12 月份取得 79000 元房产出租的租金，计算应交房产税。

6) 用银行存款支付上述房产税。

7) 公司于 2012 年 12 月 1 日向建设银行取得为期三年、年息 6%、单利计息、到期一次还本付息的借款 300000 元，用于生产周转。作出借入款项、按年计提利息、到期还本付息的有关账务处理。

8) 公司 12 月 3 日向远东钢铁厂购入钢材 100 吨，单价 3800 元/吨，收到的增值税专用发票上注明的价款为 380000 元，增值税进项税为 26600 元。商品已收到，并验收入库。款项尚未支付，约定的现金折扣条件为 2/10（即 10 日内付款可享受 2% 的折扣）。

9) 公司于第八天以银行存款支付了上述钢材款。

10) 月终收到甲分包单位开出的"工程价款结算账单"。应付分包单位已完工程款 120000 元，可扣回的已预付分包备料款 40000 元。

11) 公司于 10 月 1 日签发并承兑一张期限为三个月、面额为 100000 元的无息商业汇票，用以购买材料。该汇票已交给供货单位。作出购料签发票据、票据到期支付货款的有关账务处理。

12) 公司为了清偿欠款，于 11 月 1 日开出一张期限为两个月、面额为 350000 元的银行承兑汇票。银行已办理承兑手续，手续费 400 元。汇票已交给收款单位。假如票据到期，企业无力付款。

13) 公司 12 月取得营业收入 124000 元，计算应交营业税（3%）、城市建设维护税（7%）、教育费附加（3%）。

14) 用银行存款支付营业税、城市建设维护税、教育费附加。

(2) 要求：根据上述资料编制会计分录。

4 货 币 资 金

本 章 提 要

本章主要介绍货币资金的管理与核算方法。通过学习，应该了解银行结算方式及结算程序，掌握库存现金的使用范围及其核算方法、定额备用金和非定额备用金的管理与核算方法、银行存款的管理与核算方法、其他货币资金的管理与核算方法，能够编制银行存款余额调节表。

货币资金是企业生产经营过程中以货币形态存在的资产，包括库存现金、银行存款和其他货币资金。为了保证货币资金的安全完整和合理使用，企业应按照钱账分管的原则组织货币资金的管理与核算。货币资金的收支业务应由专职的出纳人员经办。

4.1　库存现金的管理与核算

库存现金是指存放于财会部门，由出纳人员保管并用于企业日常零星开支的货币资产。

4.1.1　库存现金管理的要求

1. 控制库存现金使用的范围

根据国家现金管理制度和结算制度的规定，企业应在规定的范围内使用库存现金。允许企业使用库存现金结算的款项有：职工工资、津贴；个人劳务报酬；根据国家规定发给个人的各种奖金；各种劳保福利以及国家规定的对个人的其他支出；向个人收购农副产品和其他物资的价款；出差人员必须随身携带的差旅费；结算起点（1000 元）以下的零星支出；中国人民银行确定需要支付库存现金的其他支出。

2. 执行核定的库存限额

库存现金的限额是指为了保证企业日常零星开支的需要，允许企业留存库存现金的最高额度。库存限额由开户银行根据企业的实际需要核定，一般应满足企业 3 至 5 天日常零星开支的需要。企业必须严格执行核定的库存现金限额。超过限额的库存现金，应及时送存开户银行；库存现金不足，可签发现金支票从开户银行提取。需要增加或减少库存现金限额的，应向开户银行提出申请，由开户银行核定。

3. 遵守库存现金收支的规定

企业在经营活动中发生的库存现金收入，应及时送存银行，一般不得坐支库存现金。坐支是指将收入的库存现金直接用于支付。企业如因特殊情况需要坐支库存现金，应当事先报经开户银行审查批准，由开户银行核定坐支范围和限额。企业不得用不符合财务制度的凭证顶替库存现金，即不得"白条顶库"；不准谎报用途套取库存现金；不准利用银行账户代其他单位存、取库存现金；不准将单位库存现金以个人名义储存，即不得

"公款私存"，不得设置"小金库"等。

4.1.2 库存现金的核算

库存现金核算应按照序时核算与分类核算相结合的原则进行。

1. 库存现金的序时核算

为了详细反映库存现金的收支和结存情况，企业应设置"现金日记账"，由出纳人员根据审核无误的原始凭证和现金收、付款凭证，按业务发生的顺序逐笔登记。每日终了，应计算当日库存现金收入、支出合计数和结余数，并将结余数与实际库存数核对，做到日清月结，保证账款相符。月份终了，"现金日记账"的余额应与"库存现金"总账的余额核对相符。

2. 库存现金的总分类核算

为了总括反映库存现金的收支和结存情况，企业应在总分类账簿中设置"库存现金"账户。其借方登记库存现金的增加数，贷方登记库存现金的减少数，期末借方余额表示库存现金的结余数。库存现金总分类账应由不从事出纳工作的会计人员负责登记。

【例4-1】 开出现金支票，从银行提取现金10000元。根据支票存根，做会计分录如下：

借：库存现金   10000

  贷：银行存款   10000

【例4-2】 销售材料一批，收到现金500元。根据收款凭证、发票记账联，做会计分录如下：

借：库存现金   500

  贷：其他业务收入   500

【例4-3】 用现金支付职工工资50000元

借：应付职工薪酬   50000

  贷：库存现金   50000

4.1.3 备用金的核算

备用金是指企业预借给内部非独立核算的部门、单位或个人备作差旅费、零星开支的款项。根据具体情况的不同，备用金的使用采用两种不同的管理制度，一是非定额备用金制度，二是定额备用金制度。

《企业会计准则》规定，企业有内部周转使用备用金的，可以单独设置"备用金"账户，该账户借方登记预付的备用金，贷方登记报销和收回的备用金，期末借方余额表示尚未报销或收回的款项。本账户应按使用备用金的内部单位或个人设置明细账进行明细核算。

1. 非定额备用金的管理与核算

非定额备用金的使用一般采用先借后用，用后报销的方法。预借备用金时由经办人填写"借款单"，经有关负责人审批后交财会部门予以付款。支用后，凭有关单据到财会部门报销，多退少补。预付备用金时，根据借款单借记"备用金"账户，贷记"库存现金"账户；报销时，根据报销单及所附原始凭证，借记"管理费用"等账户，贷记"备用金"账户；如有剩余应如数交回，借记"库存现金"账户，贷记"备用金"账户。

【例4-4】 行政科张凯预借差旅费1500元，付给库存现金。做会计分录如下：

借：备用金——张凯   1500

贷：库存现金	1500

【例4-5】 张凯出差归来，凭各种发票报销差旅费1350元，退回余款150元。做会计分录如下：

借：管理费用	1350
库存现金	150
贷：备用金——张凯	1500

【例4-6】 假设张凯凭各种发票报销差旅费1800元，差额付给库存现金。做会计分录如下：

借：管理费用	1800
贷：库存现金	300
备用金——张凯	1500

2. 定额备用金的管理与核算

定额备用金，是企业为了加强备用金的管理，简化备用金的拨付手续，由用款部门同财会部门根据实际需要核定定额，并由财会部门按定额一次拨给库存现金。使用部门支用后持支出的原始凭证到财会部门报销。财会部门按报销金额付给库存现金，补足原定额。在会计核算上，除了增加或减少拨付的备用金外，报销时不通过"备用金"账户核算。

【例4-7】 拨付材料采购部门定额备用金3000元。根据经审批的借款单，做会计分录如下：

借：备用金——材料科	3000
贷：库存现金	3000

【例4-8】 材料采购部门张宏报销购买零星材料采购款500元。根据发票账单，做会计分录如下：

借：原材料	500
贷：库存现金	500

4.1.4 库存现金的清查

库存现金清查应采用实地盘点的方法来确定现金的实存数，并与库存现金的账面余额核对，以查明账实是否相符。出纳人员应逐日盘点库存现金。除此之外，企业的内部审计人员应对库存现金进行定期或不定期检查，发现问题，及时查明原因，进行相应的处理。如果有挪用现金、白条抵库的情况，应及时予以纠正；对于超过库存限额的现金应及时送存银行。如果发现账款不符，应查明原因。如为现金短缺，属于应由责任人赔偿的部分，计入"其他应收款"；属于无法查明原因的短缺计入"管理费用"。如为现金溢余，属于应支付给有关人员或单位的部分，计入"其他应付款"；属于无法查明原因的溢余计入"营业外收入"。

4.2 银行存款及其他货币资金的管理与核算

按照中国人民银行《支付结算办法》的规定，企业应在银行开立账户，办理存、取款和转账等结算。企业在银行开立存款账户，必须遵守中国人民银行《银行存款管理办法》的各项规定。

4.2.1　银行存款账户的分类

银行存款账户分为基本存款账户、一般存款账户、临时存款账户和专用存款账户。基本存款账户是企业办理日常结算和现金收付的账户，企业的工资、奖金等现金的支取，只能通过基本存款账户办理；一般存款账户是企业在基本存款账户以外开立的账户，该账户可办理转账结算和现金缴存，但不能支取现金；临时存款账户是企业因临时经营活动的需要开立的账户，企业可以通过本账户办理转账结算和根据国家现金管理的规定办理现金收付；专用存款账户是企业因特定用途需要开立的账户。一个企业只能选择一家银行的一个营业机购开立一个基本存款账户，不得在多家银行机构开立基本存款账户；不得在同一家银行的几个分支机构开立一般存款账户。

4.2.2　银行结算纪律

中国人民银行颁发的《支付结算办法》规定：单位和个人办理支付结算，不准签发空头支票和远期支票，套取银行信用；不准签发、取得和转让没有真实交易和债权债务的票据，以套取他人和银行资金；不准无理拒绝付款，任意占用他人资金；不准违反规定开立和使用账户。

4.2.3　银行结算方式

企业发生的货币资金收付业务，可以采用银行汇票、银行本票、商业汇票、支票、信用卡、汇兑、委托收款、托收承付、信用证等方式通过银行进行结算。上述结算方式可分为异地结算和同城结算两类。异地结算是指收付双方不在同一票据交换区域的支付结算，包括汇兑、托收承付和信用证结算方式；同城结算是指收付双方均在同一票据交换区域的支付结算，包括支票、银行本票结算方式；银行汇票、商业汇票、委托收款和信用卡等结算方式，既可用于异地结算，又可用于同城结算。

1. 银行汇票结算方式

银行汇票是由出票银行签发的，由其在见票时按照实际结算金额无条件支付款项给收款人或者持票人的票据。

企业使用银行汇票结算，应向银行提交银行汇票申请书，详细填明申请人名称、账号或住址、用途、汇票金额、收款人名称、账号或住址等内容，并将款项交存银行，由银行签发汇票。企业可持银行汇票办理转账结算或支取现金。

收款人在收到付款人的银行汇票时，应将实际结算金额和多余金额准确、清晰地填入银行汇票和解讫通知的有关栏内，并在汇票背面签章。然后将银行汇票、解讫通知和填写的进账单一并交开户银行办理结算。

银行汇票的付款期为一个月，逾期的票据，代理付款银行不予受理。银行汇票具有使用灵活，票随人到、兑现性强等特点，适用于先收款后发货或钱货两清的商品交易，单位和个人均可使用。

银行汇票结算程序见图 4-1。

2. 商业汇票结算方式

商业汇票是出票人签发的，委托

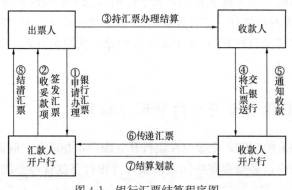

图 4-1　银行汇票结算程序图

银行在指定日期无条件支付确定的金额给收款人或者持票人的票据。在银行开立存款账户的法人与其他组织之间须具有真实的交易关系或债权债务关系，才能使用商业汇票。商业汇票一律记名，允许背书转让。符合条件的商业承兑汇票的持票人可持未到期的商业汇票向银行申请贴现。贴现，是指持票人将未到期的票据向银行融通资金，银行将汇票到期金额扣除贴现利息后的余额支付给持票人的一种行为。

商业汇票的承兑期限由交易双方商定，最长不得超过 6 个月。如属分期付款，应一次签发若干张不同期限的汇票。

商业汇票按承兑人不同分为商业承兑汇票和银行承兑汇票两种。

（1）商业承兑汇票结算方式

商业承兑汇票是由收款人或付款人签发，由银行以外的付款人承兑的汇票。承兑不得附有条件，否则视为拒绝承兑。汇票到期时，收款人应在提示付款期内通过开户银行向付款人提示付款。付款人开户银行凭票据将票款划给收款人。如果付款人的存款不足以支付票款，开户银行应将汇票退还给收款人，由收付双方自行处理。

商业承兑汇票结算程序见图 4-2。

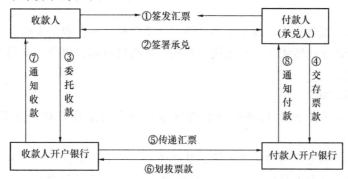

图 4-2　商业承兑汇票结算程序图

商业承兑汇票结算特点是：债务关系明确，但若汇票到期付款人没有支付能力时，收款人不能保证收回款项。

（2）银行承兑汇票结算方式

银行承兑汇票由在承兑银行开立存款账户的付款人签发交由银行承兑的汇票。银行承兑汇票具有比商业承兑汇票更强的信用性，它能够保证收款人到期无条件收款。承兑银行要根据承兑协议按票面金额向出票人收取万分之五的手续费；出票人于汇票到期日未能足额交存票款时，承兑银行除凭票向持票人无条件付款外，对出票人尚未支付的汇票金额按照每天万分之五计取罚息，并将未扣回的金额转作逾期贷款处理。

银行承兑汇票的结算程序见图 4-3。

银行承兑汇票结算的特点：将商业信用转变为银行信用，兑现有完全的保证，有利于收款人按时收回票款。

3. 支票结算方式

支票是出票人签发的，委托银行在见票时无条件支付确定的金额给收款人或者持票人的票据。支票结算是同城结算中应用比较广泛的一种结算方式。单位和个人在同一票据交换区域的各种款项结算，均可使用支票。支票的出票人预留银行的印鉴是银行审核支票的

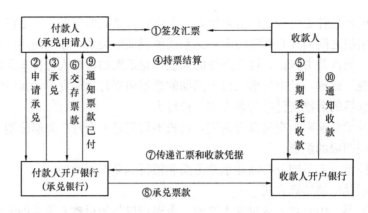

图 4-3　银行承兑汇票结算程序图

依据。

签发支票时，应使用碳素墨水，将支票上的各要素填写齐全，并在支票上加盖预留银行的印鉴。支票上的日期要大写。支票的日期、金额、收款人不得更改，更改了的票据无效。

通常使用的支票分为库存现金支票和转账支票两种。库存现金支票只能用于支取库存现金，不得用于转账；转账支票只能用于转账，不得提取库存现金。支票的持票人应自出票日起十日内提款。

4. 汇兑结算方式

汇兑是指汇款人委托银行将款项汇给异地收款人的结算方式，适用于各种款项的结算。

汇兑分为信汇和电汇两种，由汇款人选择使用。信汇指汇款人委托银行通过邮寄方式将款项划给收款人；电汇是指汇款人委托银行通过电报方式将款项划给收款人。

5. 托收承付结算方式

托收承付是由收款人根据购销合同发货后委托银行向异地付款人收取款项，由付款人向银行承认付款的结算方式。采用托收承付结算方式的，必须是商品交易以及因商品交易产生的劳务供应的款项。代销、寄销、赊销商品的款项，不得办理托收承付结算。

采用托收承付结算方式时，购销双方必须有符合《经济合同法》的购销合同，并在合同上订明使用托收承付结算方式。收款人办理托收，必须具有商品确已发运的证件（包括铁路、航运、公路等运输部门签发的运单、运单副本等）。托收承付款项划回方式分为邮划和电划两种，由收款人根据需要选择使用。托收承付结算每笔的金额起点为 10000 元。新华书店系统每笔金额起点为 1000 元。

货款的承兑方式有验单付款和验货付款两种，由收、付双方商议确定。验单付款的承兑期为三天，验货付款的承兑期为十天。付款人在承兑期内，未向银行表示拒付的，银行即视同承付，并在承付期满的次日将款项主动划给收款人。付款人如果不同意付款，必须在承付期内到银行办理拒付手续。

托收承付结算方式的结算程序见图 4-4。

6. 委托收款结算方式

委托收款是收款人委托银行向付款人收取款项的结算方式。同城或异地均可使用，不

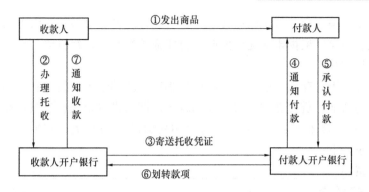

图 4-4　托收承付结算程序图

受金额起点限制。单位或个人凭已承兑的商业汇票、债券、存单等付款人债务证明办理款项的结算，均可使用委托收款结算方式。

委托收款分邮划和电划两种，由收款人选用。

采用委托收款结算方式的付款期限为 3 天，从付款人开户行发出付款通知的次日起（节假日顺延）。付款人在付款期内未向银行提出异议，银行视作同意付款，并在付款期满的次日将款项主动划给收款人。付款人若拒绝付款，应在付款期内出具全部拒付理由书，连同有关单证送交开户银行，银行不负责审查拒付理由。委托收款结算方式下，只允许全额付款或全部拒付。如付款人无力付款，银行将委托收款凭证退还给收款人，由收付双方自行解决。

委托收款结算方式的结算程序与托收承付结算方式基本相同。

7. 信用卡结算方式

信用卡是指商业银行向个人和单位发行的，凭以向特约单位购物、消费和向银行存取库存现金，具有消费信用的特制载体卡片。信用卡按使用对象分为单位卡和个人卡，按信誉等级分为金卡和普通卡。凡在中国境内金融机构开立基本存款账户的单位均可申领单位卡。

单位卡账户的资金一律从其基本存款账户转账存入，不得交存库存现金，不得将销售收入的款项存入其账户。单位卡在使用过程中需要续存资金的，也一律从其基本存款账户转账存入。单位卡一律不得支取现金。

信用卡在规定的限额和期限内允许善意透支，透支额度和透支期限由发卡机构确定。单位卡不得用于 10 万元以上的商品交易、劳务供应款项的结算。单位卡单笔透支额以 5 万元为上限，月透支余额不得超过 10 万元或其综合授信额度的 3%。超过规定限额或规定期限，并经发卡银行催收无效的透支称为恶意透支。持卡人使用信用卡不得发生恶意透支，对恶意透支者，要依法追究其刑事责任。

其他银行结算方式从略。

4.2.4　银行存款和其他货币资金的核算

1. 银行存款的核算

银行存款的核算包括序时核算和总分类核算两方面。

（1）序时核算

为了加强银行存款的管理，随时掌握银行存款的收支情况和结存金额，企业必须设置银行存款日记账。银行存款日记账应按开户银行和存款种类等设置，由出纳人员按照经济业务发生的先后顺序，根据审核无误的收、付凭证逐笔登记，每日终了结出余额。

（2）总分类核算

企业应设置"银行存款"账户，总括反映银行存款的收入、付出和结存情况。其借方登记银行存款的增加，贷方登记银行存款的减少，期末借方余额反映银行存款的结余数。

【例4-9】 签发转账支票一张，支付办公用品购置费3500元。根据支票存根和发票账单，做会计分录如下：

借：管理费用　　　　　　　　　　　　　3500
　　贷：银行存款　　　　　　　　　　　　　　3500

【例4-10】 接银行收款通知，收到建设单位支付的上月工程款400000元。做会计分录如下：

借：银行存款　　　　　　　　　　　　　400000
　　贷：应收账款　　　　　　　　　　　　　　400000

【例4-11】 购买预算软件一套，发票价50000元，已通过银行办妥汇款手续。做会计分录如下：

借：管理费用　　　　　　　　　　　　　50000
　　贷：银行存款　　　　　　　　　　　　　　50000

【例4-12】 通过银行收到建设单位拨付的工程备料款200000元。做会计分录如下：

借：银行存款　　　　　　　　　　　　　200000
　　贷：预收账款　　　　　　　　　　　　　　200000

2. 其他货币资金的核算

（1）其他货币资金的内容

其他货币资金是指企业除库存现金、银行存款以外的其他各种货币资金，包括外埠存款、银行汇票存款、银行本票存款、信用卡存款、信用证保证金存款、存出投资款等。

1）外埠存款是指企业到外地进行临时或零星采购时，汇往采购地银行开立采购专户的款项。

2）银行汇票存款是指企业为取得银行汇票，按规定存入银行的款项。

3）银行本票存款是指企业为取得银行本票，按规定存入银行的款项。

4）信用卡存款是指企业为了取得信用卡，按规定存入银行的款项。

5）信用证保证金存款是指企业为取得信用证按规定存入银行的保证金。

6）存出投资款是指企业已存入证券公司但尚未进行投资的款项。

（2）其他货币资金的核算

为了反映和监督其他货币资金的增减变动情况，企业应设置"其他货币资金"账户，并按照其他货币资金的种类设置有关明细账户进行明细核算。其借方登记增加数，贷方登记减少数，期末借方余额表示结存数。下面以外埠存款为例说明其他货币资金的核算方法。

企业将款项委托当地银行汇往采购地开立专户时，根据汇出款项的凭证，借记"其他货币资金——外埠存款"账户，贷记"银行存款"账户。外出采购人员报销材料采购款项时，借记"原材料"等账户，贷记"其他货币资金——外埠存款"账户。将多余的外埠存款转回当地银行时，根据银行收账通知，借记"银行存款"账户，贷记"其他货币资金——外埠存款"账户。

【例 4-13】 盛达建筑公司×项目部 2012 年 5 月 8 日委托银行将 70000 元款项汇往上海设立采购专户，已办妥有关手续。根据有关凭证，做会计分录如下：

借：其他货币资金——外埠存款　　　　　　　　　　　70000
　　贷：银行存款　　　　　　　　　　　　　　　　　　　70000

【例 4-14】 13 日，采购员交来买价为 68500 元的采购发票办理报销。根据发票等报销凭证，做会计分录如下：

借：原材料　　　　　　　　　　　　　　　　　　　　68500
　　贷：其他货币资金——外埠存款　　　　　　　　　　　68500

【例 4-15】 20 日，开户银行通知，收到从上海某银行转回的采购专户余额 1500 元。根据收账通知，做会计分录如下：

借：银行存款　　　　　　　　　　　　　　　　　　　1500
　　贷：其他货币资金——外埠存款　　　　　　　　　　　1500

4.2.5 银行存款的清查

1. 银行存款的核对

银行存款清查的方法是定期与银行核对账目。为了准确掌握银行存款实际金额，防止发生差错，企业应定期与银行对账，至少每月核对一次，通常在月末进行。

企业在将银行存款日记账与银行提供的对账单逐笔核对时，往往会发现银行存款日记账上的余额与银行对账单的企业存款余额不一致。产生这种情况的原因，除了记账差错外，还可能是由于存在未达账项。未达账项是由于凭证传递上的时间差引起的一方已经登记入账，而另一方尚未入账的款项。通常包括以下四种情况：

（1）企业已经收款入账，而银行尚未入账的款项。如企业将收到的转账支票送存银行后，已记录银行存款增加，但银行尚未记账。

（2）企业已经付款入账，而银行尚未入账的款项。如企业签发转账支票后已登记银行存款减少，但银行尚未记账。

（3）银行已经收款入账，而企业尚未入账的款项。如企业委托银行收取款项，银行已收款入账，但收款通知尚未到达企业，企业尚未入账。

（4）银行已经付款入账，而企业尚未入账的款项。如到期的商业汇票，银行办妥付款手续后已记录减少，但付款凭证尚未到达企业，企业尚未记账。

企业对于在核对账目中发现的未达账项，应编制"银行存款余额调节表"进行调节。

2. 银行存款余额调节表的编制

银行存款余额调节表的编制方法，是以企业银行存款日记账的余额与银行对账单上的余额为基础，各自加上对方已收（即已记存款增加）、本方未收的款项，减去对方已付（即已记存款减少）、而本方未付的款项，然后分别结出经调整后的余额。若企业和银行双方记账无误，调节后的双方余额必然相等；如果不相等，则表明企业或银行记账有错误，需要进一步核对，找出原因并予以更正。

下面举例说明银行存款余额调节表的编制方法。

【例 4-16】 资料：盛达建筑公司×项目部 2012 年 10 月 31 日银行存款日记账与开户

银行送来的对账单上有关记录如下：

(1) 盛达建筑公司×项目部银行存款日记账有关资料：

1）21 日开出转账支票♯1246，支付购料款 37670 元；

2）23 日开出库存现金支票♯621 号，提取库存现金 300 元；

3）25 日开出转账支票♯1247 号，支付光明工厂材料款 22786 元；

4）26 日收到天宇工厂货款 24600 元；

5）29 日收到转账支票♯74677，存入工程款 10800 元；

6）30 日开出转账支票♯1248，支付材料运费 845 元；

7）31 日结存余额为 117830 元。

(2) 银行对账单有关资料：

1）22 日代收天宇工厂货款 24600 元；

2）23 日付库存现金支票♯621，计 300 元；

3）23 日付转账支票♯1246，购料款 37670 元；

4）25 日代交自来水公司水费 2085 元；

5）28 日代收浙江东湖工厂工程款 33600 元；

6）30 日签发转账支票♯1247，支付材料款 22786 元；

7）31 日结存余额 139390 元。

根据上述资料，逐笔进行核对，查明未达账项，编制银行存款余额调节表，见表 4-1。

银行存款余额调节表

2012 年 10 月 31 日   表 4-1

项　　　目	金额（元）	项　　　目	金额（元）
企业银行存款日记账余额	117830	银行对账单余额	139390
加：银行已记存款增加，企业尚未记账的款项	33600	加：企业已记存款增加，银行尚未记账的款项	10800
减：银行已记存款减少，企业尚未记账的款项	2085	减：企业已记存款减少，银行尚未记账的款项	845
调节后的余额	149345	调节后的余额	149345

经过上述调节后的银行存款余额，是企业可动用的银行存款数额。应该注意的是，银行对账单只能用于核对账目，不能作为调整账面记录的依据。企业必须等结算凭证到达后才能据以登记账簿。

本 章 小 结

货币资金是企业中以货币形态存在的资产，包括库存现金、银行存款和其他货币资金。货币资金的流动性强，涉及面广。为了保证货币资金的安全完整和合理使用，企业应按照钱账分管的原则组织货币资金的管理与核算。

库存现金管理主要包括控制现金使用的范围、执行核定的库存限额、遵守现金收支的规定等内容。

银行存款账户分为基本存款账户、一般存款账户、临时存款账户和专用存款账户。企业通过银行办理款项结算，必须严格遵守银行的结算纪律。

银行结算方式分为异地结算和同城结算两类。异地结算可使用汇兑、托收承付和信用证等结算方式；同城结算可使用支票、银行本票等结算方式；银行汇票、商业汇票、委托收款和信用卡等结算方式，既可用于异地结算，又可用于同城结算。

库存现金和银行存款的核算应按照序时核算与分类核算相结合的原则进行。

其他货币资金是指企业除库存现金、银行存款以外的其他各种货币资金，包括外埠存款、银行汇票存款、银行本票存款、信用卡存款、信用证保证金存款、存出投资款等。

银行存款清查的方法是定期与银行核对账目。企业对于在核对账目中发现的未达账项，应编制"银行存款余额调节表"进行调节。

思　考　题

1. 简述库存现金支付结算的范围。

2. 企业如何进行备用金的管理与核算？

3. 银行结算方式中，哪些可用于同城结算？哪些可用于异地结算？

4. 如何理解钱账分管？出纳人员不能经管哪些账簿的登记？

5. 通常使用的支票有几种？支票的填写有哪些要求？

6. 其他货币资金包括哪些内容？

7. 什么是未达账项？如何根据未达账项编制银行存款余额调节表？

习　题

1. 练习货币资金的核算。

资料：

(1) 开出转账支票 2000 元，支付购入材料的运输费。

(2) 通过银行收到建设单位前欠的工程款 100000 元。

(3) 职工黎明预借差旅费 1500 元，付给现金。

(4) 职工黎明报销差旅费 1600 元，差额付以现金。

(5) 以银行存款支付办公室计算机修理费 600 元。

(6) 为方便异地的商品采购，汇往广州某银行 50000 元，开立采购资金专户，已办妥有关手续。

(7) 填写银行汇票委托书，委托银行开出银行汇票 15000 元，银行已受理并办妥有关手续。

(8) 以银行汇票 15000 元购进材料一批，但材料尚未到达。

(9) 为简化核算手续，为行政科核定备用金定额 2000 元，已付给现金。

(10) 行政科持有关零星支出的发票等报销凭证 1860 元到会计部门报销，经审核，付给现金。

要求：根据上述资料，编制会计分录。

2. 练习编制银行存款余额调节表。

资料：

某企业 2012 年 6 月 30 日银行存款日记账的余额为 54000 元，银行转来对账单的余额为 83000 元，经核对发现以下未达账项：

(1) 企业送存转账支票 60000 元，并已登记银行存款增加，但银行尚未登记。

　　(2) 企业开出转账支票 45000 元，但持票人尚未到银行办理进账手续，银行尚未记账。

　　(3) 企业委托银行代收的工程款 48000 元，银行已收妥并登记入账，但企业尚未收到收款通知。

　　(4) 银行代企业支付电话费 4000 元，银行已登记企业银行存款减少，但企业尚未收到银行付款通知。

　　要求：根据资料编制银行存款余额调节表。

5 应收及预付款项

本 章 提 要

本章主要介绍应收账款、应收票据、预付账款及其他应收款的确认和核算方法。通过学习，应当熟悉应收票据贴现利息、贴现收入的计算方法及坏账准备的计提方法，掌握应收账款、应收票据、预付账款、其他应收款及坏账损失的核算方法。

5.1 应 收 账 款

5.1.1 应收账款的管理要求

应收账款是指施工企业因工程价款结算、销售产品或材料、提供劳务和作业等应向发包单位、购货单位、接受劳务和作业单位收取的款项。是企业采用赊销方式获取未来经济利益的权利，属于商业信用的一种形式。

施工企业一般施工周期长，垫支资金多，如果企业将已完工程点交给建设单位并办理工程价款结算后，不能及时收回货币资金，则企业在生产经营过程中的资金耗费就不能及时得到补偿，就会影响企业的资金周转和正常的施工经营秩序，甚至会威胁到企业的生存。因此企业必须采取切实可行的措施，制定合理有效的管理方法，做好应收账款的事先预防、监督回收等管理工作，以保证应收账款的合理占用水平和收款安全，尽可能减少坏账损失，降低企业经营风险。

1. 确定合理的信用标准

信用标准是施工企业同意给予客户（指发包单位、购货单位或接受劳务作业单位）商业信用时要求客户必须具备的最低条件。由于建筑产品的特点，施工企业大多是先行施工，再同建设单位办理结算，然后才能收取工程款，这就使得施工企业的生产经营具有很大风险。如果工程完工后无法收回工程款，企业将蒙受巨大损失。因此，企业必须重视对建设单位信用情况的调查和评价，分别从信誉等级、经济实力、担保等方面进行分析，以确定是否应与该单位签订建造合同，从源头上杜绝发生坏账的可能性。

2. 提供科学的信用条件

对各种应收账款，企业应定期与对方核对，并根据具体情况采取行之有效的措施，提供科学的信用条件或其他优惠条件，促使工程款及时收回。如企业给予付款方的现金折扣等。

3. 定期对应收账款进行检查

企业应当定期对应收账款进行全面检查，考察拒付状况，并合理计提坏账准备。企业可通过编制账龄分析表监督应收账款收回情况，了解有多少欠款尚在信用期内，有多少欠款已超过信用期，计算出超时长短的款项各占多少百分比，估计有多少欠款会造成坏账，如有大部分超期，企业应检查其信用政策。对不能收回的应收账款应查明原因，追究责任；对确实无法收回的，应按管理权限，经批准后作为坏账损失，冲销提取的坏账准备金。

5.1.2 应收账款的确认

应收账款的确认时间，因其内容不同而不同。通常情况下，施工企业按照工程承包合同将已完工程点交给建设单位，或按有关合同交付了货物或提供了劳务作业等，并已取得索取款项的权利时，确认应收账款。

应收账款应按实际发生额确认入账。但企业为了扩大销售量或及时回笼资金，往往实行折扣方式。折扣方式不同，应收账款入账金额的确定方法也不同。

企业常用的折扣包括商业折扣和现金折扣两种方式。

1. 商业折扣

商业折扣是指企业为鼓励客户大批量购货而在价格上给予的一种优惠。由于商业折扣一般在交易发生时即已确定，因此企业应收账款的入账金额应按扣除商业折扣后的实际售价入账。

2. 现金折扣

现金折扣是企业为了鼓励客户在一定期限内早日付款而给予的折扣优惠。现金折扣一般用 2/10、1/20、n/30 等形式来表示，其含义是信用期为 30 天，在 10 天内付款给予 2% 的折扣，在 20 天内付款给予 1% 的折扣，在 30 天内付款无折扣。在我国会计实务中，赊销业务发生时，应收账款和销售收入均按全额入账，不得扣除现金折扣，对于客户在折扣期内付款而享受的折扣，企业应作为财务费用处理。

施工企业由于工程结算而产生的应收账款，应以经过建设单位签证的"工程价款结算账单"上的金额入账。

5.1.3 应收账款的核算

为了反映应收账款的发生、收回及结余等情况，施工企业应设置"应收账款"账户。该账户属于资产类账户，其借方登记实际发生的各种应收账款，贷方登记已收回或已转作坏账损失及其他原因减少的应收账款，期末借方余额表示企业尚未收回的应收账款。本账户应设置"应收工程款"和"应收销货款"两个明细账户，并按不同债务单位和工程合同进行明细分类核算。

企业预收的款项（包括预收工程款、备料款、购货款等），应在"预收账款"账户内核算。不单独设置"预收账款"账户的企业，预收的款项也可在"应收账款"账户核算，计入该账户的贷方。

【例 5-1】 盛达建筑公司承包建设单位宏安公司的办公楼工程，按合同规定填制"工程价款结算账单"，向宏安公司结算已完工程进度款 780000 元。建设单位已签证同意支付，但款项尚未收到。做会计分录如下：

借：应收账款——应收工程款（宏安公司）　　　　　780000
　　贷：工程结算　　　　　　　　　　　　　　　　　　780000

【例 5-2】 按合同规定，从上项应收账款中向宏安公司扣还预收的备料款 250000 元，预收的工程款 150000 元。做会计分录如下：

借：预收账款——预收备料款　　　　　　　　　　　250000

　　　　　　——预收工程款　　　　　　　　　　　　150000
　　贷：应收账款——应收工程款（宏安公司）　　　　400000

　　【例 5-3】 企业收到开户银行的收账通知，宏安公司已付清上项工程款 380000 元。做会计分录如下：

　　借：银行存款　　　　　　　　　　　　　　　　　380000
　　　贷：应收账款——应收工程款（宏安公司）　　　　　380000

　　【例 5-4】 依例 5-3，假定盛达建筑公司给宏安公司提供现金折扣，条件为 2/10，1/20，n/30，宏安公司于 10 日内付清工程尾款。做会计分录如下：

　　借：银行存款　　　　　　　　　　　　　　　　　372400
　　　财务费用　　　　　　　　　　　　　　　　　　7600
　　　贷：应收账款　　　　　　　　　　　　　　　　　380000

5.2　应收票据的核算

5.2.1　应收票据计价

　　应收票据是指施工企业因采用商业汇票结算方式结算工程价款、对外销售材料及提供劳务等而收到的商业汇票。

　　1. 应收票据入账价值的确定

　　企业收到商业汇票时，无论是否带息，一律按汇票的面值入账。但对于带息的应收票据，应于会计期末（指中期期末和年度终了）按应收票据的票面价值和确定的利率计提利息，计提的利息增加应收票据的账面价值，同时冲减财务费用。

　　2. 应收票据到期值的计算

　　应收票据的到期值是指票据到期时应收取的票款额。如果是不带息汇票，到期金额就是面值。如果是带息汇票，到期时除收取票面金额外，还要收取按票面金额和规定利率计算的到期利息，其计算公式为：

　　带息汇票的到期值＝票据面值＋到期利息

　　到期利息＝票据面值×票面利率×汇票期限

　　上式中的票据面值是指商业汇票票面记载的金额；票面利率是指票据上载明的利率，一般以年利率表示；汇票期限指票据的签发日至到期日的时间间隔。

　　3. 应收票据期限的确定

　　票据期限一般有按月计算和按日计算两种。

　　票据期限按月计算时，以到期月份中与出票月份相同的那一天为到期日。如 7 月 13 日签发，承兑期限为三个月的商业汇票，到期日为 10 月 13 日。如果票据签发日为月末的最后一天，不论月份大小，统一以到期月份的最末一天为到期日。如 1 月 31 日签发，一个月到期的商业汇票，到期日为 2 月 28 日（闰年为 29 日）；在确定期限后，计算利息使用的利率应相应换算为月利率（年利率÷12）。

　　票据期限按日计算时，从出票日起，按票据的实际日历天数计算。在票据签发日和票据到期日这两天中，只算其中的一天，即"算头不算尾"或"算尾不算头"。如：8 月 18 日签发的 60 天到期票据，到期日为 10 月 17 日。同时，计算利息使用的利率也应换算成日利率（年利率÷360）。

【例 5-5】 某建筑公司 2012 年 12 月 1 日收到甲建设单位签发并承兑的一张面值为 100000 元，利率为 6%，期限为 4 个月的商业承兑汇票。则：

票据到期日为 2013 年 4 月 1 日

票据到期利息 = $100000 \times 6\% \times 4/12 = 2000$（元）

票据到期值 = $100000 + 2000 = 102000$（元）

【例 5-6】 某建筑公司收到一张 9 月 5 日签发的面值为 100000 元、利率为 6%、90 天到期的商业承兑汇票。则：

票据到期日为 12 月 4 日

票据到期利息 = $100000 \times 6\% \times 90/360 = 1500$（元）

票据到期值 = $100000 + 1500 = 101500$（元）

5.2.2 应收票据的核算

应收票据的核算主要包括应收票据的取得、到期支付、贴现及转让等内容。为了反映应收票据的取得和结算等情况，企业应设置"应收票据"账户。该账户属于资产类账户，借方登记企业收到商业汇票的面值及按规定计提的利息，贷方登记票据到期收回、背书转让、票据贴现以及到期无法收回而转出的账面金额等，期末借方余额表示企业持有的未到期的商业票据的面值及已计提的利息。

1. 不带息应收票据的核算

企业收到商业汇票时，应借记"应收票据"科目，同时根据不同业务内容贷记"工程结算"、"应收账款"等科目。应收票据到期收款时，应按票面金额，借记"银行存款"科目，贷记"应收票据"科目。商业承兑汇票到期，若付款人无力支付票款，企业应在收到银行退回的商业承兑汇票时，将其票面价值转入"应收账款"账户核算。

【例 5-7】 盛达建筑公司与甲建设单位结算工程价款，收到承兑期限为 6 个月的不带息商业承兑汇票一张，票据面值 350000 元。

（1）结算工程价款收到商业汇票时，企业应做会计分录如下：

借：应收票据　　　　　　　　　　　　　　　　350000

　　贷：工程结算　　　　　　　　　　　　　　　　350000

（2）6 个月后票据到期收到工程价款时，企业应做会计分录如下：

借：银行存款　　　　　　　　　　　　　　　　350000

　　贷：应收票据　　　　　　　　　　　　　　　　350000

（3）若 6 个月后票据到期没有收到工程价款时，企业应做会计分录如下：

借：应收账款　　　　　　　　　　　　　　　　350000

　　贷：应收票据　　　　　　　　　　　　　　　　350000

2. 带息应收票据的核算

企业对于带息应收票据，除按照上述方法进行核算外，还应在会计期末计提利息。计提利息时，借记"应收票据"科目，贷记"财务费用"科目。

【例 5-8】 依例 5-5，企业应作如下会计处理：

（1）2012 年 12 月 1 日收到票据时，做会计分录如下：

借：应收票据　　　　　　　　　　　　　　　　100000

　　　　贷：工程结算　　　　　　　　　　　　　　　　　100000

　　（2）2012年12月31日，计提票据利息500元（100000×6％×1/12）时，做会计分录如下：

　　　　借：应收票据　　　　　　　　　　　　　　500
　　　　　　贷：财务费用　　　　　　　　　　　　　　　　500

　　（3）2013年4月1日票据到期，收到票款时，做会计分录如下：

　　　　尚未计提的利息＝100000×6％×3/12＝1500元

　　　　借：银行存款　　　　　　　　　　　　　102000
　　　　　　贷：应收票据　　　　　　　　　　　　　　100500
　　　　　　　　财务费用　　　　　　　　　　　　　　　1500

　　（4）如果2009年4月1日票据到期不能收回票款，应按账面余额转入"应收账款"账户核算，期末不再计提利息，其所包含的利息，在有关备查簿中进行登记，待实际收到时再冲减收到当期的"财务费用"。企业应做会计分录如下：

　　　　借：应收账款　　　　　　　　　　　　　100500
　　　　　　贷：应收票据　　　　　　　　　　　　　　100500

　　应计提的1500元利息登记在备查账簿中，待实际收到时再冲减收到当期的"财务费用"。

　　3. 应收票据贴现的核算

　　（1）贴现的概念

　　企业持有的商业汇票在到期前如果出现资金短缺，可以向其开户银行申请贴现，以便获得所需资金。所谓贴现，就是商业汇票持有者将未到期的汇票经背书后送交开户银行，银行受理后从票据到期值中扣除按银行贴现率计算的贴现利息，将余额付给票据持有人的一种融通资金的行为。在贴现中，企业给银行的利息称为贴现息，所用的利率称为贴现率，票据到期值与贴现息之差称为贴现所得，也叫贴现收入。

　　（2）贴现的计算步骤

　　第一步：计算应收票据的到期值

　　第二步：计算贴现天数

　　贴现天数＝贴现日至票据到期日的实际天数－1

　　如果承兑人在异地，贴现天数的计算应另加3天的划款天数。

　　第三步：计算贴现利息

　　贴现利息＝票据到期值×贴现率÷360×贴现天数

　　第四步：计算贴现收入

　　贴现收入＝票据到期值－贴现利息

　　第五步：编制会计分录

　　借：银行存款（贴现收入）
　　　　财务费用（贴现收入小于账面价值的差额）
　　　　贷：应收票据（贴现时的账面价值）
　　　　　　财务费用（贴现收入大于账面价值的差额）

　　【例5-9】　盛达建筑公司于6月24日将持有的一张到期日为8月8日，面值为50000

元期限 90 天的不带息商业承兑汇票向银行办理贴现，银行规定贴现率为 8%，该公司与承兑企业在同一票据交换区域内。有关计算如下：

贴现天数＝7＋31＋8－1＝45（天）

贴现利息＝50000×8%÷360×45＝500（元）

贴现收入＝50000－500＝49500（元）

会计分录：

借：银行存款　　　　　　　　　　　　　　　　　49500

　　财务费用　　　　　　　　　　　　　　　　　500

　　贷：应收票据　　　　　　　　　　　　　　　50000

【例 5-10】 盛达建筑公司 2012 年 4 月 30 日以 4 月 15 日签发 60 天到期、票面利率为 10%，票据面值为 600000 元的带息应收票据向银行贴现，贴现率为 13%。

到期值＝600000×(1＋10%÷360×60)＝610000(元)

贴现天数＝45(天)(到期日是 6 月 14 日)

贴现利息＝610000×13%÷360×45＝9912.5(元)

贴现收入＝610000－9912.5＝600087.5(元)

会计分录：

借：银行存款　　　　　　　　　　　　　　　　　600087.5

　　贷：应收票据　　　　　　　　　　　　　　　600000

　　　财务费用　　　　　　　　　　　　　　　　87.5

5.2.3　应收票据的管理

为了加强对应收票据的管理，企业应当设置"应收票据备查簿"，逐笔登记每一商业汇票的种类、号数、出票日、票面金额、交易合同号和付款人、承兑人、背书人的姓名或单位名称、到期日、背书转让日、贴现日、贴现率和贴现净额以及收款日和收回金额、退票情况等资料，商业汇票到期结清票款或退票后，应当在备查簿中逐笔注销。期末，还应该对应收票据清查盘点，确保账实相符。

5.3　预付账款及其他应收款

5.3.1　预付账款的核算

1. 预付账款的内容

预付账款是指施工企业按照工程合同规定预付给分包单位的款项（包括预付工程款和备料款）以及按照购货合同规定预付给供应单位的款项。

预付账款虽然款项已经付出，但对方的义务尚未尽到。因此，预付账款形成企业的一项债权，企业有权要求分包单位按期完成分包工程，有权要求供应单位按合同及时供货。

2. 预付账款的核算

为了反映预付账款的发生及结算情况，企业应设置"预付账款"账户。该账户属于资产类账户，借方登记企业预付的款项以及补付的款项，贷方登记企业与分包单位结算的应付工程款以及与供应单位结算的应付购货款，期末若为借方余额反映企业已预付的款项，若为贷方余额则表示尚未补付的款项。本科目应分别设置"预付分包单位款"和"预付供应单位款"两个明细科目，并分别按发包单位与供应单位名称设置明细账进行明细核算。

【例 5-11】 4 月 10 日，盛达建筑公司按购货合同规定开出转账支票，预付给甲公司购买圆钢款 50000 元。企业应做会计分录如下：

借：预付账款——甲公司　　　　　　　　　　　50000
　　贷：银行存款　　　　　　　　　　　　　　　　50000

4 月 15 日，收到向甲公司订购的圆钢，价款 80000 元、增值税 13600 元，材料已验收入库。企业应做会计分录如下：

借：原材料——圆钢　　　　　　　　　　　　　93600
　　贷：预付账款——甲公司　　　　　　　　　　　93600

4 月 20 日，以银行存款补付货款 43600 元。企业应做会计分录如下：

借：预付账款——甲公司　　　　　　　　　　　43600
　　贷：银行存款　　　　　　　　　　　　　　　　43600

预付账款不多的企业，也可不设"预付账款"账户科目，将预付账款直接计入"应付账款"账户的借方。

5.3.2　其他应收款的核算

1. 其他应收款的内容

其他应收款是指施工企业除应收账款、应收票据、预付账款及长期应收款等以外的其他各种应收及暂付款项。主要包括以下内容：

（1）应收的各种赔款、罚款，如因企业财产等遭受意外损失而应向保险公司收取的赔偿款等；

（2）应收的出租包装物租金；

（3）应向职工收取的各种垫付款项，如为职工垫付的水电费等；

（4）存出保证金，如租入包装物支付的押金；

（5）备用金（向企业各职能科室、车间、个人周转使用等拨出的备用金）；

（6）其他各种应收、暂付款项。

2. 其他应收款的核算

为了反映其他应收款的发生及结算情况，企业应设置"其他应收款"账户，该账户属于资产类账户，借方登记企业实际发生的各种其他应收款，贷方登记企业收回或转销的各种其他应收款，期末借方余额反映企业尚未收回的各种其他应收款。本账户应按其他应收款的项目分类，并按不同的债务人设置明细账进行明细分类核算。

【例 5-12】 职工李明违反厂规，处以 200 元罚款，但款项尚未收到。企业应做会计分录如下：

借：其他应收款——李明　　　　　　　　　　　200
　　贷：营业外收入——罚款收入　　　　　　　　　200

【例 5-13】 盛达建筑公司向水泥厂购买水泥一批，开出转账支票 1000 元支付水泥纸袋押金。企业应做会计分录如下：

借：其他应收款——存出保证金　　　　　　　　1000
　　贷：银行存款　　　　　　　　　　　　　　　　1000

【例 5-14】 盛达建筑公司将回收的水泥纸袋退回水泥厂，并收回水泥纸袋押金 1000

元。企业应做会计分录如下：

借：银行存款   1000

    贷：其他应收款——存出保证金   1000

5.4　坏账损失的核算

5.4.1　坏账损失的确认条件

施工企业应收款项的数额很大，一旦成为坏账，企业将蒙受很大的损失。因此，必须加强对应收款项的催收工作，并在资产负债表日对应收款项的账面价值进行检查。如果有客观证据表明该应收款项发生减值的，应当确认坏账损失。客观证据包括：

（1）债务人依法宣告破产、关闭、解散、被撤销，或者被依法注销、吊销营业执照，其清算财产不足清偿的；

（2）债务人死亡，或者依法被宣告失踪、死亡，其财产或者遗产不足清偿的；

（3）债务人逾期3年以上未清偿，且有确凿证据证明已无力清偿债务的；

（4）与债务人达成债务重组协议或法院批准破产重整计划后，无法追偿的；

（5）因自然灾害、战争等不可抗力导致无法收回的；

（6）国务院财政、税务主管部门规定的其他条件。

必须指出，对已确认为坏账的应收款项，并不意味着企业放弃了追索权，一旦重新收回，应及时入账。

5.4.2　坏账损失的核算方法

企业应采用备抵法核算应收款项的减值损失。备抵法是指企业按期估计应收款项的减值损失计入当期损益，并计提坏账准备金；实际发生坏账损失时冲减坏账准备金，并转销相应的应收款项。

备抵法的优点，一是将预计不能收回的应收款项作为坏账损失及时入账，避免企业虚增利润；二是在资产负债表上应收款项按扣除坏账准备后的净额列示，可以真实反映企业财务状况，防止企业虚夸资产。

5.4.3　计提坏账准备金的范围

按照会计准则规定，计提坏账的范围包括：应收账款、预付账款、其他应收款、长期应收款等应收款项。

5.4.4　估计坏账损失金额的方法

企业期末进行减值测试估计的坏账损失金额只是"坏账准备"账户的年末余额，而不是实际提取数。实际提取的坏账准备还要根据"坏账准备"账户提取前的账面余额计算确定，其计算公式如下：

当期应计提的坏账准备＝当期按应收款项估计的坏账损失金额

                  －提取前"坏账准备"账户的贷方余额

            （或加提取前"坏账准备"账户的借方余额）

会计期末，若当期估计的坏账损失金额大于"坏账准备"账户贷方余额，应按其差额提取坏账准备；若当期估计的坏账损失金额小于"坏账准备"账户的贷方余额，应按其差额冲减坏账准备；若提取前"坏账准备"账户为借方余额，则实际提取数应为估计的坏账损失金额与该借方余额的合计数。

5.4.5 提取坏账准备的核算

采用备抵法核算应收款项减值损失时，企业应设置"坏账准备"账户，其贷方登记提取的坏账准备和已确认并核销的坏账又收回的金额，借方登记实际发生坏账损失时转销的坏账准备和注销多提的坏账准备金额，期末贷方余额反映已经计提但尚未转销的坏账准备金。

"坏账准备"账户是"应收账款"、"应收票据"、"预付账款"、"其他应收款"等账户的备抵账户。备抵账户又称抵减账户，是以抵减的方式调整被调整账户的金额，以求得被调整账户实际金额的账户，其账户性质与被调整账户的性质相同。

【例 5-15】 盛达建筑公司自 2010 年开始计提坏账准备，年末应收款项余额为 1800000元，估计计提比例为 5‰。2011 年 4 月，经确认甲公司的欠款 5000 元确实无法收回，予以转销。年末应收款项余额为 2000000 元；2012 年 2 月，前已核销的坏账又收回 3000元，年末应收款项余额为 1500000 元。假定各年计提坏账准备的比例不变，则各年的会计处理如下：

(1) 2010 年年末计提坏账准备时，企业应做会计分录如下：

借：资产减值损失   9000
    贷：坏账准备   9000

(2) 2011 年 4 月发生坏账损失时，企业应做会计分录如下：

借：坏账准备   5000
    贷：应收账款—甲公司   5000

(3) 2011 年末计提坏账准备时，企业应做会计分录如下：

提取前坏账准备账户为贷方余额：9000−5000＝4000（元）

提取后坏账准备账户贷方余额应为：2000000×5‰＝10000（元）

当期应提坏账准备：10000−4000＝6000（元）

借：资产减值损失   6000
    贷：坏账准备   6000

(4) 2012 年 2 月收回前已核销的坏账时，企业应做会计分录如下：

借：应收账款   3000
    贷：坏账准备   3000

借：银行存款   3000
    贷：应收账款   3000

(5) 2012 年末计提坏账准备时，企业应做会计分录如下：

提取前坏账准备账户余额为：10000＋3000＝13000（元）

提取后坏账准备账户余额应为：1500000×5‰＝7500（元）

应提坏账准备：7500−13000＝−5500（元）

借：坏账准备   5500
    贷：资产减值损失   5500

本 章 小 结

应收及预付款项包括应收账款、应收票据、预付账款和其他应收款等。其中，应收账款、应收票据和预付账款产生于企业生产经营活动，其他应收款产生于企业非生产经营活动。

应收账款是指施工企业在生产经营活动中，由于工程价款结算、销售产品或材料、提供劳务和作业等应向发包单位、购货单位、接受劳务和作业单位收取的款项。

应收票据无论是否带息，收到汇票时一律按票面金额入账。对于带息汇票应于期末计提利息，计提的利息增加应收票据账面价值，并同时冲减财务费用。企业持有的商业汇票在到期前，可以向其开户银行申请贴现，以便获得所需资金。所谓贴现，就是商业汇票持有者将未到期的商业汇票经背书后送交开户银行，银行按汇票到期值扣除贴现利息后，将余额付给票据持有人的一种融通资金的行为。

预付账款是指施工企业按照工程合同规定预付给分包单位的款项，以及按照购货合同规定预付给供应单位的购货款。

其他应收款是指施工企业除应收账款、应收票据、预付账款及长期应收款等以外的其他各种应收及暂付款项。

企业应采用备抵法核算应收款项的减值损失。备抵法是指企业按期估计减值损失计入当期损益，并计提坏账准备金；实际发生坏账损失时冲减坏账准备金，并转销相应的应收款项。企业当期应计提的坏账准备等于当期按应收款项估计的减值损失金额减去提取前"坏账准备"账户的贷方余额。若当期估计的坏账损失金额大于"坏账准备"账户贷方余额，应按其差额提取坏账准备；若当期估计的坏账损失金额小于"坏账准备"账户的贷方余额，应按其差额冲减坏账准备。若提取前"坏账准备"账户为借方余额，则实际提取数应为估计的坏账损失金额与该借方余额的合计数。

思 考 题

1. 应收账款的入账时间和入账金额如何确认？
2. 应收票据的核算内容有哪些？带息汇票与不带息汇票在核算上有何异同？
3. 什么是应收票据贴现？如何计算应收票据的到期值、贴现天数、贴现利息和贴现收入？
4. 施工企业的预付账款包括哪些内容？如何进行核算？
5. 其他应收款包括哪些内容？企业应如何组织其他应收款的核算？
6. 什么是坏账损失？如何确认？各期提取的坏账准备应如何计算确定？

习 题

1. 练习应收账款的确认和核算。

资料：某施工企业 2012 年 9 月 20 日提出工程价款结算账单与建设单位办理结算，共结算工程款600000 元，已经过建设单位签证。企业给予建设单位的信用条件为"2/10，n/30"。

要求：(1) 计算建设单位在折扣期内付款时企业可收回的工程款；

(2) 编制工程款结算以及折扣期内和超过折扣期收回工程款时的会计分录。

2. 练习不带息应收票据的核算。

资料：(1) 某施工企业于 2012 年 6 月 16 日收到 A 学院抵付工程价款的不带息银行承兑汇票一张，票面金额为 3000000 元，90 天到期。

(2) 7 月 28 日，企业将银行承兑汇票向银行贴现，贴现率为 9%。

要求：（1）计算贴现利息和贴现收入。

（2）编制上述两笔经济业务的会计分录。

3. 练习带息应收票据的核算。

资料：（1）企业与 B 建设单位办理工程价款结算，收到 B 建设单位于 2011 年 12 月 1 日签发并承兑的带息商业承兑汇票一张，票面金额为 4500000 元，票面年利率 8%，期限为 6 个月。

（2）2011 年 12 月 31 日，按应收票据的票面价值和确定的利率计提利息。

（3）2012 年 6 月 1 日，票据到期，企业收回全部票款，存入银行。

（4）假设上项票据到期时，因 B 建设单位无力付款，企业收到开户银行退回的商业承兑汇票。

（5）假设企业因急需资金于 2012 年 3 月 31 日持上项商业承兑汇票到开户银行贴现，银行规定的年贴现率为 12%，已办妥贴现手续。

要求：根据上述经济业务编制会计分录。

4. 练习坏账损失的核算。

资料：（1）某施工企业 2010 年年末首次按应收账款余额的 1‰ 计提坏账准备，年末应收款项余额为 500000 元。

（2）2011 年 5 月，有 6000 元的应收账款无法收回，按有关规定确认为坏账损失。

（3）2011 年年末应收款项余额为 700000 元。

（4）2012 年 9 月，上年已转销的应收账款又收回 1000 元，款项已存入银行。

（5）2012 年年末应收款项余额为 1000000 元。

要求：根据上述经济业务编制会计分录。

6 存　货

本　章　提　要

本章主要阐述存货核算和管理的基本知识和方法。通过学习，应当了解施工企业存货的内容、分类和计价方法，熟悉周转材料的摊销及核算方法，掌握材料采购按实际成本计价的核算方法，掌握自制材料、委托加工材料、建设单位供料等的核算方法，熟悉存货清查和期末计价的处理要求。

6.1　存　货　概　述

6.1.1　存货的确认

存货指企业在日常活动中持有的以备出售的产成品或商品、为了出售仍然处于生产过程中的在产品、在生产过程或提供劳务过程中耗用的材料、物料等。施工企业的存货主要包括材料、低值易耗品、周转材料、未完施工、尚未办理结算的已完工程以及附属企业的在产品、产成品等。

由存货的定义可以看出，企业持有存货的最终目的主要是为了出售（不论是可供直接出售，还是需进一步加工后才能出售），这一特征就使存货明显区别于固定资产等非流动资产。

某项资产确认为存货，除满足存货的定义外，还必须同时符合以下两个确认条件：

（1）与该存货有关的经济利益很可能流入企业

对存货的确认，关键是要判断其是否能给企业带来经济利益或所包含的经济利益是否能流入企业。通常，存货的所有权是存货包含的经济利益很可能流入企业的一个重要标志。凡是盘存日所有权属于企业，无论企业是否收到或持有该存货，均应作为企业的存货；反之，如果在盘存日没有取得所有权，即使存放在企业，也不能作为本企业的存货。

（2）该存货的成本能够可靠地计量

成本能够可靠地计量是资产确认的一项基本条件。如果存货成本不能可靠地计量，则不能确认为存货。

6.1.2　存货的分类

为了便于存货的核算与管理，必须对存货进行科学的分类。

1. 按存货的经济内容分类

存货按经济内容可以分为以下几类：

（1）原材料，包括主要材料、结构件、机械配件、其他材料等。

1）主要材料，是指构成工程或产品实体的各种材料。包括黑色金属材料（如钢材）、有色金属材料（如铜材、铝材）、木材（如原木、方材、板材）、硅酸盐材料（如水泥、砖、瓦、石灰、砂、石）、小五金材料（如合页、钉子）、陶瓷材料（如瓷砖、面盆、坐便器）、电器材料（如灯、线）、化工材料（如油漆）等。

2）结构件，是指经过吊装、拼砌和安装就能构成房屋建筑物实体的各种结构件，如钢构件、木构件、钢木构件、钢筋混凝土预制构件等。

3）机械配件，是指机械设备替换、维修用的各种零件和配件，以及为机械设备准备的备品、备件等。

4）其他材料，是指除主要材料、结构件、机械配件以外的各种一次性消耗材料，如燃料、油料、冷冻剂、爆破材料等。

（2）低值易耗品，是指单位价值较低，容易损坏，不作为固定资产管理的各种物品，如各种工具、管理用具、劳保用品、玻璃器皿等。

（3）周转材料，是指在施工生产过程中能够多次使用，可以基本保持其原有实物形态，并逐渐转移其价值的工具性材料，如模板、挡板、架料等。

（4）未完施工，是指尚未完成施工过程，正在建造的各类承包工程。

（5）在产品和产成品，是指企业所属的附属辅助生产部门尚未完成生产过程的产品（包括未完的劳务成本）和库存的完工产品。

周转材料和低值易耗品在性质上并不是材料，他们在施工生产过程中的作用与原材料不同。其特点是能够多次参加施工生产过程而不改变其实物形态，价值也不是一次转入工程或产品成本，而是按其损耗程度分次、陆续转移到工程或产品成本中，有的报废时还有残值。因此低值易耗品和周转材料具有劳动资料的性质。

2. 按存货的存放地点分类

存货按存放地点可以分为以下几类：

（1）库存存货，指存放于仓库或施工现场的各种存货。

（2）在途存货，指货款已经支付，但尚未运达企业或虽已运达企业但尚未办理入库手续的存货。

（3）委托加工存货，指企业委托外单位正在加工、改制中的各种存货。

（4）自制存货，指企业正在生产、加工中的各种存货。

3. 按存货的来源分类

存货按来源主要有以下几类：

（1）施工企业在市场上自行采购的存货，主要是外购的各种材料。

（2）工程发包单位供应的存货，简称甲方供料。

（3）委托外单位加工制作的存货。

（4）施工单位自行组织力量加工自制的存货。

6.1.3 存货的核算方法

存货的核算方法是指采用什么价格进行存货日常收发的核算。在实际工作中，存货的核算方法有按实际成本核算和按计划成本核算两种。

1. 按实际成本核算，是指存货日常收发凭证的填制、账簿的登记都按取得时的实际支出计价核算。收入存货时，按发生的实际支出记账；发出存货时，采用一定的方法确定发出存货的实际成本。

2. 按计划成本核算，是指存货日常收发凭证的填制、账簿的登记都按预先确定的计划单价进行核算。存货实际成本与计划成本的差额，设置"材料成本差异"账户单独核算。月份终了，计算分配发出存货应负担的成本差异，将发出存货的计划成本调整为实际成本。

结合施工企业生产经营的特点，本章着重介绍各种材料、周转材料按实际成本核算的方法，其他存货的核算从略。

6.2 材料采购的核算

6.2.1 材料采购的凭证手续

企业在采购材料时，必须办理货款结算和验收入库两方面的手续，并取得和填制有关凭证。货款结算的凭证一般包括发票、运单、银行结算凭证等；材料入库的凭证主要是供应部门填制的"入库单"。入库单一式三联，其中一联由材料供应部门存查，一联送财会部门据以进行材料采购进的核算，一联留存仓库据以登记材料明细账（卡）。其格式如表6-1所示。

入 库 单   表 6-1

材料类别：硅酸盐材料 料单编号：16#
供货单位：太行水泥厂 收料仓库：2号库

材料编号	材料名称	强度等级	计量单位	数量		实际成本		计划成本		备注
				应收	实收	单价	金额	单价	金额	
1001	水泥	42.5	吨	30	30	400	12000			

供应部门：张山   交料人：刘武   收料人：王浩

提货人员在提货时，如果发现短缺、毁损等情况，应填制"短缺损坏清单"，经运输单位签证后，连同材料一起送交仓库。

对于质量、数量与供应单位发票不符的材料，应由仓库填制"数量质量不符通知单"。供应部门应当根据运输单位签证的"短缺损坏清单"和仓库填制的"数量质量不符通知单"，填制"赔偿请求单"，向运输单位或供应单位索赔。

对于需要分次验收的大堆材料，如砖、瓦、灰、沙、石等，可于每次验收时，先在"验收记录"上登记收入数量，待全部运到验收完毕后，再根据"验收记录"在"收料单"上填写实收数量。

6.2.2 材料采购成本的构成

施工企业材料的采购成本主要包括买价、运杂费和采购保管费。

1. 买价，指购入材料取得的发票上所填列的货款、税金和手续费。需要注意的是，施工企业外购材料时支付的增值税直接记入材料成本。

2. 运杂费，指材料从供应单位运到工地仓库以前所发生的包装费、运输费、装卸费、保险费以及运输途中的合理损耗等费用。

3. 采购保管费，指企业的材料供应部门和仓库在材料采购、供应和保管过程中所发生的费用。

材料采购成本中，买价、运杂费属于直接费用，应直接计入材料采购成本。如果同时运输多种材料，发生的运杂费不能分清受益对象时，应按材料的重量、体积或买价的比例分摊计入材料采购成本。采购保管费属于共同性费用，应先通过"采购保管费"账户归集，月终再分配计入各种材料的采购成本中。

6.2.3 采购保管费的核算

1. 采购保管费的归集

施工企业应设置"采购保管费"账户，核算材料供应部门为采购、保管和收发材料发生的各种费用。其借方登记实际发生的各项采购保管费，贷方登记分配转出的采购保管费。本账户应按采购保管费的项目设置专栏进行明细核算。

采购保管费的费用项目一般包括：

（1）采购和保管人员的工资、职工福利费及劳动保护费；

（2）采购和保管人员的办公费；

（3）采购和保管人员的差旅费；

（4）材料供应部门和仓储部门使用固定资产的折旧及修理费；

（5）仓储部门工具用具使用费；

（6）材料保险费；

（7）检验试验费；

（8）材料整理及零星运费；

（9）材料盘亏及毁损（减盘盈）；

（10）其他。

企业发生采购保管费时，借记"采购保管费"科目，贷记相关科目，并登记"采购保管费"明细账。"采购保管费"明细账应采用多栏式账页，按费用项目设置和登记。其格式见表 6-2。

采购保管费明细账（单位：元）　　　　　　　　　　　　　表 6-2

| 2012 年 | | 凭证号 | 摘　要 | 借　方 | | | | | | | 贷方 | 余额 |
月	日			职工薪酬	办公费	差旅费	固定资产使用费	工具用具使用费	……	合计		
略	略	略	购买办公用品		500					500		500
			分配工资	4300						4300		4800
			提折旧及修理费				1500			1500		6300
			工具用具使用费					1000		1000		7300
			分配职工福利	420						420		7720
			材料整理费						……	510		8230
			支付材料保险费						……	340		8570
			计提五险一金	430						430		9000
			报销差旅费			1200				1200		10200
			分配采购保管费								10200	
			本月合计	5150	500	1200	1500	1000	……	10200	10200	

2. 采购保管费的分配

采购保管费是一项综合性费用,期末应采用一定的方法进行分配。当材料按实际成本核算时,应将采购保管费分配给有关用料对象负担,可以采用直接向领料对象分配的方法。

计算公式为:

$$本月采购保管费分配率=\frac{采购保管费月初余额+采购保管费本月发生额}{月初结存材料的买价和运杂费+本月购入材料的买价和运杂费}$$

本月发出材料分配的采购保管费=本月发出材料的买价和运杂费×本月采购保管费分配率

采用该种分配方法,"采购保管费"账户期末有借方余额,表示库存材料应该负担的采购保管费。

【例 6-1】 假设本月"采购保管费"账户的月初余额为 4275 元,本月发生额为 10200 元;月初结存材料的买价和运杂费为 45000 元,本月购进材料的买价和运杂费为 244500 元。本月施工生产领用材料 210950 元,其中甲工程领用 98100 元,乙工程领用 112850 元。采购保管费分配计算如下:

$$本月采购保管费分配率=\frac{4275+10200}{45000+244500}\times100\%=5\%$$

甲工程应负担的采购保管费=98100×5%=4905(元)

乙工程应负担的采购保管费=112850×5%=5642.5(元)

其会计分录如下:

借:工程施工——甲工程   4905

    工程施工——乙工程   5642.5

     贷:采购保管费   10547.5

6.2.4 材料购进按实际成本计价的核算

材料按实际成本计价进行日常收发核算的企业,应设置"原材料"、"在途物资"、"采购保管费"等账户进行材料的总分类核算。

"原材料"账户,核算企业各种原材料的实际成本。其借方登记入库材料的实际成本,贷方登记发出材料的实际成本,期末借方余额反映库存材料的实际成本。本账户应设置"主要材料"、"结构件"、"机械配件"、"其他材料"四个二级明细账,并按材料的品种、规格和保管地点设置明细账户进行明细分类核算。

"在途物资"账户,核算企业已付款或已开出、承兑商业汇票但尚未到达或尚未验收入库的各种材料的实际成本。其借方登记已付款但尚未入库的材料的实际成本,贷方登记验收入库材料的实际成本,期末借方余额表示在途材料的实际成本。本账户应按供应单位设置明细账。

1. 日常采购业务的核算

由于企业购入材料的结算方式和采购地点不同,材料入库和货款的支付在时间上不一定同步,其账务处理也有所不同。

(1)货款支付,材料入库

购进材料时,如果发票账单与材料同时到达,应根据材料入库单直接记入"原材料"账户。

【例 6-2】 2012 年 5 月 2 日,盛达公司向太行水泥厂购进 32.5 级水泥 30 吨,增值税专用发票上注明价款为 7800 元，增值税额 1326 元，运杂费 274 元。货款已用银行存款支付，材料已验收入库。根据银行结算凭证、发票账单和收料单等，做会计分录如下：

借：原材料——硅酸盐材料（水泥）   9400

    贷：银行存款   9400

（2）货款已付，材料未到

如果已付款或已开出、承兑商业汇票，但材料尚未到达（或尚未验收入库），可通过"在途物资"账户核算。

【例 6-3】 2012 年 5 月 10 日，盛达公司向宏运砖厂购进普通砖 10 万块，买价 20000 元，运杂费 1500 元，款项已通过银行支付，但材料尚未到达。根据发票账单和银行结算凭证，做会计分录如下：

借：在途物资——宏运砖厂   21500

    贷：银行存款   21500

待材料运达企业并验收入库后，再根据收料单，做如下会计分录：

借：原材料——硅酸盐材料——普通砖   21500

    贷：在途物资——宏运砖厂   21500

（3）材料入库，发票账单未到

对于材料已验收入库，但发票账单等结算凭证未到，货款尚未支付的采购业务，在收到材料时可暂不入账，待发票账单等结算凭证到达后再入账。但是，若月末发票账单仍未到达，则应对该材料暂估入账：即月末先按合同价格入账，下月初用红字做同样的记账凭证予以冲回，待结算凭证到达后再按正常程序进行账务处理。

【例 6-4】 2012 年 5 月 18 日，从晋钢购进钢材 10 吨，已到货并验收入库。月末，发票账单尚未到达，按合同价格 40000 元暂估入账。做会计分录如下：

借：原材料——黑色金属——钢材   40000

    贷：应付账款——晋钢   40000

下月初，用红字冲销上述暂估记录，做会计分录如下：

借：原材料——黑色金属——钢材   40000

    贷：应付账款——晋钢   40000

下月收到发票账单，上述钢材的买价和运杂费共计 42000 元，以银行存款支付。做会计分录如下：

借：原材料——黑色金属——钢材   42000

    贷：银行存款   42000

（4）运杂费的核算

运杂费属于材料的直接成本，发生时应直接计入或分配计入各种材料的采购成本。为简化核算手续，对于零星发生的市内运杂费，直接计入"采购保管费"。

【例 6-5】 企业从盛昌贸易公司购进钢材和木材一批。钢材 150 吨，单价 3500 元，计 525000 元；木材 400m³，单价 800 元，计 320000 元，盛昌贸易公司代垫运杂费 16900 元。该批材料由顺通运输公司承运。上述货款及运杂费已付，但尚未办理验收入库手续。其会计处理为：

（1）按买价分配运杂费：

运杂费分配率＝16900÷(525000＋320000)×100％＝2％

钢材应负担的运杂费＝525000×2％＝10500(元)

木材应负担的运杂费＝320000×2％＝6400(元)

（2）计算钢材和木材的实际成本：

钢材实际成本＝525000＋10500＝535500（元）

木材实际成本＝320000＋6400＝326400（元）

（3）根据发票账单和付款凭证，做会计分录如下：

借：在途物资——昌盛贸易公司——钢材   535500

     ——昌盛贸易公司——木材   326400

  贷：银行存款   861900

2. 购入材料发生短缺和毁损的核算。

企业购入的材料在验收时可能会发生短缺和毁损。对此必须查明原因，分清责任，区别不同情况进行处理：

（1）对于定额内损耗，不另作账务处理，只是相应提高入库材料的单位成本。

（2）对于供应单位造成的短缺，应区别两种情况处理：1）当货款未付时，应按短缺数量计算拒付金额，向银行办理拒付手续，并按实际支付金额借记"原材料"账户，贷记"银行存款"账户；2）当货款已付时，应向供应单位提出索赔，根据有关凭证借记"其他应收款"账户，贷记"在途物资"账户。

（3）对于运输单位造成的短缺，应向运输单位索赔。索赔款通过"其他应收款"账户核算。

（4）对于需要报请批准或尚待查明原因的短缺，应将其价款通过"待处理财产损溢"账户核算。待批准或查明原因后，再根据不同情况进行账务处理：1）属于应由供应单位、运输单位、保险公司或过失人赔偿的损失，记入"其他应收款"账户；2）属于自然灾害等非正常原因造成的损失，应将扣除残料价值、过失人和保险公司赔偿后的净损失，记入"营业外支出"账户；3）属于无法收回的超定额损耗，计入材料采购成本。

【例 6-6】 承例 6-5，假设上述材料验收入库时，发现钢材短缺 5 吨，应由运输单位赔偿。其余材料已入库。做会计分录如下：

借：其他应收款   17850

  贷：在途物资——盛昌贸易公司——钢材   17850

借：原材料——钢材   517650

    ——木材   326400

  贷：在途物资——盛昌贸易公司——钢材   517650

      ——盛昌贸易公司——木材   326400

6.3 材料发出的核算

6.3.1 材料发出的凭证手续

施工企业材料发出的凭证，包括"领料单"、"限额领料单"、"大堆材料耗用计算单"、

"集中配料耗用计算单"等。

1. 领料单。领料单是一种一次性使用的领料凭证,其格式如表6-3所示。为了便于分类和汇总,领料单一般一式三联,一联留仓库据以登记材料明细账,一联由领料单位存查,一联交会计部门据以进行材料发出的核算。

领 料 单　　　　　　　　　　　　　　　　　　　　　　　　表 6-3

领料单位:××项目部　　　　　　　　　　　　　　　　　　编　　号:007

用　　途:甲工程　　　　　　　　　　　　　　　　　　发料仓库:2 号库

材料编号	材料名称	材料规格	计量单位	数　　量		实际成本		备注
				请领	实发	单价	金额	
2002	圆钢	Φ16	吨	3	3	4700	14100	

仓库保管:王浩　　　　　　　　　　　　　　　　　　　　　　　领料人:赵华

2. 限额领料单。又称定额领料单,是一种可在规定的领用限额内多次使用的累计领料凭证。它适用于经常需要并规定有消耗定额的各种材料的领用。限额领料单一式两联,由生产计划部门签发,分别交由领料单位和仓库据以领料和发料。每次领料后,在两联内同时填写实领数和限额结余,并由领料人和发料人同时签章;月末,结出实发数量和金额,交会计部门据以记账。限额领料单的一般格式如表6-4所示。

限 额 领 料 单　　　　　　　　　　　　　　　　　　　　表 6-4

领料单位:第一项目部　　　　　　　　　　　　　　　　　　编　　号:008

工程名称:甲工程　　　　　　　　　　　　　　　　　　发料仓库:3 号库

工程内容:钢筋混凝土基础　　　　2012 年 5 月　　　　　计划任务量:1500m³

材料名称及规格	计量单位	单位消耗定额	定额用量		实际用量	节超数量	实际成本		备注
			计划	追加			单价	金额	
32.5级水泥	t	0.372	558		530	28	300	159000	

领 料 记 录

2012年		请领		实发			退回			限额节余
月	日	数量	领料单位负责人签章	数量	发料人签章	领料人签章	数量	发料人签章	退料人签章	
5	5	200		200						
5	15	150		150						
5	20	100		100						
5	25	100		100						
5	30						20			
		550		550			20			28

仓库保管:王浩　　　　　　　　　　　　　　　　　　　　　　　领料:赵华

3. 大堆材料耗用计算单。大堆材料是指施工现场露天堆放的砖、砂、石、石灰等材料。由于大堆材料露天堆放,用量大,且陆续使用,领料时既不易点清数量,又难于分清用料对象。因此大堆材料的实际耗用量采用实地盘存法计算,具体做法是:于月末盘点大堆材料的结存数,倒算出本月耗用数,并以定额耗用量为标准分配计算出各用料对象的实际耗用量，编制"大堆材料耗用计算单"。其计算公式为：

$$本月实际耗用总量＝月初结存数量＋本月进料数量－月末结存数量$$

$$\frac{某成本核算对象}{本月实际耗用量}＝该成本核算对象的定额用量×\frac{本月实际耗用总量}{各成本核算对象本月定额耗用总量}$$

大堆材料耗用计算单的一般格式如表 6-5 所示。

大堆材料耗用量计算单   表 6-5

2012 年 5 月

材料名称	黄 砂	碎 石
单价/单位	70 元/m³	40 元/m³
月初结存数	15	10
加：本月收入	100	100
减：本月调出		
月末结存数	15	20
本月耗用数	100	90

耗用数用于下列各成本核算对象

成本核算对象	黄 砂			碎 石		
	定额用量	实耗数量	金额（元）	定额用量	实耗数量	金额（元）
甲工程	77	70	4900	44	40	1600
乙工程	33	30	2100	55	50	2000
合 计	110	100	7000	99	90	3600

4. 集中配料耗用计算单。对领料时虽能点清数量，但系集中配料或统一下料的材料，如油漆、木材、钢筋等，必须按耗用配制成的综合料的数量计入有关用料对象的成本。仓库发料时，应在领料单上填明"工程集中配料"字样。月终，计算出配制成的综合料的成本，按实际耗用或定额耗用的比重分配给有关用料对象负担。

集中配料材料的计算和分配，应通过编制"集中配料耗用计算单"进行，其格式如表 6-6 所示。

集中配料耗用计算单   表 6-6

2012 年 5 月 31 日

名称规格	调和漆		松香水		清漆		配制后综合料	
单位、单价	16.00 元/kg		8.0 元/kg		18.00 元/kg		16.00 元/kg	
	数量	金额（元）	数量	金额（元）	数量	金额（元）	数量	金额（元）
上月结存	150		50		100		20	500
加：本月新领或配成	300		30				380	5900
减：本月调出	50							
月末盘存	80		50		70		40	640
本月耗用	320	5120	30	240	30	540	360	5760

综合料耗用量分配于下列对象

成本核算对象	用量或百分率	金额（元）
教学楼	160	2560
实训楼	200	3200
合　计	360	5760

在表 6-6 中，本月各项材料耗用之和应等于"配制后综合料"的"本月新领或配成数"。每一成本核算对象耗用的数量及单价，应按配制成的综合料计算。

另外，对于施工生产中已经领出但尚未使用，下期需要继续使用的材料（称为已领未用材料），应于月末办理"假退料"手续。即首先用红字填写本期领料单，冲减本期发出材料的记录，再按相同数量、金额填写下期领料单，记入下期工程成本。

6.3.2　材料发出按实际成本计价的核算

1. 发出材料实际成本的确定

材料按实际成本核算时，由于采购批次或采购地点的不同，同一材料的采购成本往往不相同。发出材料时，可以选用先进先出法、加权平均法和个别计价法等确定其实际成本。

（1）先进先出法

先进先出法是以先购进的存货先发出为假定前提，对发出存货和期末存货进行计价的方法。采用这一方法，收入存货时要逐笔登记每一批存货的数量、单价和金额；发出存货时按先进先出的原则确定单价，逐笔登记存货的发出和结存金额。

【例 6-7】　某企业 2012 年 5 月份 32.5 级水泥收发结存情况如表 6-7 所示。

材料收发结存月报表　　　　　　　　　　表 6-7
2012 年 5 月

日　　期	摘　　要	入　库		发 出 数 量（吨）	结存数量（吨）
		数量（吨）	单价（元）		
5.1	期初结存				5（单价 240）
5.5	购进	30	230		35
5.7	领用			25	10
5.15	购进	30	235		40
5.20	领用			30	10
5.23	购进	30	240		40
5.28	领用			30	10

根据表 6-7 资料，采用先进先出法计算发出材料成本如表 6-8 所示。

原材料——主要材料明细账（先进先出法）　　　　　　　表 6-8

材料名称：32.5 级水泥　　　　　　　　　　　　　　　　　　　计量单位：吨

2012年		凭证编号	摘要	收　入			发　出			结　存		
月	日			数量	单价	金额	数量	单价	金额	数量	单价	金额
5	1	略	期初结存							5	240	1200
	5		购进	30	230	6900				5	240	1200
										30	230	6900
	7		领用				5	240	1200	10	230	2300
							20	230	4600			
	15		购进	30	235	7050				10	230	2300
										30	235	7050
	20		领用				10	230	2300	10	235	2350
							20	235	4700			
	23		购进	30	240	7200				10	235	2350
										30	240	7200
	28		领用				10	235	2350	10	240	2400
							20	240	4800			
	28		合计	90		21150	85		19950	10	240	2400

（2）加权平均法

加权平均法包括全月一次加权平均法和移动加权平均法两种。

1）全月一次加权平均法

全月一次加权平均法是以期初材料结存数量和本期收入材料数量为权数，于期末一次计算出材料的加权平均单价，并以此单价计算本期发出材料成本和结存材料成本的方法。采用这种方法，平时收入材料时按数量、单价、金额登记，领用时只登记数量，不登记单价和金额，月末按全月的加权平均单价计算发出材料和结存材料的实际成本。其计算公式为：

$$某种材料的加权平均单价=\frac{期初结存材料的实际成本＋本期收入材料的实际成本}{期初结存材料的数量＋本期收入材料的数量}$$

本期发出某种材料的成本＝本期发出数量×该种材料的加权平均单价

期末结存该种材料的成本＝期末结存数量×该种材料的加权平均单价

当计算出的加权平均单价不是整数时，可采用倒挤法计算发出材料的成本，即：

期末结存材料成本＝期末结存材料数量×加权平均单价

本期发出材料成本＝期初结存材料成本＋本期收入材料成本－期末结存材料成本

【例 6-8】　仍以表 6-7 资料为例，采用加权平均法计算发出材料成本如表 6-9 所示。

$$加权平均单价=\frac{1200＋21150}{5＋90}≈235（元/吨）$$

期末结存材料成本＝10×235＝2350（元）

本期发出材料成本＝1200＋21150－2350＝20000（元）

原材料——主要材料明细账（加权平均法）   表6-9

材料名称：32.5级水泥   计量单位：吨

2012年		凭证编号	摘要	收入			发出			结存		
月	日			数量	单价	金额	数量	单价	金额	数量	单价	金额
5	1	略	期初结存							5	240	1200
	5		购进	30	230	6900				35		
	7		领用				25			10		
	15		购进	30	235	7050				40		
	20		领用				30			10		
	23		购进	30	240	7200				40		
	28		领用				30			10		
合计				90		21150	85		20000	10	235	2350

2）移动加权平均法

移动加权平均法是指每当收入材料时，即根据当前的材料数量和总成本计算出新的平均单位成本，再按这个平均单位成本计算随后发出材料和结存材料成本的方法。其计算公式为：

$$移动加权平均单价 = \frac{以前结存存货实际成本 + 本次收入存货实际成本}{以前结存存货数量 + 本次收入存货数量}$$

【例6-9】 仍以表6-7资料为例，采用移动加权平均法计算发出材料成本如表6-10所示。

原材料——主要材料明细账（移动加权平均法）   表6-10

材料名称：32.5级水泥   计量单位：吨

2012年		凭证编号	摘要	收入			发出			结存		
月	日			数量	单价	金额	数量	单价	金额	数量	单价	金额
5	1	略	期初结存							5	240	1200
	5		购进	30	230	6900				35	231	8100
	7		领用				25		5790 *	10	231	2310
	15		购进	30	235	7050				40	234	9360
	20		领用				30		7020 *	10	234	2340
	23		购进	30	240	7200				40	239	9540
	28		领用				30		7150 *	10	239	2390
合计				90		21150	85		19960	10	239	2390

其中：带 * 数字为倒挤数，如 5790 * ＝8100－10×231

（3）个别计价法

个别计价法是指每次发出材料的金额按其购入时的实际成本分别计价的方法。这种方法所确定的材料发出成本和结存成本最为准确，且可以随时结转，但是核算工作量大，因此只能适用于单位成本较高、容易辨认的材料，或为特定项目专门购制并单独存放的材料。

企业可根据材料收发的具体情况选择适用的计价方法。计价方法一经确定，一般不得随意变更，以保持会计核算资料的可比性。

2. 发出材料的账务处理

施工企业材料的领发业务频繁。为了简化核算工作，平时只登记仓库设置的材料明细账，反映各种材料的收发和结存金额。月末，财会部门应根据领料凭证，按领用部门和用途汇总编制"发出材料汇总表"，据以进行发出材料的账务处理。

材料按实际成本核算时，"原材料"账户核算的实际成本只包括材料的买价和运杂费，采购保管费直接分配给用料对象负担。因此，材料发出按实际成本计价时，首先应将发出材料的实际成本（即买价和运杂费）从"原材料"账户转入材料领用对象的相关账户；然后还应按比例将采购保管费分配给材料领用对象负担。具体按下列步骤处理：

（1）编制"发出材料汇总表"

由于施工企业材料的领发业务频繁，一般不根据每张领料凭证填制记账凭证，而是于月末根据领料凭证按领用部门和用途汇总编制"发出材料汇总表"，由财会部门据以进行发出材料的账务处理。

（2）计算受益对象应分配的采购保管费

【例 6-10】 财务部根据仓库转来的领料凭证，编制出发出材料汇总表，并计算出受益对象应分配的采购保管费，如表 6-11 所示。

发出材料汇总表
2012 年 5 月 31 日

表 6-11

单位：元

材料成本 用料对象	主要材料		结构件	机械配件	其他材料	合计	采购保管费 （5%）
	黑色金属	硅酸盐					
1. 工程施工							
甲工程	3600	44500	50000			98100	4905
乙工程	6000	26850	80000			112850	5642.50
小　计	9600	71350	130000			210950	10547.50
2. 机械作业				2000		2000	100
3. 辅助生产					1500	1500	75
4. 施工管理部门					800	800	40
合　计	9600	71350	130000	2000	2300	215250	10762.50

根据表 6-11，做会计分录如下：

（1）结转发出材料的直接成本：

借：工程施工——甲工程　　　　　　　　　　　　98100
　　　　　　　——乙工程　　　　　　　　　　　112850
　　机械作业　　　　　　　　　　　　　　　　　2000
　　生产成本——辅助生产成本　　　　　　　　　1500
　　工程施工——间接费用　　　　　　　　　　　800
　　贷：原材料——主要材料（黑色金属）　　　　　　9600
　　　　　　　——主要材料（硅酸盐）　　　　　　71350

——结构件	130000
——机械配件	2000
——其他材料	2300

（2）结转各用料对象应负担的采购保管费：

借：工程施工——甲工程   4905

      ——乙工程   5642.50

    机械作业   100

    生产成本——辅助生产成本   75

    工程施工——间接费用   40

    贷：采购保管费   10762.50

6.4 材料其他收发的核算

6.4.1 委托加工材料的核算

根据工程施工的需要，施工企业常将某种材料委托外单位加工、改制成另一种材料。材料经加工、改制后，其品种规格发生了变化，成本也会增加。委托加工材料的成本包括：（1）耗用原材料的实际成本；（2）支付的加工费和税金；（3）发生的往返运杂费等。

企业应设置"委托加工物资"账户，核算委托加工材料的实际成本。其借方登记发出加工原材料的实际成本和支付的加工费、税金、运杂费等，贷方登记加工完成并已验收入库的材料的实际成本以及退回的剩余材料的实际成本，期末借方余额反映尚未加工完成的委托加工材料的实际成本。本账户应按加工合同和受托加工单位设置明细账户进行明细分类核算。

【例6-11】 企业发出A材料，委托甲单位加工成为B材料。发出A材料的实际成本为6000元。根据"委托加工材料发货单"，做会计分录如下：

借：委托加工物资——甲单位   6000

    贷：原材料——A材料   6000

【例6-12】 开出转账支票一张，支付加工单位加工费及增值税费1800元。做会计分录如下：

借：委托加工物资——甲单位   1800

    贷：银行存款   1800

【例6-13】 开出转账支票一张，支付市运输公司往返运杂费600元。做会计分录如下：

借：委托加工物资——甲单位   600

    贷：银行存款   600

【例6-14】 加工完成的B材料已验收入库，根据"委托加工材料入库单"，做会计分录如下：

借：原材料——B材料   8400

    贷：委托加工物资——甲单位   8400

6.4.2 自制材料的核算

自制材料是施工企业为了满足工程施工的需要，由本企业的辅助生产部门加工制作的各种材料物资。自制材料的实际成本包括加工制作过程中耗用的材料物资的实际成本以及发生的其他制作费用。

企业应设置"生产成本——辅助生产成本"账户核算自制材料的成本。其借方登记制作过程中发生的各项费用（包括被加工材料的实际成本），贷方登记制作完成并验收入库的材料的实际成本，期末借方余额反映尚未制作完成的材料的实际成本。本账户应按自制材料的名称设置明细账进行明细核算。

自制材料的核算方法与委托加工材料的核算方法基本相同。

6.4.3 建设单位供应材料的核算

根据建造合同的规定，有些建筑材料可以由建设单位（甲方）供应。对于建设单位拨入抵作备料款的材料，应视同外购材料同建设单位办理价款结算。其结算方法有两种：（1）按甲方购入材料的实际成本结算，建设单位加收一定数额的采购保管费；（2）按材料预算价格结算，施工企业应按扣减一部分工地采购保管费后的金额确定。

以实际成本计价的企业，核算比较简单。收到建设单位供应的材料时，直接按双方确认的结算价格借记"原材料"账户，贷记"预收账款"账户。

6.4.4 残次料回收的核算

为了杜绝浪费、降低成本，企业应对施工过程中产生的边角料、废料、固定资产及临时设施报废拆除时有利用价值的废旧材料回收利用。回收残次料时，要填制注明"残次料"字样的收料单，办理验收入库手续。回收的残次料通过"原材料——其他材料"科目核算。施工现场回收的残次料冲减工程成本，仓库回收的残次料冲减采购保管费，拆除固定资产及临时设施回收的废料则记入"固定资产清理"科目的贷方。

【例 6-15】 某工程竣工时回收残次料价值 8400 元。根据收料单，做会计分录如下：

借：原材料——其他材料　　　　　　　　　　　　　8400

　　贷：工程施工——材料费　　　　　　　　　　　　　8400

【例 6-16】 材料仓库回收残次料价值 1500 元，做会计分录如下：

借：原材料——残次料　　　　　　　　　　　　　　1500

　　贷：采购保管费　　　　　　　　　　　　　　　　1500

6.5 周 转 材 料

周转材料是指能在施工生产过程中多次使用，基本保持其原有物质形态，起着劳动资料作用的材料。其特点是使用期限较短，价值较低，领用频繁，一般作为流动资产进行管理和核算。

由于周转材料能在施工过程中反复使用，并保持原有的物质形态，其价值随着使用逐渐损耗，因此在核算上既要反映其原值，又要反映其损耗价值。为适应这一核算要求，需要采用一定的摊销方法，将周转材料的价值摊销计入工程成本。

6.5.1 周转材料的分类

按在施工生产中的不同用途，周转材料可分为以下几类：

（1）模板。指浇灌混凝土用的木模、钢模或钢木组合的模型板，以及配合模板使用的支撑材料等。

（2）挡板。指土石方工程用的挡土板以及支撑材料等。

（3）架料。指搭建脚手架用的竹、木杆和跳板、钢管及扣件等。

（4）其他。除以上各类之外，作为流动资产管理的其他周转材料，如塔吊使用的轻轨、枕木等。

6.5.2 周转材料的摊销方法

1. 一次转销法。是指在领用时将周转材料的全部价值一次计入工程成本的方法。适用于易损、易腐，不宜反复使用的周转材料，如安全网等。

2. 分期摊销法。是指根据周转材料的预计使用期限，计算其每期摊销额的方法。适用于经常使用的周转材料摊销额的计算，如脚手架、跳板等。其计算公式为：

$$周转材料每期的摊销额=\frac{周转材料实际成本\times（1-残值占实际成本\%）}{预计使用期限}$$

【例6-17】 盛达建筑公司××项目部5月使用的脚手架的原值为10000元，预计净残值率为4%，该脚手架的预计使用期限为12个月，则：

周转材料每月摊销额＝10000×（1－4%）÷12＝800元

3. 分次摊销法。是指根据周转材料的预计使用次数计算出每次的摊销额，再根据期内实际使用次数计算某期摊销额的方法。适用于不经常使用的周转材料摊销额的计算，如挡板等。其计算公式为：

$$周转材料每使用一次摊销额=\frac{周转材料实际成本\times（1-残值占实际成本\%）}{预计使用次数}$$

某期周转材料的摊销额＝该期使用次数×每使用一次的摊销额

【例6-18】 假设大型模板一套，实际成本为50000元，预计可使用80次，预计净残值率为4%，本月使用5次，则本月摊销额为：

$$该套大模板每次摊销额=\frac{50000\times（1-4\%）}{80}=600（元）$$

本月摊销额＝600×5＝3000（元）

4. 定额摊销法。是指根据实际完成的建安工程量和规定的周转材料消耗定额计算每期摊销额的方法。适用于各种模板等周转材料摊销额的计算。其计算公式为：本期周转材料摊销额＝本期完成的实物工程量×单位工程量周转材料消耗定额

无论采用哪种摊销方法，计提的摊销额都不可能与周转材料的实际消耗价值完全相同。为了使计提的摊销额与实际损耗价值尽可能一致，准确核算工程成本，年终或工程竣工时，还必须对在用周转材料进行盘点清理，根据实际损耗情况调整已提摊销额。

6.5.3 周转材料的核算

施工企业应设置"周转材料"账户，核算和监督周转材料的收入、发出及其价值的摊销情况。其借方核算企业库存及在用周转材料的成本，贷方核算周转材料摊销价值及盘亏、报废、毁损等原因减少的周转材料价值，期末余额反映企业所有在库周转材料的成本以及在用周转材料的摊余价值。由于周转材料的价值是逐渐转移到工程成本中的，因此在核算上既要反映它的原值又要反映它的损耗价值，故"周转材料"科目还应下置"在库周转材料"、"在用周转材料"和"周转材料摊销"三个二级账户，并按周转材料的种类设置

明细账，进行明细核算。

周转材料收入的核算与材料收入的核算方法相同，此处不再复述。

1. 领用周转材料的核算

（1）领用一次转销法核算的周转材料

领用一次摊销的周转材料时，将其全部价值直接由"周转材料——在库周转材料"明细账户转入工程成本。

【例6-19】　某工程项目部的办公楼工程本月领用安全网一批，实际成本为6800元，采用一次摊销法核算。其会计处理为：

借：工程施工——办公楼（材料费）　　　　　　　6800

　　贷：周转材料——在库周转材料　　　　　　　　　　6800

（2）其他摊销法下周转材料的领用

【例6-20】　某工程项目部的办公楼工程领用架料一批，实际成本为35000元，预计残值率为10%，预计使用期限为12个月（采用分期摊销法核算）；领用模板一批，实际成本为20000元，按每立方米工程量40元计算摊销额，本月实际完成工程量100立方米。有关会计处理如下：

借：周转材料——在用周转材料（模板）　　　　20000

　　周转材料——在用周转材料（架料）　　　　35000

　　贷：周转材料——在库周转材料（模板）　　　　　　20000

　　　　　　　　——在库周转材料（架料）　　　　　　35000

2. 按期计提摊销额的核算

月份终了，企业应编制"在用周转材料摊销计算表"，计算各工程应负担的周转材料费用。

【例6-21】　续例6-20，月末编制"在用周转材料摊销计算表"，见表6-12。

在用周转材料摊销计算表　　　　　　　　　表6-12

单位：元

用料对象　　　类别	模板		架料		摊销额合计
	工程量 m³	摊销额 40元/m³	实际成本	摊销额	
办公楼工程	100	4000	35000	2625	6625

注：架料本月摊销额 $= \dfrac{35000 \times (1-10\%)}{12} = 2625$（元）

根据"在用周转材料摊销计算表"，做会计分录如下：

借：工程施工——办公楼（材料费）　　　　　　　6625

　　贷：周转材料——周转材料摊销（在用架料）　　　　2625

　　　　周转材料——周转材料摊销（在用模板）　　　　4000

3. 周转材料短缺和报废的核算

为了加强周转材料的管理和核算，企业应于年度终了或工程竣工时，对在用周转材料进行盘点，确定其短缺数量、实有数量及成色。对于短缺、报废的周转材料，计算其应补提的摊销额，并调整记入"周转材料摊销"明细账户。计算方法如下：

应补提摊销额＝应提摊销额－已提摊销额

应提摊销额＝报废、短缺周转材料的成本－残料价值

已提摊销额＝报废、短缺周转材料的成本×$\dfrac{该类在用周转材料账面已提摊销额}{该类在用周转材料账面成本}$

【例 6-22】 续例 6-21，办公楼工程领用架料的实际成本为 35000 元，使用 10 个月后报废架料一批，其实际成本为 14000 元，收回残料的价值为 1000 元。其会计处理为：

（1）计算补提摊销额：

应提摊销额＝14000－1000＝13000（元）

已提摊销额＝14000×＝10500（元）

补提摊销额＝13000－10500＝2500（元）

做会计分录如下：

借：工程施工——办公楼（材料费）　　　　　　　　　　2500

　　贷：周转材料——周转材料摊销（在用架料）　　　　　　2500

（2）残料验收入库，结转报废架料的成本以及回收的残料。做会计分录如下：

借：周转材料——周转材料摊销（在用架料）　　　　　　13000

　　原材料——残次料　　　　　　　　　　　　　　　　1000

　　贷：周转材料——在用周转材料（架料）　　　　　　　14000

注意：如果是周转材料发生短缺，则没有回收的残值，其应提摊销额就是报废周转材料的原始成本。

4. 周转材料退库和转移工地的核算

对于施工中不再需要的周转材料，应盘点数量，确定成色（新旧程度），计算应补提的摊销额计入工程成本。计算方法如下：

应提摊销额＝盘存（或退库）周转材料的成本×（1－确定的成色率）

已提摊销额＝盘存（或退库）周转材料的成本×$\dfrac{该类在用周转材料账已提摊销额}{该类在用周转材料账面成本}$

补提摊销额＝应提摊销额－已提摊销额

【例 6-23】 续例 6-21，使用数月后，办公楼工程将领用的模板全部退回仓库。退库时估计的成色为 2 成新，账面已提摊销额 16800 元。其会计处理为：

（1）计算补提摊销额：

应提摊销额＝20000×（1－20%）＝16000（元）

补提摊销额＝16000－16800＝－800（元）

做会计分录如下：

借：工程施工——办公楼（材料费）　　　　　　　　　　800

　　贷：周转材料——周转材料摊销（在用模板）　　　　　　800

（2）结转退库模板的账面价值。做会计分录如下：

借：周转材料——在库周转材料（模板）　　　　　　　　20000

　　贷：周转材料——在用周转材料（模板）　　　　　　　20000

同时，结转摊销额。做会计分录如下：

借：周转材料——周转材料摊销（在用模板）　　　　　　16000
　　贷：周转材料——周转材料摊销（在库模板）　　　　　　16000

另外，随着周转材料供应的市场化程度的提高，很多施工企业周转材料由公司统一购置，周转材料产权归公司所有，公司成立周转材料租赁分公司负责周转材料的经营与管理，分公司、项目部是周转材料的租用单位。甚至很多施工企业的周转材料可直接在市场上租赁。这样工程施工中周转材料耗用的核算就变得非常简单，只需要根据规定的租赁价格和工程中使用的数量支付租赁费即可。其会计处理为：借记"工程施工——××工程（材料费）"科目，贷记"银行存款"、"应付账款"等科目。

6.6　存货的清查和期末计量

6.6.1　存货的清查

施工企业的存货品种多、收发频繁，在日常收发过程中，由于计量误差、自然损耗以及管理不善等原因，往往会发生盘盈、盘亏和毁损，造成账实不符。为了保证存货的安全完整，准确反映存货资产的实际情况，必须对存货进行清查。

1. 存货清查的方法

存货清查通常采用实地盘点的方法，即通过盘点确定各种存货的实际库存数，并与账面数核对，核实盘盈、盘亏和毁损的数量，查明原因，编制"存货盘盈盘亏报告表"，报经有关部门批准后，在期末结账前处理完毕。

2. 存货清查结果的会计处理

企业应设置"待处理财产损溢"账户，核算财产物资的盘盈、盘亏和毁损情况。其借方登记盘亏和毁损的财产物资的实际成本以及经批准转销的盘盈数，贷方登记盘盈财产物资的实际成本以及经批准转销的盘亏、毁损数，期末处理后应无余额。本账户应设置"待处理流动资产损溢"明细账户进行明细核算。

（1）存货盘盈的核算

盘盈的存货在未经批准前，应先按同类或类似存货的市场价格作为其实际成本，调整存货的账面结存数，并记入"待处理财产损溢——待处理流动资产损溢"账户的贷方；经有关部门批准后，冲减相关成本费用。

【例6-24】　企业在财产清查中盘盈木材一批，市场价格为3000元。经查实，属于收发计量产生的误差。有关会计处理为：

批准前，根据"存货盘盈盘亏报告表"，做会计分录如下：

借：原材料——主要材料（木材）　　　　　　　　　　3000
　　贷：待处理财产损溢——待处理流动资产损溢　　　　　　3000

经批准后，冲减管理费用。做会计分录如下：

借：待处理财产损溢——待处理流动资产损溢　　　　　3000
　　贷：管理费用　　　　　　　　　　　　　　　　　　　　3000

（2）存货盘亏和毁损的核算

盘亏和毁损的存货，在报经批准之前，应按实际成本借记"待处理财产损溢——待处理流动资产损溢"账户，贷记"原材料"等存货账户。报经批准后，再根据造成盘亏和毁损的原因，分为以下情况进行处理：

1）属于定额内的损耗，计入"采购保管费"账户。

2）属于计量误差和管理不善等原因造成的短缺或毁损，能确定过失人的，应由过失人赔偿，计入"其他应收款"账户。全部损失扣除残料价值、过失人赔偿后的净损失，计入"管理费用"账户（如果是工地仓库发生的计入"工程施工——间接费用"账户）。

3）属于自然灾害或意外事故造成的存货毁损，属于保险责任范围的，应向保险公司索赔，计入"其他应收款"账户。全部损失扣除保险赔款后的净损失，计入"营业外支出"账户。

【例 6-25】 经清查，工地仓库毁损水泥一批，成本为 16000 元。经查实，除 1000 元属于定额内损耗外，其余为长期积压所致。有关会计处理为：

批准前，根据"存货盘盈盘亏报告表"，做会计分录如下：

借：待处理财产损溢——待处理流动资产损溢　　　　　16000
　　贷：原材料——主要材料（水泥）　　　　　　　　　16000

批准后，做会计分录如下：

借：采购保管费　　　　　　　　　　　　　　　　　　1000
　　工程施工——间接费用　　　　　　　　　　　　　15000
　　贷：待处理财产损溢——待处理流动资产损溢　　　16000

6.6.2 存货的期末计价

1. 存货的期末计价方法

由于市价下跌以及陈旧、过时、毁损等原因，已入账的存货可能发生减值。如果在会计期末仍然按历史成本计价，就会虚夸资产，导致会计信息失真。因此，资产负债表日，存货应当按成本与可变现净值孰低计量，即当期末可变现净值低于成本时，按可变现净值计量；当成本低于可变现净值时，按成本计量。

存货的成本就是期末存货的账面余额，可以根据存货的日常核算确定。可变现净值，是指企业在日常经营活动中，以存货的估计售价减去至完工时估计将要发生的成本、估计的销售费用以及相关税费后的金额。根据存货的用途不同，可变现净值有两种确定方法：

（1）直接用于销售的存货：

可变现净值＝存货的估计售价－估计的销售费用及相关税金

（2）需要继续加工的存货，包括用于生产的材料、半成品、低值易耗品等：

可变现净值＝存货的估计售价－至完工估计将要发生的成本－估计的销售费用及相关税金

2. 存货成本与可变现净值比较的方法

采用"成本与可变现净值孰低法"对期末存货计价时，要将成本与可变现净值进行比较，比较的方法一般有下列两种：

单项比较法，是指将每一种存货的成本与其可变现净值逐项进行比较，每项存货均取较低者来确定存货期末价值。

分类比较法，指将每类存货的成本与其可变现净值进行比较，每类存货取二者中的较低者来确定存货的期末价值。

【例 6-26】 企业有 A、B、C、D 四种材料，按其性质的不同分为甲、乙两大类，各种材料的成本与可变现净值已经确定。按上述比较方法确定的材料期末价值如表 6-13 所示。

期末材料成本与可变现净值比较表 表 6-13

2012 年 12 月 31 日 单位：元

项 目	成本	可变现净值	单项比较法	分类比较法
甲类材料	162000	168000		162000
A 材料	90000	98000	90000	
B 材料	72000	70000	70000	
乙类材料	114000	112000		112000
C 材料	54000	50000	50000	
D 材料	60000	62000	60000	
总 计	276000	280000	270000	274000

按《企业会计准则第 1 号——存货》规定，存货跌价准备应按单个存货项目的成本与可变现净值比较后计提。对于数量繁多、单价较低的存货，也可以按存货类别计算成本与可变现净值进行比较来确定。

3. 成本与可变现净值孰低法的会计处理

（1）账户设置

1）"存货跌价准备"账户。为了核算存货可变现净值低于成本时提取的跌价准备，应设置"存货跌价准备"账户。其贷方登记计提的跌价准备，借方登记已计提跌价准备的存货价值得以回升时冲回的跌价准备以及存货出售、报废等转销的跌价准备，期末贷方余额表示已提取的存货跌价准备。

2）"资产减值损失"账户。为了核算企业由于资产减值而造成的损失，应设置"资产减值损失"账户。存货跌价损失属于资产减值的一种，应在"资产减值损失"账户下设置"计提的存货跌价准备"明细账核算存货跌价造成的损失。其借方登记计提的跌价损失，贷方登记资产价值回升时冲回的跌价损失以及期末结转入本年利润账户的跌价损失金额。

（2）账务处理

企业通过单项比较法或分类比较法确定了存货的期末价值后，应视具体情况进行账务处理。

1）如果企业首次计提存货跌价损失，当期末存货的可变现净值高于成本时，仍然按成本反映，不需做账务处理；当期末存货的可变现净值低于成本时，应当确认存货跌价损失，并计提存货跌价准备。借记"资产减值损失——计提的存货跌价准备"科目，贷记"存货跌价准备"科目。

【例 6-27】 某施工企业采用成本与可变现净值孰低法进行期末存货计量，并于 2010 年末首次计提存货跌价准备。2010 年末存货的账面成本为 450000 元，可变现净值为 420000 元。有关的会计处理为：

2010 年末，应计提的存货跌价准备为 450000－420000＝30000（元）。做会计分录如下：

借：资产减值损失——计提的存货跌价准备 30000

 贷：存货跌价准备 30000

2）以后各年计提存货跌价准备时，要考虑计提前"存货跌价准备"账户的余额。

上式计算结果如果是正数，即按计算结果继续计提存货跌价准备，借记"资产减值损失——计提的存货跌价准备"科目，贷记"存货跌价准备"科目；如果计算结果为负数，即说明存货价值回升，借记"存货跌价准备"科目，贷记"资产减值损失——计提的存货跌价准备"科目。

【例 6-28】 续例 6-27，该施工企业 2011 年 6 月 30 日存货的账面成本为 445000 元，可变现净值为 405000 元；2011 年年末存货的账面成本为 460000 元，可变现净值为 440000 元。有关的会计处理为：

2011 年 6 月 30 日，存货的跌价损失为 445000－405000＝40000（元）

应计提的存货跌价准备为 40000－30000＝10000（元）。做会计分录如下：

借：资产减值损失——计提的存货跌价准备　　　　　　10000
　　贷：存货跌价准备　　　　　　　　　　　　　　　　10000

2011 年年末，存货的跌价损失为 460000－440000＝20000（元）

应计提的存货跌价准备为 20000－（30000＋10000）＝－20000（元）。做会计分录如下：

借：存货跌价准备　　　　　　　　　　　　　　　　　20000
　　贷：资产减值损失——计提的存货跌价准备　　　　　20000

3）期末，若已计提跌价准备存货的可变现净值等于或高于其成本时，则应将已计提的存货跌价准备全部转销，转销的金额以"存货跌价准备"账户的余额冲减至零为限，使得期末存货的价值以其实际成本反映。

【例 6-29】 续例 6-28，该施工企业 2012 年 6 月 30 日存货的账面成本为 420000 元，可变现净值为 450000 元。有关的会计处理为：

2012 年 6 月 30 日，存货的可变现净值高于成本 30000 元，此时应将"存货跌价准备"账户的余额冲减至零，使期末存货价值按其实际成本反映。其会计分录为：

借：存货跌价准备　　　　　　　　　　　　　　　　　20000
　　贷：资产减值损失——计提的存货跌价准备　　　　　20000

本 章 小 结

存货，是指企业在日常活动中持有的以备出售的产成品或商品、处在生产过程中的在产品、在生产过程或提供劳务过程中耗用的材料和物料等。施工企业的存货主要包括各类材料、低值易耗品、周转材料、未完施工、尚未办理结算的已完工程以及附属辅助生产单位的在产品、产成品等。

施工企业材料的采购成本主要包括买价、运杂费和采购保管费。其中：买价、运杂费属于直接费用，应直接计入材料采购成本。采购保管费属于共同性费用，应先通过"采购保管费"账户归集，月终再分配计入各种材料的采购成本中。需要强调的是，施工企业外购材料进行施工生产经营活动时，支付的增值税直接记入材料成本。但施工企业从事增值税一般纳税人经营业务的除外。

材料的核算方法有按实际成本核算和按计划成本核算两种。材料按实际成本核算时，购入原材料的买价和运杂费直接计入"原材料"账户，采购保管费直接分配给用料对象；发出材料时，可以选用先进先出法、加权平均法和个别计价法等确定发出材料的实际成本。

委托加工材料的成本包括：（1）耗用原材料的实际成本；（2）支付的加工费和税金；（3）发生的往返运杂费等。对于建设单位拨入抵作备料款的材料，应视同外购材料同建设单位办理价款结算。自制材料的实际成本包括加工制作过程中耗用的材料物资的实际成本以及制作过程中发生的其他费用。回收的残次料通过"原材料——其他材料"账户核算。施工现场回收的残次料冲减工程成本，仓库回收的残次料冲减采购保管费。

周转材料是指能在施工生产过程中多次使用，基本保持其原有的物质形态，起着劳动资料作用的材料。周转材料的摊销方法有一次转销法、分期摊销法、分次摊销法和定额摊销法四种。周转材料除一次转销法外，都应在其总分类账户下设置"在库"、"在用"、"摊销"明细账。

存货清查通常采用实地盘点的方法，即通过盘点确定各种存货的实际库存数，并与账面数核对，核实盘盈、盘亏和毁损的数量，查明原因，编制"存货盘盈盘亏报告表"，报经有关部门批准后，在期末结账前处理完毕。

资产负债表日，存货应当按成本与可变现净值孰低计量，即当期末可变现净值低于成本时，按可变现净值计量；当成本低于可变现净值时，按成本计量。对存货成本高于可变现净值的差额，应计提存货跌价准备；若已计提跌价准备存货的可变现净值等于或高于其成本时，则应将已计提的存货跌价准备全部转销，转销的金额以"存货跌价准备"账户的余额冲减至零为限，使得期末存货的价值以其实际成本反映。

思　考　题

1. 施工企业的材料包括哪些内容？
2. 材料的采购成本包括哪些内容？施工企业采购材料支付的增值税应如何处理？
3. 材料采用实际成本核算应设置哪些账户？各账户的核算内容与结构如何？
4. 材料按实际成本计价时，发出材料的计价方法有几种？
5. 周转材料的摊销方法有几种？如何进行周转材料的核算？
6. 为什么在年末或工程竣工时，要对在用周转材料的摊销额进行调整？
7. 存货的盘盈、盘亏各如何核算？
8. 存货期末采用什么计价方法？如何核算？

习　　题

1. 练习材料购进按实际成本计价的核算。

资料：

(1) 某建筑施工企业 2012 年 8 月份材料有关账户月初余额见表 6-14。

表 6-14

单位：元

总分类账	明细分类账		借方余额	贷方余额
原材料	主要材料	木材	30000	
		硅酸盐	232400	
		黑色金属	165000	
	结构件		25000	
	机械配件		8000	
	其他材料		2300	
小　计			462700	
在途物资	主要材料—硅酸盐（砂子 450m³）		23113	
应付账款	暂估应付账款（黄河水泥厂 32.5 级）			35000

提示：水泥、硅酸盐砌块、砂子、石子都是硅酸盐类材料。

(2) 2012 年 8 月份发生如下经济业务：

1) 1 日，冲销上月末已验收入库，但发票账单尚未到达的从黄河水泥厂购进 100 吨 32.5 级水泥暂估入账的记录，其金额为 35000 元。

2) 3 日，从长江钢铁公司购入 $\phi20$ 圆钢 10 吨，增值税专用发票注明买价 48000 元，增值税 8160 元，厂家代垫运费 3980 元，材料已验收入库，以银行存款付讫。

3) 4 日，上月已付款的红河采砂厂 450m³ 砂子到货，验收入库。

4) 7 日，从木材公司购进木材 30m³，增值税专用发票注明买价 36000 元，增值税 6120 元，运杂费 2500 元，款项已通过银行付讫，但材料尚未到达。

5) 10 日，收到黄河水泥厂 100 吨 32.5 级水泥的发票账单，其中买价 28000 元，增值税 4760 元，运杂费 2300 元，以银行存款付讫。

6) 13 日，从大同水泥厂购进 32.5 级水泥 100 吨，增值税专用发票注明买价 29000 元，增值税 4930 元，42.5 级水泥 50 吨，买价 17000 元，增值税 2890 元，厂家代垫运费 5000 元，材料已验收入库，货款签发商业汇票支付。

7) 18 日，从水泥厂购硅酸盐砌块 60 千块，增值税专用发票注明买价 60000 元，增值税 10200 元。委托市通达运输公司运输，运杂费 3000 元，货款及运杂费已通过银行付讫，材料尚未到达。

8) 20 日，从水泥制品厂购入的硅酸盐砌块到货，验收入库时发现短缺 6 千块，应由通达运输公司赔偿。其余 54 千块已验收入库。

9) 21 日，从黄河水泥厂购进 42.5 级水泥 50 吨，增值税专用发票注明买价 16500 元，增值税 2805 元，运杂费 1750 元，货款已付，材料尚未到达。

10) 22 日，从木材公司购进的木材 30m³ 到货并验收入库。

11) 28 日，向长城塑钢门窗厂购进塑钢门窗一批，材料已到，但发票账单尚未到达，货款尚未支付。月末按计划价格 65000 元暂估入账。

要求：

(1) 根据资料 (1) 设置"在途物资明细账"和"原材料明细账"（设 T 型账）。

(2) 根据资料 (2) 编制会计分录。

(3) 根据会计分录登记上述有关明细账（不需结账）。

2. 练习材料按实际成本计价时，发出材料实际成本的确定以及材料明细账的登记方法。

资料：某建筑施工企业 2012 年 8 月份 $\phi20$ 螺纹钢的收发、结存情况见表 6-15

表 6-15

2012年		摘 要	入 库		发出数量	结存数量
月	日		数量（吨）	单价（元）	（吨）	（吨）
8	1	期初结存				8（单价 4150）
	3	购进	6	4200		14
	8	发出			12	2
	20	购进	8	4300		10
	22	发出			8	2
	28	购进	10	4400		12
	31	发出			10	2

要求：根据以上资料，用先进先出法、全月一次加权平均法及移动加权平均法分别计算登记 $\phi20$ 螺纹钢的材料明细账，并结出月末余额。

3. 练习材料按实际成本计价时，发出材料的核算。

资料：

（1）2012 年 8 月 31 日，仓库转来本月材料领用单，具体内容见表 6-16

表 6-16

领料对象		教学楼工程	行政楼工程	施工机械作业	施工管理部门	合计
32.5 级水泥	数量（吨）	100	60		5	165
	金额（元）	34500	20700		1725	56925
硅酸盐砌块	数量（千块）	15	20			35
	金额（元）	33000	44000			77000
砂子	数量（m³）	250	200			450
	金额（元）	10300	8240			18540
φ20 圆钢	数量（吨）	12	6			18
	金额（元）	51000	25500			76500
木材 20m³	数量（m³）	20	15			35
	金额（元）	22000	16500			38500
机械配件	金额（元）			3500		3500
其他材料	金额（元）				1000	1000
合 计	金额（元）	150800	114940	3500	2725	271965

（2）"采购保管费"账户月初余额 7920.70 元，本月发生额 7500 元。

要求：

（1）根据资料（1）编制"发出材料汇总表"。

（2）根据资料（2）并结合习题 1 本月购料情况，计算采购保管费分配率及各用料对象分配的采购保管费，填入"发出材料汇总表"。

（3）根据"发出材料汇总表"编制会计分录，并登记入习题 1 所设的材料明细分类账中，结出余额。

4. 练习材料其他收发业务的核算。

资料：某施工企业 2012 年 8 月份发生如下经济业务：

（1）1 日，发出 Φ16 钢筋 4 吨，成本 17050 元，委托晋峰加工厂加工钢结构件。

（2）25 日，收到晋峰加工厂加工钢结构件 3500 元的加工费结算单和 450 元的往返运费结算单，以银行存款支付。

（3）26 日，委托晋峰加工厂加工的钢结构件验收入库，结转其实际成本。

（4）30 日，企业承建的宿舍工程已竣工验收。清理施工现场时，回收水泥包装袋价值 200 元，回收废旧钢材价值 3000 元，已验收入库。

要求：根据以上资料编制会计分录。

5. 练习周转材料的核算。

资料：某建筑公司周转材料的日常收发按实际成本核算，2012 年发生以下经济业务

（1）3 月 1 日，教学楼工程从仓库领用全新钢模板一批，成本 45000 元。实训楼工程领用全新架料一批，成本 56000 元。

（2）钢模板采用定额摊销法，3月末统计本月完成混凝土构件100m³，混凝土构件的钢模摊销定额为40元/m³；架料采用分期摊销法，预计使用24个月，估计残值率10%，计算本月在用周转材料摊销额。

（3）9月30日，钢模累计已提摊销16500元，因教学楼工程已不再需用钢模，决定转移到实训楼工程继续使用。经盘点估计成色六成新。

（4）年终盘点，发现实训楼工程领用的上述架料报废一批，成本5000元，回收残值估价600元入库。

要求：根据上述资料编制会计分录。

6. 练习材料的清查和期末计价的核算。

资料：

（1）某建筑公司2012年12月份发生如下经济业务

1）25日，年终清查中盘盈Φ20mm圆钢0.2吨，市场价为5300元/吨；盘亏1830×915×14（mm）型号的模板28张，价值1120元，因受潮无使用价值的32.5级水泥6吨，价值1800元。

2）31日，年终清查中发现的上述问题，经有关部门批准后作如下处理：盘盈的Φ20mm圆钢冲减管理费用；盘亏模板系意外事故所致，根据保险合同应由保险公司赔偿500元，其余列作营业外支出；报废的6吨水泥系管理不善所致，计入管理费用。

（2）某施工企业采用成本与可变现净值孰低法进行期末存货计量，并于2010年末首次计提存货跌价准备。2010年末存货的账面成本为230000元，可变现净值为220000元；2011年6月30日存货的账面成本为320000元，可变现净值为310000元；2011年年末存货的账面成本为280000元，可变现净值为265000元；2012年6月30日存货的账面成本为330000元，可变现净值为350000元。

要求：根据上述资料编制会计分录。

7 非流动资产

本 章 提 要

本章主要阐述了固定资产、无形资产、临时设施等长期资产的核算方法。通过学习，要求掌握固定资产取得、折旧、后续支出与处置的核算，无形资产取得与摊销的核算，临时设施搭建、摊销、维修与拆除报废的核算。

7.1 固定资产概述

7.1.1 固定资产的概念及特征

固定资产是指为生产商品、提供劳务、出租或经营管理而持有的，使用寿命超过一个会计年度的有形资产。

从固定资产的定义看，它应具有如下三个基本特征：

(1) 企业持有固定资产的目的是为了生产商品、提供劳务、出租或经营管理，而不是为了对外出售。该特征是区别固定资产与存货等流动资产的重要标志。其中"出租"的固定资产，不包括以经营租赁方式出租的建筑物。以经营租赁方式出租的建筑物属于投资性房地产。

(2) 固定资产的使用寿命超过一个会计年度。该特征表明固定资产属于长期资产，多次参加生产经营过程，其价值不应一次转移，而是随着使用逐渐通过折旧将其损耗价值转作成本、费用。

(3) 固定资产为有形资产。该特征是固定资产区别于无形资产的主要标志。

7.1.2 固定资产的确认

符合固定资产概念的有形资产还要满足以下两个条件，才能确认为固定资产进行核算。

1. 与该固定资产有关的经济利益很可能流入企业

资产最基本的特征是预期能给企业带来经济利益，不能给企业带来经济利益的就不能确认为企业的资产。对固定资产的确认也是这样，如果某一固定资产预期不能给企业带来经济利益，就不能确认为企业的固定资产。在实务中，判断固定资产包含的经济利益是否可能流入企业，主要依据与该固定资产所有权相关的风险和报酬是否转移给了企业。其中，与固定资产所有权相关的风险，是指由于经营情况变化造成的相关收益的变动，以及由于资产闲置、技术陈旧等原因造成的损失；与固定资产所有权相关的报酬，是指在固定资产使用寿命内直接使用该资产而获得的收入以及处置该资产所实现的利得等。

通常，取得固定资产的所有权是判断与固定资产所有权相关的风险和报酬转移给了企业的一个重要标志。但是，有些固定资产的所有权虽然不属于企业，比如，融资租入固定资产，虽然企业不拥有该固定资产的所有权，但与该固定资产所有权相关的风险和报酬实质上已转移到了企业，企业能够控制该固定资产所包含的经济利益，因此，符合固定资产确认的第一个条件。另外，企业购置的环保设备和安全设备等资产，它们的使用虽然不能直接为企业带来经济利益，但有助于企业从相关资产中获得经济利益，或将减少企业未来经济利益的流出，因此对于这些设备，企业应将其确认为固定资产。

2. 该固定资产的成本能够可靠地计量

成本能够可靠地计量是资产确认的一项基本条件。固定资产作为企业资产的重要组成部分，如果其取得的成本能够可靠地计量，并同时满足其他确认条件，就可以确认为企业的固定资产；否则不应确认为企业的固定资产。

在实务中，对于固定资产进行确认时，还需要注意以下几个问题：

一是，企业在确定固定资产成本时，有时需要根据所获得的最新资料进行合理的估计。比如，企业对于已达到预定可使用状态的固定资产，在尚未办理竣工决算前，需要根据工程预算、工程造价或者工程实际发生的成本等资料，按暂估价值确定固定资产的成本，待办理了竣工决算后，再按实际成本调整。

二是，如果固定资产的各组成部分具有不同使用寿命或者以不同方式为企业提供经济利益，应适用不同折旧率或折旧方法，分别将各组成部分确认为单项固定资产。

7.1.3 固定资产的分类

按经济用途和使用情况，可将企业的固定资产分为以下七大类：

（1）生产经营用固定资产。指直接服务于生产经营过程的各种固定资产，如施工生产单位和行政管理部门使用的房屋建筑物、施工机械、钢模（按固定资产管理的固定钢模和现场大型钢模板）、运输设备、生产设备、仪器，试验设备以及不属于前述各类的其他生产用固定资产。

（2）非生产用固定资产。指不直接服务于生产经营过程的各种固定资产，如职工宿舍、食堂、浴室、理发室等使用的房屋、设备等固定资产。

（3）租出固定资产。指在经营租赁方式下，出租给外单位使用的固定资产（不包括以经营租赁方式出租的建筑物）。

（4）未使用固定资产。

（5）不需用固定资产。

（6）土地。指过去已经估价单独入账的土地。因征地而支付的补偿费应计入与土地有关的房屋、建筑物的价值内，不单独作为土地价值入账。企业取得的土地使用权，应作为无形资产管理，不作为固定资产管理。

（7）融资租入固定资产。指企业以融资租赁方式租入的固定资产。在租赁期内，应视同自有固定资产进行管理。

7.1.4 固定资产的计价

1. 按历史成本计价

固定资产的历史成本也称原始价值，是指购建某项固定资产达到可使用状态前发生的一切合理、必要的支出。按照这种计价方法确定的价值，均是实际发生并有支付凭据的支出，具有客观性和可验证性。企业购建固定资产初始计量时采用这种方法计价。

2. 按净值计价

固定资产净值也称折余价值，是指固定资产原始价值减去已提折旧后的净额。它可以反映企业实际占用在固定资产上的资金数额和固定资产的新旧程度。

3. 按现值计价

在现值计量下，固定资产按照预计从其持续使用和最终处置中所产生的未来净现金流入量的折现金额计量。

4. 按公允价值计价

在公允价值计量下，固定资产按照在公平交易中，熟悉情况的交易双方自愿进行资产交换的金额计量。

7.2 固定资产取得的核算

固定资产取得的来源渠道包括购入、自行建造、投资者投入、融资租入等，企业应当分别不同来源进行核算。固定资产的初始计量是指固定资产初始成本的确定。固定资产初始成本，是指企业购建某项固定资产达到预定可使用状态前所发生的一切合理、必要的支出。固定资产取得方式不同，初始计量方法也各不相同。

为了总括核算和监督固定资产的增减变动和实有情况，一般通过"固定资产"账户核算，该账户是资产类账户，其借方反映增加固定资产的原始价值，贷方反映减少固定资产的原始价值，余额在借方，表示现有固定资产的原始价值。

7.2.1 购入固定资产

外购固定资产的初始成本包括买价、增值税、进口关税等相关税费，以及为使固定资产达到预定可使用状态前所发生的可直接归属于该资产的其他支出，如运输费、装卸费、安装费和专业人员服务费等。企业购入的固定资产，按购入后是否可以直接使用，分为"不需要安装"和"需要安装"两种情况进行核算。

1. 购入不需要安装的固定资产

购入不需要安装的固定资产，按实际发生的全部支出直接作为固定资产入账。借记"固定资产"账户，贷记"银行存款"等账户。

【例7-1】 盛达建筑公司×项目部购入载重汽车一辆，买价150000元，增值税25500元,保险费、运杂费等7000元，货款及费用已通过银行付清，汽车已交运输队使用。根据有关凭证，做会计分录如下：

借：固定资产——生产经营用固定资产　　　　182500
　　贷：银行存款　　　　　　　　　　　　　　　182500

【例7-2】 盛达建筑公司×项目部购入旧机动翻斗车一辆，原单位账面原价80000元，已提折旧15000元，经协商作价50000元，支付增值税8500元，发生运杂费1000元，款项均以银行存款支付，设备已经交付使用。企业应做会计分录如下：

借：固定资产——生产经营用固定资产　　　　59500
　　贷：银行存款　　　　　　　　　　　　　　　59500

2. 购入需要安装的固定资产

购入需要安装的固定资产，在安装完毕前不能作为固定资产入账，其发生的各项费用先通过"在建工程"账户核算，待固定资产安装完毕后再转作固定资产。

"在建工程"账户，用以核算企业进行各种在建工程（包括新建工程、改建工程、扩建工程和购入需要安装固定资产的安装工程等）所发生的实际支出。其借方登记企业进行各种在建工程所发生的实际支出，贷方登记已完工交付使用的工程的实际成本，期末借方余额表示尚未完工的在建工程发生的实际支出。该账户应设置"建筑工程"、"安装工程"、"改建工程"和"其他支出"等明细账户，进行明细核算。

【例 7-3】 盛达建筑公司×项目部从其他单位购入需要安装的旧机械设备一台，原单位账面原价为 86000 元，已提折旧为 20000 元，经协商作价 56000 元，支付增值税 9520 元，发生运杂费 3000 元，均以银行存款支付。购入后发生安装费用 3300 元，其中：领用材料的成本为 2100 元，应付安装人员的工资 1200 元。设备已安装完毕，交付使用。其账务处理如下：

（1）购入时，做会计分录如下：

借：在建工程——安装工程　　　　　　　　　　68520
　　贷：银行存款　　　　　　　　　　　　　　　　68520

（2）发生安装费用时，做会计分录如下：

借：在建工程——安装工程　　　　　　　　　　3300
　　贷：原材料　　　　　　　　　　　　　　　　　2100
　　　　应付职工薪酬　　　　　　　　　　　　　　1200

（3）安装完毕交付使用时，做会计分录如下：

借：固定资产——生产用固定资产　　　　　　　71820
　　贷：在建工程——安装工程　　　　　　　　　　71820

另外，购买固定资产的价款超过正常信用条件延期支付时，实质上具有了融资的性质。应按购买价款的现值，借记"固定资产"账户，按照应支付的金额，贷记"长期应付款"账户，实际支付价款与购买价款之差额，借记"未确认融资费用"，未确认融资费用按照实际利率法摊销。摊销金额除满足借款费用资本化条件应当计入固定资产成本外，均应当在信用期间内确认为财务费用，计入当期损益。

【例 7-4】 盛达建筑公司×项目部 2010 年 1 月 1 日从大华公司购入施工机械，该机械已收到。购货合同约定，施工机械的总价款为 1000 万元，分 3 年支付，2010 年 12 月 31 日支付 500 万元，2011 年 12 月 31 日支付 300 万元，2012 年 12 月 31 日支付 200 万元。假定盛达建筑公司×项目部 3 年期银行借款年利率为 6%，以其作为折现率。相关会计处理如下：

（1）2010 年 1 月 1 日，计算总价款的现值作为固定资产入账价值

总价现值＝$500/(1+6\%)+300/(1+6\%)^2+200/(1+6\%)^3=906.62$（万元）

总价款与现值的差额 93.38 万元（总价款 1000 万元－现值 906.62 万元）作为未确认融资费用。

2010 年 1 月 1 日编制会计分录为：

借：固定资产　　　　　　　　　　　　　　　9066200
　　未确认融资费用　　　　　　　　　　　　　933800
　　贷：长期应付款　　　　　　　　　　　　　10000000

（2）2010 年 12 月 31 日，支付货款和计算利息费用

支付货款

借：长期应付款　　　　　　　　　　　　　　5000000

　　贷：银行存款　　　　　　　　　　　　　　5000000

计算利息费用

利息费用＝本期期初应付本金余额×实际利率×期限

本期期末应付本金余额＝本期期初应付本金余额－本期归还的本金

本期归还的本金＝本期还款额－本期偿还利息费用

借：财务费用（9066200×6％）　　　　　　　543900

　　贷：未确认融资费用　　　　　　　　　　　543900

未确认融资费用分摊表（实际利率法）——利息费用计算表（见表7-1）

表 7-1

单位：万元

日期	还款额（本＋息）	确认的融资费用（本期利息费用）	应付本金减少额（归还的本金）	应付本金余额
	①	②＝期初④×6％	③＝①－②	④＝期初④－③
2010.1.1				906.62
2010.12.31	500（本＋息）	54.39	445.61	461.01
2011.12.31	300（本＋息）	27.66	272.34	188.67 *
2012.12.31	200（本＋息）	11.33 *	188.67	0
合计	1000	93.38	906.62	

注：11.33 * 为尾数调整。

（3）2011 年 12 月 31 日，支付货款和计算利息费用

支付货款

借：长期应付款　　　　　　　　　　　　　　3000000

　　贷：银行存款　　　　　　　　　　　　　　3000000

计算利息费用

借：财务费用　　　　　　　　　　　　　　　276600

　　贷：未确认融资费用　　　　　　　　　　　276600

（4）2012 年 12 月 31 日，支付货款和计算利息费用

支付货款

借：长期应付款　　　　　　　　　　　　　　2000000

　　贷：银行存款　　　　　　　　　　　　　　2000000

计算利息费用

借：财务费用　　　　　　　　　　　　　　　113300

　　贷：未确认融资费用　　　　　　　　　　　113300

7.2.2　自行建造固定资产

自行建造的固定资产，按建造该项资产达到预定可使用状态前所发生的必要支出作为

初始成本入账。

　　企业自建固定资产可采用自营和出包两种方式进行。无论是自营方式还是出包方式，建造过程中的费用支出都应通过"在建工程"账户核算。待建造完成交付使用后，再将其实际成本转为固定资产。

　　企业为在建工程购入的各种物资的实际成本，通过"工程物资"账户核算。该账户用以核算为在建工程准备的各种物资的实际成本。其借方登记企业购入物资的实际成本，贷方登记在建工程领用物资的实际成本以及完工后对外出售或转作存货的剩余物资的实际成本，期末借方余额表示尚未使用的工程物资的实际成本。

　　【例 7-5】　盛达建筑公司×项目部为自行建造固定资产，购入专用设备一批，发票价 100000 元，增值税 17000 元，款已付讫。建造固定资产采用自营方式进行。领用前述购入的设备 117000 元，同时还领用库存原材料 51000 元，应付工程人员工资 18000 元，企业的辅助生产部门为该项工程提供劳务共计费用 8000 元。工程已完工验收，交付使用。企业的会计处理为：

　　（1）购入工程物资时，做会计分录如下：

借：工程物资　　　　　　　　　　　　　　　　117000
　　贷：银行存款　　　　　　　　　　　　　　　　117000

　　（2）自建工程发生支出时，做会计分录如下：

借：在建工程—建筑工程　　　　　　　　　　　194000
　　贷：工程物资　　　　　　　　　　　　　　　　117000
　　　　原材料　　　　　　　　　　　　　　　　　51000
　　　　应付职工薪酬　　　　　　　　　　　　　　18000
　　　　生产成本—辅助生产成本　　　　　　　　　8000

　　（3）完工验收，交付使用时，做会计分录如下：

借：固定资产　　　　　　　　　　　　　　　　194000
　　贷：在建工程　　　　　　　　　　　　　　　　194000

　　【例 7-6】　盛达建筑公司×项目部新建宿舍楼一幢，出包给所属独立核算的一分公司施工。开工前预付工程款 100 万元，工程完工决算后，结算工程款 320 万，同时以银行存款补付工程款 220 万元，工程经验收合格，已交付使用。企业应作如下会计处理：

　　（1）预付工程款时，做会计分录如下：

借：预付账款　　　　　　　　　　　　　　　1000000
　　贷：银行存款　　　　　　　　　　　　　　　1000000

　　（2）结算和补付工程款时，做会计分录如下：

借：在建工程　　　　　　　　　　　　　　　3200000
　　贷：预付账款　　　　　　　　　　　　　　　1000000
　　　　银行存款　　　　　　　　　　　　　　　2200000

　　（3）验收合格后，做会计分录如下：

借：固定资产　　　　　　　　　　　　　　　3200000
　　贷：在建工程　　　　　　　　　　　　　　　3200000

7.2.3　投资者投入的固定资产

投资者投入的固定资产初始成本，按投资合同或协议约定的价值入账（但投资合同或协议约定的价值不公允的除外），借记"固定资产"账户，贷记"实收资本（或股本）"账户。

【例 7-7】　盛达建筑公司×项目部收到联营单位投入的设备一台，该设备在联营单位的账面原价为 500000 元，已提折旧 200000 元，双方确认的价值为 360000 元（公允价），按投资合同或协议约定的其在注册资本中所占的份额也为 360000，设备已经交付使用。企业应作如下会计分录：

```
借：固定资产              360000
    贷：实收资本                     360000
```

如果上例中，双方确认的价值不公允。固定资产的公允价值应为 400000 元，企业应作如下会计分录：

```
借：固定资产              400000
    贷：实收资本                     360000
        资本公积——资本溢价            40000
```

7.2.4　融资租入的固定资产

融资租赁是指实质上转移了与资产所有权有关的全部风险和报酬的租赁。满足以下一项或数项标准的租赁，应当认定为融资租赁：

（1）在租赁期届满时，租赁资产的所有权转移给承租人。

（2）承租人有购买租赁资产的选择权，所订立的购价预计将远低于行使选择权时租赁资产的公允价值，因而在租赁开始日就可以合理确定承租人将会行使这种选择权。

（3）即使资产的所有权不转移，但租赁期占租赁资产使用年限的大部分（通常为租赁期占租赁开始日租赁资产使用年限的 75% 及以上）。但是，如果租赁资产在开始租赁前已使用年限超过该资产全新时可使用年限的大部分，则该条标准不适用。

（4）就承租人而言，租赁开始日最低租赁付款额的现值几乎相当于租赁开始日租赁资产公允价值（通常为最低租赁付款额现值占租赁资产公允价值的 90% 及以上）。但是，如果租赁资产在开始租赁前已使用年限超过该资产全新时可使用年限的大部分，则该条标准不适用。

（5）租赁资产性质特殊，如果不作较大调整，只有承租人才能使用。

融资租入的固定资产视同自有固定资产进行核算。融资租赁租入的固定资产，应将租赁开始日租赁资产公允价值与最低租赁付款额的现值两者中较低者作为租入资产的入账价值。最低租赁付款额，是指在租赁期内，企业应支付或可能被要求支付的各种款项加上由企业或与其有关的第三方担保的资产余值。

区别于企业其他自有的固定资产，企业应当在"固定资产"账户下单独设置"融资租入固定资产"明细账户核算融资租入的固定资产。企业在租赁开始日，按应计入固定资产成本的金额（租赁开始日租赁资产的公允价值与最低租赁付款额的现值两者中较低者，加上初始直接费用），借记"固定资产"或"在建工程"账户，按最低租赁付款额，贷记"长期应付款——应付融资租赁款"账户，按发生的初始直接费用，贷记"银行存款"等账户，按其差额，借记"未确认融资费用"账户。租赁期满，企业取得该项固定资产所有权的，应将该固定资产从"融资租入固定资产"明细账户转入有关明细账户。

未确认融资费用应当在租赁期内各个期间进行分摊。承租人应当采用实际利率法计算确认当期的融资费用。分摊时借记"在建工程"、"财务费用"等账户，贷记"未确认融资费用"账户。

【例 7-8】 盛达建筑公司×项目部向某租赁公司租入不需要安装的土方铲运机一台。该设备预计使用年限为 7 年，已使用 4 年。按照租赁协议，租赁期 3 年，起租日为 2010 年 1 月 1 日。企业每年年末支付租金 200000 元，年利率为 7%。2010 年 1 月 1 日，该设备的公允价值为 600000 元。预计租赁期届满时该设备的残余价值为 35000 元，其中盛达建筑公司×项目部担保余值为 30000 元。假定 2012 年 12 月 31 日盛达建筑公司×项目部取得该设备的所有权。

最低租赁付款额＝200000×3＋30000＝630000（元）

最低租赁付款额的现值＝200000×(P/A，7%，3)＋30000×(P/F，7%，3)

$\qquad$ ＝200000×2.6243＋30000×0.8163＝549349（元）

未确认融资费用＝630000－549349＝80651（元）

会计分录如下：

(1) 2010 年 1 月 1 日租入时：

借：固定资产——融资租入固定资产 $\qquad$ 549349

$\qquad$ 未确认融资费用 $\qquad$ 80651

$\qquad$ 贷：长期应付款 $\qquad$ 630000

(2) 2010 年 12 月 31 日的会计处理：

1) 支付租金

借：长期应付款——应付融资租赁款 $\qquad$ 200000

$\qquad$ 贷：银行存款 $\qquad$ 200000

2) 分摊融资费用（见表 7-2）：

未确认融资费用分摊表（实际利率法） 表 7-2

日 期	还款额（本＋息）①	本期利息费用 ②＝期初④×7%	应付本金减少额 ③＝①－②	应付本金余额 ④＝期初④－③
2010.1.1				549349
2010.12.31	200000	38454	161546	387803
2011.12.31	200000	27146	172854	214949
2012.12.31	200000	15051*②	184949*①	30000
合 计	600000	80651	519349	—

注：＊为尾数调整。

$\qquad$ 184949*①＝214949－30000

$\qquad$ 15051*②＝200000－184949*①

借：财务费用 $\qquad$ 38454

$\qquad$ 贷：未确认融资费用 $\qquad$ 38454

2011 年和 2012 年支付租金、分摊融资费用的账务处理比照 2010 年进行。

（3）2012 年 12 月 31 日租赁期届满时的会计处理：

1）支付担保余值

借：长期应付款   30000

    贷：银行存款   30000

2）结转设备所有权

借：固定资产——生产经营用固定资产   549349

    贷：固定资产——融资租入固定资产   549349

7.3　固定资产折旧的核算

7.3.1　固定资产折旧概述

固定资产折旧是指固定资产在使用寿命内损耗的价值。固定资产损耗的价值，应当在固定资产的有效使用年限内分摊计入各期成本，并从各期的经营收入中得到补偿。这个分摊固定资产成本的过程称为计提固定资产折旧。

企业计提固定资产折旧，是将固定资产应计提的折旧总额在固定资产的预计使用年限内合理分摊。某项固定资产应计提的折旧总额为固定资产的原始价值减去预计净残值后的余额。因此，企业在计算一定会计期间应计提的折旧额时，需要考虑以下因素：

（1）固定资产原值

固定资产原值是固定资产取得时的初始成本，是计提固定资产折旧的基数。

（2）预计净残值

预计净残值是指固定资产的预计残值收入扣除预计清理费用后的余额。其中，预计残值收入是指预计固定资产报废时可以收回的残余价值。由于它在固定资产的使用过程中并未被消耗，因此不应计入使用期的成本费用，在计算固定资产折旧时应予以扣除。预计清理费是指预计固定资产报废清理时发生的拆卸、搬运等费用，是使用固定资产的一种必要的追加耗费，应由固定资产使用期间的成本费用负担。

（3）预计使用年限

固定资产使用年限的长短直接影响到折旧率的高低，是影响各期应计折旧的重要因素。在确定固定资产使用年限时，应当考虑固定资产的预计生产能力、有形损耗和无形损耗等因素。

另外，按固定资产准则规定，企业至少应当于每年度终了，对固定资产使用寿命、预计净残值和折旧方法进行复核。因为：第一，在固定资产使用过程中，其所处的经济环境、技术环境以及其他环境有可能对固定资产使用寿命和预计净残值产生重大影响，例如，固定资产使用强度比正常情况大大增强或替代该项固定资产的新产品的出现，致使固定资产实际使用寿命缩短，预计净残值减少；第二，固定资产使用过程中所处经济环境、技术环境以及其他环境的变化也可能致使与固定资产有关的经济利益的预期实现方式发生重大变化，例如，某企业以前年度采用年限平均法计提固定资产折旧，此次年度复核中发现，与该固定资产相关的技术发生很大的变化，年限平均法已很难反映该项固定资产给企业带来经济利益的方式，企业决定将年限平均法改为加速折旧法。

固定资产使用寿命、预计净残值和折旧方法的改变应作为会计估计变更，按照会计估计变更的方法处理。

7.3.2 固定资产折旧的计算方法

折旧的计算方法，是指将固定资产应计提的折旧总额分摊于各受益期的方法。企业应当根据与固定资产有关的经济利益的预期实现方式，合理选择固定资产折旧方法。

企业可以采用的折旧方法包括年限平均法、工作量法、双倍余额递减法和年数总和法等。折旧方法一经选定，不得随意变更。

1. 年限平均法

年限平均法也称直线法，是将固定资产的应计折旧总额均衡地分摊到各期的一种方法。采用这种方法计算的每期折旧额相等，且计算简单，适用于各会计期间磨损程度基本相同的固定资产。其计算公式如下：

$$固定资产年折旧额 = \frac{固定资产原值 - 预计净残值}{预计使用年限}$$

在实际工作中，通常根据固定资产原值乘以折旧率来计算折旧额。折旧率是指一定时期内固定资产折旧额与固定资产原值的比率。其计算公式如下：

$$固定资产年折旧率 = \frac{固定资产年折旧额}{固定资产原值} \times 100\%$$

或

$$固定资产年折旧额 = \frac{1 - 预计净残值率}{预计使用年限}$$

$$月折旧率 = \frac{固定资产年折旧率}{12}$$

$$月折旧额 = 固定资产原值 \times 月折旧率$$

在实际工作中为了简化核算手续，企业一般采用分类折旧率计算固定资产的折旧额。分类折旧率是指按照固定资产的类别计算的折旧率。采用分类折旧率计提折旧，应先将固定资产按性质、结构和使用年限等进行分类，再按类计算折旧率，并以各类固定资产的原值与该类固定资产的折旧率相乘，计算各类固定资产的折旧额。

【例 7-9】 盛达建筑公司×项目部施工机械类固定资产的原值为 4 500 000 元，规定的折旧年限为 10 年，预计净残值率为 3%，则施工机械类固定资产的折旧额计算如下：

$$年折旧率 = \frac{1 - 3\%}{10} \times 100\% = 9.7\%$$

$$月折旧率 = \frac{9.7\%}{12} = 0.81\%$$

月折旧额 = 4500000 × 0.81% = 36450（元）

2. 工作量法

工作量法是根据固定资产在施工生产过程中实际完成的工作量计算折旧的一种方法。它一般适用于各期使用程度不均衡的大型机械和设备。其计算公式如下：

$$单位工作量应提折旧额 = \frac{固定资产原值 \times (1 - 预计净残值率)}{预计总工作量}$$

用于计提折旧的工作量有机器设备的工作小时、运输车辆的行驶里程、大型施工机械的工作台班等。

【例7-10】 盛达建筑公司×项目部的一台大型施工机械,原价200000元,预计净残值率为5%,在有效使用年限内预计能使用2000个台班,本月实际工作24个台班。则本月的折旧额计算如下:

$$每工作台班折旧额=\frac{200000\times(1-5\%)}{2000}=95（元）$$

本月应提折旧额=95×24=2280（元）

3. 双倍余额递减法

双倍余额递减法是指在不考虑固定资产净残值的情况下,以每年年初固定资产账面净值乘以双倍的直线折旧率计算固定资产折旧额的计算方法。其计算公式如下:

$$年折旧率=\frac{2}{折旧年限}\times100\%$$

年折旧额=年初固定资产账面净值×年折旧率

采用双倍余额递减法计提折旧的固定资产,应当在其固定资产折旧年限到期前两年内,将固定资产净值扣除预计净残值后的价值平均摊销,即在最后两年改为直线法计提折旧。其目的是保证固定资产在预计使用期内提足折旧。

【例7-11】 盛达建筑公司×项目部有蒸汽打桩机一台,其账面原价为50000元,预计净残值为2000元,规定的折旧年限为5年,采用双倍余额递减法计提折旧。各年的折旧额计算如下:

$$年折旧率=\frac{2}{5}\times100\%=40\%$$

第一年应提折旧额=50000×40%=20000(元)

第二年应提折旧额=(50000-20000)×40%=12000(元)

第三年应提折旧额=(50000-20000-12000)×40%=7200(元)

第四、五年应提折旧额=(50000-20000-12000-7200-2000)÷2=4400(元)

采用双倍余额递减法计提折旧,由于各年初固定资产净值逐年减少,所以各年的折旧额是递减的。

4. 年数总和法

年数总和法是将固定资产的原值扣除预计净残值后的余额,乘以一个逐年递减的分数(即折旧率)来计算各年折旧额的一种方法。这个分数的分子代表固定资产尚可使用的年数,分母代表使用年数逐年数字总和。计算公式为:

$$年折旧率=\frac{尚可使用年数}{预计使用年限的年数总和}\times100\%$$

$$=\frac{预计使用年限-已使用年数}{预计使用年限\times(预计使用年限+1)\div2}\times100\%$$

年折旧额=（固定资产原值-预计净残值）×年折旧率

【例7-12】 仍以前述双倍余额递减法中列举的资料,采用年数总和法计算各年的折旧额如下:

$$第一年应提折旧额=(50000-2000)\times\frac{5}{15}=16000(元)$$

第二年应提折旧额 $=(50000-2000)\times\dfrac{4}{15}=12800(元)$

第三年应提折旧额 $=(50000-2000)\times\dfrac{3}{15}=9600(元)$

第四年应提折旧额 $=(50000-2000)\times\dfrac{2}{15}=6400(元)$

第五年应提折旧额 $=(50000-2000)\times\dfrac{1}{15}=3200(元)$

采用年数总和法计提折旧，由于折旧率逐年降低，所以各年的折旧额也是递减的。

以上第三、四种方法为加速折旧法。加速折旧法具有在使用前期多提折旧，使用后期少提折旧的特点，其目的是使固定资产成本在估计耐用年限内尽快得到补偿。

7.3.3 计提折旧的范围

按照《企业会计准则第4号——固定资产》的规定，除以下情况外，企业应对所有固定资产计提折旧：

(1) 已提足折旧继续使用的固定资产。

(2) 按规定单独估价作为固定资产入账的土地。

施工企业应按月计提固定资产折旧。在计提折旧时，一律按固定资产的月初余额计提。当月增加的固定资产，当月不计提折旧，从下月起计提折旧；当月减少的固定资产，当月仍计提折旧，从下月起停止计提折旧。固定资产提足折旧后，不论是否继续使用，均不再计提折旧；提前报废的固定资产，也不再补提折旧，其净损失应计入企业的营业外支出。

7.3.4 计提折旧的会计处理

为了简化核算手续，企业各月计提的折旧额可以在上月折旧额的基础上，根据上月固定资产增减情况进行调整，计算出当月应计提的折旧额。其计算公式如下：

$$\text{本月应计提折旧额}=\text{上月计提的折旧额}+\text{上月增加固定资产应计提的折旧额}-\text{上月减少固定资产应计提的折旧额}$$

企业计提固定资产折旧通过"累计折旧"账户核算，该账户是固定资产账户的备抵调整账户，用以核算固定资产逐渐损耗的价值（即已提折旧额）。其贷方登记按月计提的折旧额，借方登记减少固定资产时转销的折旧额，期末贷方余额表示现有固定资产的累计折旧额。

计提固定资产折旧时，贷记"累计折旧"账户，借记有关成本费用账户。其中，企业所属各施工单位为组织和管理施工生产活动使用固定资产应负担的折旧费，计入"工程施工—间接费用"账户；企业使用施工机械应负担的折旧费，计入"机械作业"账户；企业经营其他业务使用固定资产应负担的折旧费，计入"其他业务成本"账户；企业所属非独立核算的辅助生产部门使用固定资产应负担的折旧费，计入"生产成本—辅助生产成本"账户；企业的材料供应部门和仓库使用固定资产应负担的折旧费，计入"采购保管费"账户；企业行政管理部门使用固定资产应负担的折旧费，计入"管理费用"账户。

在实际工作中，各月计提折旧的工作一般是由财会部门编制"固定资产折旧计算表"来完成的。"固定资产折旧计算表"的一般格式如表7-3所示。

固定资产折旧计算表 表 7-3

2012 年 8 月

固定资产项目	折旧率	上月数		上月增加		上月减少		本月数		费用分配对象
		原值	折旧额	原值	折旧额	原值	折旧额	原值	折旧额	
房屋建筑物	0.25%	1400000	3500					1400000	3500	管理费用
施工机械	0.65%	980000	6370	60000	390	40000	260	1000000	6500	机械作业
运输设备	1%	100000	1000					100000	1000	机械作业
其他设备	0.5%	400000	2000					400000	2000	辅助生产
仪器及试验设备	0.5%	200000	1000					200000	1000	施工间接费用
合计		3080000	13870	60000	390	40000	260	3100000	14000	

【例 7-13】 盛达建筑公司×项目部 2012 年 8 月份各类固定资产应计提折旧额如表 7-3 所示，据以编制会计分录如下：

借：管理费用　　　　　　　　　　　　　　　　3500
　　机械作业　　　　　　　　　　　　　　　　7500
　　生产成本—辅助生产　　　　　　　　　　　2000
　　工程施工—间接费用　　　　　　　　　　　1000
　　贷：累计折旧　　　　　　　　　　　　　　　　14000

7.4　固定资产后续支出

在固定资产使用过程中，企业为了适应新技术的发展或保持和提高现有固定资产的使用效能，还需对固定资产进行维护、改建、扩建或改良。固定资产后续支出，就是指固定资产在使用过程中发生的更新改造支出、修理费用支出等。

固定资产的更新改造等后续支出，满足固定资产规定确认条件的（即与该项固定资产有关的经济利益很可能流入企业；固定资产的成本能够可靠地计量）应当计入固定资产成本，如有被替换的部分，应扣除其账面价值；不满足固定资产规定确认条件的固定资产修理费用等，应当在发生时计入当期损益。

7.4.1　资本化的后续支出

企业通过固定资产的更新改造，延长了固定资产的使用寿命，提高了固定资产的生产能力等。如果满足固定资产规定的确认条件，应当将更新改造支出资本化，计入固定资产成本。在发生资本化的后续支出时，企业应将该固定资产的原价、已计提的累计折旧和减值准备转销，即将固定资产的账面价值转入在建工程，并停止计提折旧。发生的可资本化的后续支出，通过"在建工程"账户核算。待更新改造工程完工并达到预定可使用状态时，再从在建工程转为固定资产，并按重新确定的使用寿命、预计净残值和折旧方法计提折旧。

【例 7-14】 盛达建筑公司×项目部为适应生产需要于 2012 年 1 月 1 日将一台起重机械改建为强夯机械。该起重机原价 430000 元，已提折旧 230000 元。改建中收回残料 1000

元（已变卖为现金），以银行存款支付改建费用 16000 元，现已改建完成，交付使用。企业应作如下会计分录：

（1）2012 年 1 月 1 日转入改建工程

借：在建工程   200000

     累计折旧   230000

      贷：固定资产   430000

（2）2012 发生的后续支出

借：在建工程   16000

      贷：银行存款   16000

（3）取得变价收入

借：库存现金   1000

      贷：在建工程   1000

（4）改建完毕，交付使用

借：固定资产   215000

      贷：在建工程   215000

如果是企业以经营租赁方式租入的固定资产发生的改良支出，也应予以资本化，作为长期待摊费用，合理进行摊销。

7.4.2 费用化的后续支出

如果固定资产的后续支出不符合资本化的条件，如固定资产的修理支出，应当在发生时计入当期损益。

【例 7-15】 盛达建筑公司×项目部委托他人对办公用的计算机进行维修，以银行存款支付维修费 600 元。做会计分录如下：

借：工程施工——间接费用   600

      贷：银行存款   600

7.5 固定资产处置的核算

施工企业固定资产处置包括固定资产的出售、报废、毁损和投资转出等。现根据不同情况分述如下：

7.5.1 出售、报废和毁损固定资产的核算

企业在进行固定资产出售、报废和毁损的核算时，不仅要转销减少的固定资产的账面价值，还要反映在固定资产减少过程中发生的支出和取得的收入等内容，为此应设置"固定资产清理"账户。该账户的借方登记转入清理的固定资产账面净值、发生的清理费及其他相关税费，贷方登记清理过程中取得的各种收入。固定资产清理工作结束后，应将清理的净收益或净损失转入营业外收支，结转后本账户应无余额。

企业因出售、报废和毁损等原因而减少的固定资产，按以下步骤进行会计处理：

第一，转销清理固定资产的账面价值。按减少固定资产的账面净值借记"固定资产清理"账户，按已提折旧借记"累计折旧"账户，按已计提的减值准备借记"固定资产减值准备"账户，按固定资产原值贷记"固定资产"账户。

第二，支付清理费用。企业应按实际发生数，借记"固定资产清理"账户，贷记"银行存款"、"应付职工薪酬"等账户。

第三，计算应交税费。企业出售固定资产按税法规定计算应交税费时，应借记"固定资产清理"账户，贷记"应交税费"账户。

第四，取得清理收入。企业在固定资产清理过程中取得的收入（包括出售固定资产的价款、报废固定资产的残值收入以及应收保险公司或过失人的赔款等），借记"银行存款"或"其他应收款"等账户，贷记"固定资产清理"账户。

第五，结转清理净损益。固定资产清理后的净损失，属于生产经营期间正常的处理损失，计入"营业外支出——处置非流动资产损失"账户；属于自然灾害等非正常原因造成的损失，计入"营业外支出——非常损失"账户；如为清理收益，计入"营业外收入"账户。

【例 7-16】　盛达建筑公司×项目部的一辆塔式起重机因意外事故毁损，经批准报废。该机的账面原价为 180000 元，已提折旧为 100000 元，已提的减值准备为 5000 元，以银行存款支付清理费 3000 元，取得残值收入 6500 元（库存现金），保险公司同意赔偿 70000 元，清理工作现已结束。企业应作如下账务处理：

（1）注销账面价值，做会计分录如下：

借：固定资产清理——起重机　　　　　　　　　　　75000
　　累计折旧　　　　　　　　　　　　　　　　　100000
　　固定资产减值准备　　　　　　　　　　　　　　5000
　　　贷：固定资产——生产经营用固定资产　　　　　　　　180000

（2）支付清理费，做会计分录如下：

借：固定资产清理——起重机　　　　　　　　　　　3000
　　　贷：银行存款　　　　　　　　　　　　　　　　　　3000

（3）取得残值收入，做会计分录如下：

借：库存现金　　　　　　　　　　　　　　　　　6500
　　　贷：固定资产清理——起重机　　　　　　　　　　　6500

（4）确认应收赔偿款，做会计分录如下：

借：其他应收款——保险公司　　　　　　　　　　　70000
　　　贷：固定资产清理——起重机　　　　　　　　　　　70000

（5）结转净损益，做会计分录如下：

借：营业外支出——非常损失　　　　　　　　　　　1500
　　　贷：固定资产清理——起重机　　　　　　　　　　　1500

7.5.2　投资转出固定资产

企业因为投资入股或与其他单位联营等原因转出固定资产时，也要通过"固定资产清理"账户核算，该账户的借方登记投资转出固定资产账面净值、发生的清理费及其他相关税费。最后按"固定资产清理"账户的余额作为长期股权投资相关处理的依据。

【例 7-17】　盛达建筑公司×项目部将一台设备投资给某公司，设备原值为 100000 元，已提折旧 30000 元，该项固定资产已计提的减值准备为 10000 元，以银行存款支付相关费用 2000 元。盛达建筑公司×项目部做会计分录如下：

（1）固定资产转入清理

借：固定资产清理　　　　　　　　　　　　　　60000

　　固定资产减值准备　　　　　　　　　　　　10000

　　累计折旧　　　　　　　　　　　　　　　　30000

　　贷：固定资产　　　　　　　　　　　　　　　100000

（2）支付固定资产清理费用

借：固定资产清理　　　　　　　　　　　　　　2000

　　贷：银行存款　　　　　　　　　　　　　　　2000

（3）固定资产清理完毕，结转"固定资产清理"账户的余额

借：长期股权投资——某公司　　　　　　　　　62000

　　贷：固定资产清理　　　　　　　　　　　　　62000

7.5.3　捐赠转出固定资产

捐赠转出的固定资产按"固定资产清理"账户的余额，借记"营业外支出——捐赠支出"账户，贷记"固定资产清理"账户。

【例 7-18】　盛达建筑公司×项目部对外捐赠设备一台。该设备账面原值 500000 元，已计提折旧 100000 元，捐赠过程中支付清理费用 2000 元。做会计分录如下：

（1）固定资产转入清理

借：固定资产清理　　　　　　　　　　　　　　400000

　　累计折旧　　　　　　　　　　　　　　　　100000

　　贷：固定资产　　　　　　　　　　　　　　　500000

（2）支付清理费用

借：固定资产清理　　　　　　　　　　　　　　2000

　　贷：银行存款　　　　　　　　　　　　　　　2000

（3）转出"固定资产清理"余额

借：营业外支出——捐赠支出　　　　　　　　　402000

　　贷：固定资产清理　　　　　　　　　　　　　402000

7.6　固定资产清查与减值的核算

企业应定期或者至少每年末对固定资产进行清查盘点，以保证固定资产核算的真实性，充分挖掘企业现有固定资产的潜力。在固定资产清查过程中，如果发现盘盈、盘亏的固定资产，应填制固定资产盘盈盘亏报告表，其清查的损溢，应及时查明原因并按照规定程序报批处理。

7.6.1　盘盈固定资产的核算

企业盘盈的固定资产，一般是由于以前年度发生的会计差错形成的，应根据重新确定的固定资产价值，通过"以前年度损益调整"账户核算。期末转入"利润分配——未分配利润"账户。

【例 7-19】　盛达建筑公司×项目部盘盈设备一台，确定重置完全价值为 100000 元，估计已提折旧 40000 元。做会计分录如下：

（1）盘盈固定资产时：

借：固定资产　　　　　　　　　　　　　　　　　　　　　100000

　　贷：累计折旧　　　　　　　　　　　　　　　　　　　　40000

　　　　以前年度损益调整　　　　　　　　　　　　　　　　60000

（2）期末时：

借：以前年度损益调整　　　　　　　　　　　　　　　　　　60000

　　贷：利润分配——未分配利润　　　　　　　　　　　　　60000

7.6.2　盘亏固定资产的核算

企业在财产清查中盘亏的固定资产，按盘亏固定资产的账面价值，借记"待处理财产损溢"账户，按已计提的累计折旧，借记"累计折旧"账户，按已计提的减值准备，借记"固定资产减值准备"账户，按固定资产的原价，贷记"固定资产"账户。按管理权限报经批准后处理时，借记"营业外支出——固定资产盘亏损失"账户，贷记"待处理财产损溢"账户。

【例 7-20】　盛达建筑公司×项目部盘亏电焊机一台，其账面原价为 8000 元，累计已提折旧 5000 元，已计提的减值准备为 1000 元。盘亏固定资产均已按规定程序报经有关机构审核批准。企业应作如下会计处理：

（1）报经批准前，做会计分录如下：

借：待处理财产损溢——待处理固定资产损溢　　　　　　　2000

　　累计折旧　　　　　　　　　　　　　　　　　　　　　5000

　　固定资产减值准备　　　　　　　　　　　　　　　　　1000

　　贷：固定资产　　　　　　　　　　　　　　　　　　　8000

（2）报经批准后，做会计分录如下：

借：营业外支出——固定资产盘亏损失　　　　　　　　　　2000

　　贷：待处理财产损溢——待处理固定资产损溢　　　　　2000

7.6.3　固定资产减值的核算

固定资产在资产负债表日存在可能发生减值的迹象时，其可收回金额低于账面价值的，企业应当将该固定资产的账面价值减记至可收回金额，减记的金额确认为资产减值损失计入当期损益，同时计提相应的资产减值准备，借记"资产减值损失——计提的固定资产减值损失"账户，贷记"固定资产减值准备"账户。固定资产减值损失一经确认，在以后会计期间不得转回。

【例 7-21】　2012 年 12 月 31 日盛达建筑公司×项目部的某施工机械存在可能发生减值的迹象。经计算，该机械的可收回金额合计为 230000 元，账面价值为 240000 元，以前年度未对该机械计提过减值准备。

由于该机械的可收回金额为 230000 元，账面价值为 240 000 元，可收回金额低于账面价值，应按两者之间的差额 10000 元（240000－230000）计提固定资产减值准备。盛达建筑公司×项目部应作如下会计处理：

借：资产减值损失——计提的固定资产减值损失　　　　　　10000

　　贷：固定资产减值准备　　　　　　　　　　　　　　　10000

7.7 无形资产的核算

7.7.1 无形资产的概念及特征

无形资产是指企业拥有或者控制的没有实物形态的可辨认非货币性长期资产。如专利权、专有技术、商标权、土地使用权等。无形资产具有三个主要特征：

（1）不具有实物形态。该特征是无形资产区别与固定资产、存货等有形资产的主要标志。

（2）具有可辨认性。满足下列条件之一，符合无形资产定义中的可辨认性标准：

1）能够从企业中分离或者划分出来，并能单独或者与相关合同、资产或负债一起，用于出售、转移、授权许可、租赁或者交换。

2）源自合同性权利或其他法定权利，无论这些权利是否可以从企业或其他权利和义务中转移或者分离。

商誉的存在无法与企业自身分离，不具有可辨认性，因此商誉不属于无形资产核算范围。

（3）属于非货币性长期资产。无形资产属于非货币性长期资产，能够在多个会计期间为企业带来经济利益。无形资产的使用年限在一年以上，其价值将在各个受益期间逐渐摊销。

7.7.2 无形资产的内容

1. 专利权。专利权是指国家专利主管机关依法授予专利申请人对其发明创造在法定期限内所享有的专有权利。包括发明专利权、实用新型专利权和外观设计专利权。专利权是允许其持有者独家使用或控制的特权。

2. 商标权。商标是用来辨认特定商品或劳务的标记。商标权是经国家工商行政管理部门商标局核准注册，申请人专门在某种指定的商品上使用特定的名称、图案、标记的权利。商标权的内容包括独占使用权和禁止使用权。

3. 非专利技术。非专利技术又称专有技术、技术秘密或技术诀窍，是指没有申请专利权但能为企业带来效益的生产技术、知识和经验。它不受法律保护，而是靠保密手段占有。

4. 土地使用权。土地使用权是指国家准许某一企业或单位在一定期间内对国有土地享有的开发、利用、经营的权利。企业为取得土地使用权而支付的出让金或转让金，以及发生的相关费用，应作为土地使用权的成本记入"无形资产"账户。

7.7.3 无形资产的核算

为了核算和监督无形资产的取得、摊销和处置等情况，企业应设置"无形资产"、"累计摊销"等账户。

"无形资产"账户核算企业持有无形资产的成本，其借方登记取得的各种无形资产的实际成本，贷方登记出售或转销无形资产的账面价值，期末借方余额反映企业无形资产的成本。本账户应按无形资产的类别设置明细账进行明细分类核算。

"累计摊销"账户属于"无形资产"账户的调整账户，核算企业对使用寿命有限的无形资产计提的累计摊销，贷方登记企业计提的无形资产摊销，借方登记处置无形资产转出的累计摊销，期末贷方余额反映企业无形资产的累计摊销额。

此外，无形资产发生减值的，还应设置"无形资产减值准备"账户进行核算。

1. 无形资产取得的核算

无形资产应当按照成本进行初始计量。企业取得无形资产的主要方式有外购、自行研究开发等。取得方式不同，其会计处理也不相同。

（1）外购无形资产的核算。外购无形资产的成本包括购买价款、相关税费以及直接归属于使该项资产达到预定用途所发生的其他支出。

【例 7-22】 盛达建筑公司×项目部以 160 万元购入专利权一项，另外还支付相关税费 2 万元，款项已通过银行支付。做会计分录如下：

借：无形资产——专利权　　　　　　　　　　　1 620000
　　贷：银行存款　　　　　　　　　　　　　　　　　1 620000

（2）自行研究开发无形资产的核算。企业内部研究开发项目所发生的支出，应区分研究阶段支出和开发阶段支出。

开发项目的研究阶段属于探索性的过程，将来能否转入开发或开发后是否会形成无形资产具有很大的不确定性。因此，内部研究开发项目研究阶段的支出，应当于发生时计入当期损益。

开发项目的开发阶段在很大程度上已经具备形成一项新产品或新技术的基本条件，所以，开发阶段支出只要满足无形资产确认条件的，就应当确认为无形资产。但对以前已经费用化的支出不再调整。

为了核算企业进行研究与开发无形资产过程发生的各项支出，应设置"研发支出"账户。分别以"费用化支出"、"资本化支出"进行明细核算。期末，将本账户归集的"费用化支出"金额转入"管理费用"账户，借记"管理费用"账户，贷记"研发支出——费用化支出"账户。研发开发项目达到预定用途形成无形资产的，应将"资本化支出"金额转入"无形资产"账户，借记"无形资产"账户，贷记"研发支出——资本化支出"账户。

【例 7-23】 盛达建筑公司自行研究、开发一套计算机管理软件。截至 2012 年 12 月 31 日，发生研发支出 900000 元，经测试该项研发活动完成了研究阶段，从 2013 年 1 月 1 日开始进入开发阶段。2013 年发生开发支出 1 620000 元，假定符合《企业会计准则第 6 号——无形资产》规定的开发支出资本化的条件。2013 年 6 月 30 日，该项研发活动结束，最终开发申请成功一项专利技术。其相关的会计处理为：

（1）2012 年发生研究阶段的支出，做会计分录如下：

借：研发支出——费用化支出　　　　　　　　900000
　　贷：银行存款等　　　　　　　　　　　　　　　900000

（2）2012 年 12 月 31 日，结转费用化支出，做会计分录如下：

借：管理费用　　　　　　　　　　　　　　　900000
　　贷：研发支出——费用化支出　　　　　　　　　900000

（3）2013 年发生满足资本化条件的开发支出，做会计分录如下：

借：研发支出——资本化支出　　　　　　　　1 620000
　　贷：银行存款等　　　　　　　　　　　　　　1 620000

（4）2013 年 6 月 30 日，研发完成并形成无形资产，做会计分录如下：

借：无形资产   1 620000

    贷：研发支出——资本化支出   1 620000

（3）投资者投入的无形资产。企业接受投资者投入的无形资产，以投资各方确认的价值（不公允的除外）作为入账价值。借记"无形资产"账户，贷记"实收资本"账户或"股本"账户。

2. 无形资产摊销的核算

无形资产应当于取得时判断其使用寿命。使用寿命有限的无形资产应进行摊销。使用寿命不确定的无形资产不应摊销。使用寿命有限的无形资产，其残值一般应视为零，从可供使用当月起开始摊销。

无形资产的摊销方法包括直线法、生产总量法等。企业应当按月对无形资产进行摊销，计入当期损益，企业自用的无形资产，其摊销金额计入管理费用；出租的无形资产，其摊销金额计入其他业务成本。

【例 7-24】 依例 7-23，假设企业取得的专利权的有效年限为 10 年，则每月的摊销额为 13500 元 $\left(\dfrac{1620000}{10\times12}\right)$。摊销时，做会计分录如下：

借：管理费用   13500

    贷：累计摊销   13500

3. 无形资产处置的核算

企业处置无形资产应当将取得的价款扣除该无形资产账面价值及出售相关税费后的差额记入营业外收入或营业外支出。

【例 7-25】 企业将拥有的一项专利权出售给其他单位，该项专利的成本为 600000 元，已提摊销 400000 元，已计提的减值准备为 50000 元，取得转让收入 100000 元，已存入开户银行，转让无形资产应交税费 5000 元。其会计分录如下：

借：银行存款   100000

    累计摊销   400000

    无形资产减值准备   50000

    营业外支出——出售无形资产损失   55000

    贷：无形资产——专利技术   600000

    应交税费   5000

4. 无形资产报废的核算

如果无形资产预期不能为企业带来经济利益，从而不再符合无形资产的定义，则应将其转销。例如，由于新技术的出现，甲企业利用某项专利生产的产品已没有市场。此时，企业应立即转销该专利的账面价值。转销时借记"累计摊销"账户、"无形资产减值准备"账户，贷记"无形资产"账户，按其差额借记"营业外支出"账户。

【例 7-26】 年末，企业对无形资产进行检查时，发现有一项专利权已经被其他新技术所替代，并且该项专利权已无使用价值和转让价值，其账面原值为 80000 元，累计摊销为 30000 元，已计提减值准备 10000 元，按规定予以转销。会计处理为：

借：累计摊销   30000

    营业外支出   40000

무形资产减值准备　　　　　　　　　　　　　　10000
　　贷：无形资产——专利权　　　　　　　　　　　80000

7.8 其他资产的核算

其他资产是指除货币资金、金融资产、存货、长期股权投资、固定资产、无形资产等以外的资产。如施工企业的临时设施和长期待摊费用等。

7.8.1 临时设施的核算

临时设施是指施工企业为保证施工生产的正常进行而在施工现场建造的生产和生活用的各种临时性简易设施。如临时搭建的办公室、职工宿舍、围墙、贮水池、临时给排水、供电、供热管线等。临时设施在施工生产过程中发挥着劳动资料的作用，其实物形态大多与作为固定资产的永久性房屋、建筑物相类似。但由于其建筑标准较低，随着施工任务的完成，这些临时设施就失去了原来的作用，多数在其自然寿命终了前就需要拆除清理。所以，将其列入长期资产类的其他资产，以区别于固定资产。

施工企业在现场所使用的临时设施一般有两种情况：（1）由建设单位或总包单位提供。这种情况下的临时设施，不属于施工企业的核算范围。（2）由施工企业自行搭建。施工企业自行搭建临时设施所需资金，一般是向建设单位或总包单位收取临时设施费，实行包干使用。

1. 临时设施搭建的核算

临时设施应按照建造时的实际成本进行初始计量。搭建临时设施时，其搭建支出一般先通过"在建工程"账户核算，搭建完成交付使用时，再将其实际支出转入"临时设施"账户。

"临时设施"账户，用以核算企业各种临时设施的实际成本。其借方登记企业建造完成交付使用的各种临时设施的实际成本，贷方登记拆除、报废的临时设施的实际成本，期末借方余额反映在用临时设施的实际成本。本账户应按临时设施的种类设置明细账，进行明细分类核算。

【例7-27】 盛达建筑公司×项目部搭建临时仓库领用主要材料一批，成本51000元，应负担搭建人工费3000元，现已搭建完成交付使用。其账务处理如下：

（1）搭建过程发生费用时，做会计分录如下：

借：在建工程——临时仓库工程　　　　　　　　54000
　　贷：原材料——主要材料　　　　　　　　　　51000
　　　　应付职工薪酬　　　　　　　　　　　　　3000

（2）搭建完成交付使用时，做会计分录如下：

借：临时设施——临时仓库　　　　　　　　　　54000
　　贷：在建工程——临时仓库工程　　　　　　　54000

2. 临时设施摊销的核算

临时设施的使用期较长，一般与工程的建设期相同。因此，应将临时设施的成本采用年限平均法分期摊入工程成本。其摊销期限按耐用期限与工程施工期限孰短确定。

企业应设置"临时设施摊销"账户，核算企业各种临时设施发生的价值损耗。该账户是"临时设施"账户的备抵账户，其贷方登记企业按月计提的临时设施摊销额，借方登记报废、拆除临时设施时转销的已提摊销额，期末贷方余额反映在用临时设施的累计摊销额。本账户应按临时设施的种类和使用部门设置明细账，进行明细分类核算。

【例7-28】 依例7-27，假设该临时设施预计残值收入6000元，以工程的施工期限两年为摊销期。其账务处理为：

每月应计提的摊销额为 $2000\left(\frac{5400-600}{2\times12}\right)$。摊销时，做会计分录如下：

借：工程施工——间接费用　　　　　　　　　　2000
　　贷：临时设施摊销——临时仓库　　　　　　　　　　2000

企业支付的临时设施租赁费，直接计入"工程施工——间接费用"账户。

3. 临时设施维修、拆除和报废的核算

企业维修临时设施发生的费用，直接计入"工程施工——间接费用"账户。

拆除、报废不需用或不能继续使用的临时设施，可在"固定资产清理"账户下设置"临时设施清理"明细账户进行核算。本账户应按被清理的临时设施设置明细账进行明细核算。

【例7-29】 依例7-28，假设该临时仓库使用一年零八个月后，因承包的工程提前竣工，不再需用，遂将其拆除，取得残值收入13000元，存入银行。其账务处理如下：

（1）将拆除的临时设施转入清理，做会计分录如下：

一年零八个月共计摊销 $2000\times(12+8)=40000$ 元

借：固定资产清理——临时设施清理　　　　　　14000
　　临时设施摊销——临时仓库　　　　　　　　40000
　　贷：临时设施——临时仓库　　　　　　　　　　54000

（2）取得残值收入，做会计分录如下：

借：银行存款　　　　　　　　　　　　　　　　13000
　　贷：固定资产清理——临时设施清理　　　　　　13000

（3）结转清理后的净损益，做会计分录如下：

借：营业外支出　　　　　　　　　　　　　　　1000
　　贷：固定资产清理——临时设施清理　　　　　　1000

7.8.2 长期待摊费用

长期待摊费用是指企业已经支出，应由本期和今后各期负担的摊销期限在1年以上的各项费用，主要指以经营租赁方式租入固定资产发生的改良支出等。

企业应设置"长期待摊费用"账户，核算企业已经支出但摊销期限在1年以上的各项费用。其借方登记实际发生的费用，贷方登记分期摊销的费用，期末借方余额表示尚未摊销的长期待摊费用。本账户应按长期待摊费用的种类设置明细账，进行明细分类核算。

租入固定资产的改良支出，是指施工企业对以经营租赁方式租入的固定资产进行改良所发生的支出。企业按租赁合同规定对租入的固定资产进行改良，发生的改良支出只能作为待摊销的费用处理。摊销期限按租赁期与租赁资产尚可使用年限两者孰短的原则确定。

【例7-30】 盛达建筑公司所属第一分公司财经学院宿舍楼工地以经营租赁方式租入汽车式起重机一台，租期两年。按租赁合同规定，租入后即对其进行改良。第一分公司以银行存款支付改良费用 9600 元。其账务处理如下：

（1）支付改良费用时，做会计分录如下：

借：长期待摊费用——租入固定资产改良支出　　　　　　9600

　　贷：银行存款　　　　　　　　　　　　　　　　　　　9600

（2）按月摊销改良费用时，做会计分录如下：

借：工程施工——财经学院宿舍楼　　　　　　　　　　　400

　　贷：长期待摊费用——租入固定资产改良支出　　　　　400

除固定资产、无形资产、其他资产外，施工企业的长期资产还包括长期股权投资。由于一般情况下，工程项目部很少发生对外投资业务，故本文不述及企业对外投资的核算。

本 章 小 结

固定资产是指为生产商品、提供劳务、出租或经营管理而持有的，使用寿命超过一个会计年度的有形资产。按固定资产的经济用途和使用情况，可把固定资产分为七大类：（1）生产经营用固定资产；（2）非生产用固定资产；（3）租出固定资产（不包括以经营租赁方式出租的建筑物）；（4）未使用固定资产；（5）不需用固定资产；（6）土地；（7）融资租入固定资产。

企业应设置"固定资产"账户和"累计折旧"账户分别核算固定资产的原始价值和逐渐损耗的价值（即已提折旧额）。

固定资产的取得，按来源不同分为购入、自行建造、投资者投入、在原有基础上改建、融资租入等。企业应当分别不同来源进行核算。其中自行建造、购入需要安装固定资产的支出应通过"在建工程"账户核算，待工程完工再转入"固定资产"账户。

固定资产折旧是指固定资产由于损耗而消失的那部分价值。固定资产折旧的计算方法主要有年限平均法、工作量法、双倍余额递减法和年数总和法。

固定资产后续支出，是指固定资产在使用过程中发生的更新改造支出、修理费用等。固定资产的更新改造等后续支出，满足固定资产规定确认条件的应当计入固定资产成本；修理费用等不满足固定资产规定确认条件的，应当在发生时计入当期损益。

施工企业固定资产处置的原因主要有出售、报废、毁损和投资转出等。企业应根据不同情况分别进行核算。

无形资产是指企业拥有或者控制的没有实物形态的可辨认非货币性长期资产。如专利权、专有技术、商标权、土地使用权等。为了核算和监督无形资产的取得、摊销和处置等情况，企业应设置"无形资产"、"累计摊销"等账户。

临时设施是指施工企业在施工现场建造的生产和生活用的各种临时性简易设施。搭建支出一般先通过"在建工程"账户核算，搭建完成交付使用时，再将其实际支出转入"临时设施"账户。其成本应采用年限平均法分期计入工程成本中。

长期待摊费用是指企业已经支出，应由本期和今后各期负担的摊销期限在 1 年以上的各项费用，主要有以经营租赁方式租入固定资产发生的改良支出。长期待摊费用应当单独核算，在费用项目的受益期限内分期平均摊销。

思 考 题

1. 什么是固定资产？具有哪些特征？施工企业的固定资产如何分类？

2. 以不同方式取得的固定资产如何进行初始计量？如何进行会计处理？

3. 融资租入固定资产与经营租入固定资产在会计处理上有何不同？

4. 为什么要计提固定资产折旧？影响折旧的因素有哪些？

5. 计提折旧有哪些规定和计算方法？各种计算折旧的方法在折旧基础、折旧率的确定上有何区别？

6. 怎样进行固定资产后续支出的核算？

7. 固定资产处置包括哪些情况？分别如何核算？

8. 什么是无形资产？它有哪些特征？

9. 无形资产的取得、摊销和处置应如何核算？

10. 什么是临时设施？施工企业的临时设施主要包括哪些内容？

11. 临时设施搭建、摊销、拆除、报废等应如何核算？

12. 什么是长期待摊费用？应如何进行核算？

习　　题

1. 练习固定资产取得、计提折旧、处置和发生后续支出的核算。

资料：

(1) 盛达建筑公司第一分公司有关总账和明细账 11 月 30 日余额如下：

"固定资产"总账　7180000 元；

"累计折旧"总账　3015600 元；

"固定资产"明细账余额如表 7-4 所示：

表 7-4

类　　别	余　　额	月折旧率
1. 生产用固定资产	4520000	
其中：①房屋及建筑物	2000000	0.20%
管理试验部门用	1100000	
供应部门用	900000	
②施工机械（施工生产用）	900000	1.00%
③运输设备（施工生产用）	800000	1.00%
④生产设备（辅助生产用）	450000	1.00%
⑤检验试验设备	120000	1.00%
管理试验部门用	70000	
供应部门用	50000	
⑥其他生产用固定资产	250000	1.20%
管理部门用	225000	
供应部门用	25000	
2. 非生产用固定资产（房屋）	2500000	0.20%
3. 租出固定资产（运输设备）	60000	1.00%
4. 不需用固定资产（生产设备）	100000	1.00%
合　　计	7180000	

(2) 12 月份发生有关经济业务如下：

1) 企业购入塔式起重机一台，买价 200000 元，增值税 34000 元，保险费、运杂费等 5000 元，货款及费用已通过银行付清，起重机已交付使用。

2) 批准动工扩建仓库，其账面原价为 850000 元，已提折旧 400000 元。

3) 企业购入汽车式起重机一台，原单位账面原价 40000 元，已提折旧 5000 元，经协商作价 35000

元，支付增值税 5950 元，发生运杂费 1000 元，款项均以银行存款支付，设备已经交付使用。

4）仓库扩建过程中取得残值变价收入 3700 元已存入开户银行，另领用主要材料 63700 元，工程物资 15000 元，分配工资 27650，仓库已竣工交付使用。

5）企业从其他单位购入需要安装的龙门刨床一台，原单位账面原价为 50000 元，已提折旧为 20000 元，经协商作价 36000 元，支付增值税 6120 元，发生运杂费 2000 元，均以银行存款支付。购入后发生安装费用 2300 元，其中：领用材料 1280 元，应付安装人员的工资 1020 元。设备已安装完毕，交付使用。

6）经批准企业自行建造试验大楼一幢，购入专用设备一批，发票价 890000 元，增值税 151300 元，款已付讫。建造固定资产采用自营方式进行。领用前述购入的设备 1041300 元，同时还领用原材料 357000 元，应付工程人员工资 160000 元，企业的辅助生产部门为该项工程提供劳务共计费用 76000 元。自建工程已完工验收，交付使用。

7）企业新建办公楼一幢，出包给所属独立核算的五分公司施工。开工前预付工程款 200 万元，工程完工决算后，补付工程款 750 万元，工程经验收合格，已交付使用。

8）机修车间维修施工机械，月末分配维修费 600 元。

9）企业收到某单位投入的搅拌机一台，该设备账面原价为 150000 元，已提折旧 67500 元，经评估确认的价值为 80000 元（公允价），按投资合同或协议约定的其在注册资本中所占的份额也为 80000，设备已经交付使用。

10）财产清查过程中盘盈电焊机（施工机械）一台，同类或类似固定资产的市场价格为 4760 元，根据其新旧程度，估计已提折旧为 1500 元。盘盈固定资产已按规定程序报经有关机构审核批准。

11）企业的一台搅拌机因意外事故毁损，经批准报废。该机的账面原价为 60000 元，已提折旧为 26000 元，已提的减值准备为 800 元，以银行存款支付清理费 560 元，取得残值收入 650 元（现金），保险公司同意赔偿 30000 元，清理工作现已结束。

12）企业将不需用的电动机（生产设备）一台出售，获得价款 6800 元存入银行。该机械的账面原价为 20000 元，已提折旧 13000 元，已计提的减值准备为 1000 元，已用银行存款支付。

13）盘亏打夯机一台，其账面原价为 4000 元，累计已提折旧 2000 元，已计提的减值准备为 500 元。盘亏固定资产均已按规定程序报经有关机构审核批准。

14）本月收到运输设备的租赁费 800 元存入银行。

15）月末根据固定资产期初余额资料和折旧率计提本月固定资产折旧。

要求：据资料（2）即 12 月份发生有关经济业务编制会计分录。

2. 练习固定资产折旧的计算方法

（1）盛达建筑公司×项目部有生产设备一台，其账面原价为 300000 元，规定的折旧年限为 10 年，预计净残值率为 4%，计算该设备的年折旧率、月折旧率和月折旧额。

（2）盛达建筑公司×项目部有一辆载重汽车，原价 150000 元，预计净残值率为 5%，在有效使用年限内预计能行驶 300000 公里，本月实际行驶 3000 公里，计算本月应计提的折旧额。

（3）施工企业一项固定资产的原价为 100000 元，预计净残值为 2000 元，规定的折旧年限为 5 年，采用双倍余额递减法计算各年应提取的折旧额。

（4）假设（3）中的固定资产采用年数总和法计算折旧，各年的折旧额应是多少？

3. 练习无形资产和其他资产的核算

（1）资料：本月发生经济业务如下

1）盛达建筑公司×项目部以 480000 元购入专利权一项，另外还支付相关税费 2 万元，款项已通过银行支付。

2）假设企业取得专利权的有效年限为 10 年，计算提取当月的摊销额。

3）企业自行研究、开发一套新的应用程序软件。第一阶段为研究阶段，发生调研费和各种研究支出 100000 元，并初步形成了软件开发方案，等待进入开发阶段。从 2012 年 1 月 1 日开始进入开发阶段。2012 年发生开发支出 320000 元，假定符合《企业会计准则第 6 号——无形资产》规定的开发支出资本化的条件。2012 年 12 月 31 日，该项研发活动结束，最终开发申请成功一项专利技术。

4）企业接受某投资者以其所拥有的非专利技术投资，双方商定的价值为 300000 元（公允价），已办妥相关手续。

5）企业将拥有的一项专利权出售，取得转让收入 80000 元已存入开户银行，应交税费 4000 元。该项专利的账面原价为 100000 元，已累计摊销为 23500 元，已计提的减值准备为 2300 元，已办妥相关手续。

6）企业搭建临时办公室领用主要材料一批，成本 114750 元，应负担搭建人员工资和福利费为 51300 元，以银行存款支付其他费用 28350 元，现已搭建完成交付使用

7）上述临时设施预计净残值率为 5%，预计工程的施工期限为三年。按月计算临时设施的摊销额。

8）上述临时办公室在实际使用两年零八个月后，因承包的工程提前竣工，不再需用，遂将其拆除，应付拆除人员工资 1800 元，残料回收 7200 元，已验收入库，清理工作已结束。

9）企业以经营租赁方式租入塔吊一台，经出租单位同意，租入后即对其进行改良。以银行存款支付改良费用 30000 元。

10）上述设备租期两年，计提本月摊销额。

（2）要求：根据上述经济业务编制会计分录。

8 工程成本和期间费用的核算

本 章 提 要

成本与费用是企业生产经营活动中的重要因素，对企业经营成果影响较大。加强成本费用的控制和核算是会计核算的主要任务之一。本章主要介绍工程成本核算的要求、程序和方法，各种期间费用的内容及核算方法，以及工程成本控制的方法。通过学习，应注意生产费用与工程成本的区别与联系，工程实际成本与工程预算成本的区别与联系，熟悉工程成本核算的要求和程序，明确工程成本核算对象的意义及确定方法，掌握辅助生产成本、机械作业成本以及各种期间费用的核算方法，掌握工程直接费用、间接费用归集和分配的基本方法，能正确进行工程成本和期间费用的核算与控制。

8.1 概　　述

8.1.1　工程成本核算的方法

工程施工过程中发生的各项施工费用，应按确定的成本核算对象和规定的成本项目进行归集和分配。能够分清受益对象的费用，直接计入受益对象的成本；不能分清受益对象的费用，采用一定的方法分配计入各受益对象的成本，最后计算出各工程的实际总成本。

施工企业应设置下列会计账户，以核算和监督各项施工费用的发生和分配情况，正确计算工程成本。

1. "工程施工"账户

该账户核算企业进行工程施工发生的合同成本和合同毛利。其借方登记施工过程中实际发生的直接费、应负担的间接费以及确认的工程毛利，贷方登记确认的工程亏损，期末借方余额表示工程自开工至本期累计发生的施工费用及各期确认的毛利。工程竣工后，本账户应与"工程结算"账户对冲后结平。本账户应按建造合同分别设置"合同成本"、"合同毛利"和"间接费用"等明细账户进行明细核算。

（1）"工程施工——合同成本"账户。该账户核算企业进行工程施工发生的各项施工生产费用，并确定各个成本核算对象的成本。其借方登记施工过程中实际发生的直接费和应负担的间接费，贷方登记工程竣工后与"工程结算"账户对冲的费用，期末借方余额表示工程自开工至本期累计发生的施工费用。

（2）"工程施工——合同毛利"账户。该账户核算各个成本核算对象各期确认的毛利。其借方登记期末确认的工程毛利，贷方登记确认的工程亏损，期末借方余额表示工程自开工至本期累计确认的毛利，期末若为贷方余额，则表示工程自开工至本期累计确认的亏损。工程竣工后，本账户应与"工程结算"账户对冲后结平。

（3）"工程施工——间接费用"账户。该账户核算企业所属各施工单位为组织和管理施工生产而发生的不能直接计入工程成本的费用。其借方登记实际发生的费用，贷方登记月末分配计入各成本核算对象的费用，期末一般无余额。

2. "生产成本——辅助生产成本"账户

该账户核算企业所属的非独立核算的辅助生产部门为工程施工生产材料和提供劳务所发生的费用。其借方登记实际发生的费用，贷方登记生产完工验收入库的产品成本或者按受益对象分配结转的费用，期末借方余额表示在产品的成本。

3. "机械作业"账户

该账户核算企业使用自有施工机械和运输设备进行机械作业（包括机械化施工和运输作业）所发生的费用。其借方登记实际发生的费用，贷方登记月末按受益对象分配结转的费用，期末一般没有余额。

8.1.2　工程成本核算对象和成本项目

1. 工程成本核算对象

工程成本核算对象，是在成本核算时选择的归集施工生产费用的目标。合理确定工程成本核算对象，是正确进行工程成本核算的前提。

一般情况下，企业应以每一单位工程为对象来归集生产费用，计算工程成本。这是因为施工图预算是按单位工程编制的，所以按单位工程核算的实际成本，便于与工程预算成本比较，以检查工程预算的执行情况，分析和考核成本节超的原因。但是一个企业通常要承建多个工程项目，每项工程的具体情况又各不相同。因此，企业应按照与施工图预算相适应的原则，并结合承包工程的具体情况、本企业施工组织的特点以及成本管理的要求，合理确定成本核算对象。

成本核算对象确定后，在成本核算过程中不能任意变更。所有原始记录都必须按照确定的成本核算对象填写清楚，以便于归集和分配施工生产费用。

2. 工程成本项目

工程成本项目是施工费用按经济用途分类形成的若干项目。成本项目可以反映工程施工过程中的资金耗费情况，为进行工程成本分析提供依据。工程成本包括以下五个项目：

（1）人工费。指企业应付给直接从事建筑安装人员的各种薪酬。

（2）材料费。指工程施工过程中耗用的各种材料物资的实际成本以及周转材料的摊销额和租赁费用。

（3）机械使用费。指在施工过程中使用施工机械发生的各种费用。包括自有施工机械发生的作业费用，租入施工机械支付的租赁费用，以及施工机械的安装、拆卸和进出场费等。

（4）其他直接费。指在施工过程中发生的除了人工费、材料费、机械使用费以外的直接与工程施工有关的各种费用。

（5）间接费用。指企业下属的各施工单位（施工队、项目部等）为组织和管理工程施工所发生的费用。

在实施工程量清单计价方式下，有很多地区为了更方便地进行成本分析，对成本项目的内容做了调整。如把成本项目的组成确定为：人工费、材料费、机械使用费、专业分包费、措施费、临时设施费、现场管理费七项。需要注意的是，无论如何划分成本项目，都应将工程造价中的预算成本按实际成本各成本项目的核算内容对应进行分解，使二者口径统一、内容一致，以便比较与分析各成本项目的节超情况。

8.1.3 工程成本核算的程序

工程成本核算的程序，是指进行工程成本核算一般应采用的步骤。施工企业对施工过程中发生的各项施工费用，应按其用途和发生地点进行归集。对不能分清受益对象的费用，还需要采用合理的方法分配计入各工程成本核算对象。工程成本核算的基本程序可以概述如下：

（1）归集各项生产费用。即将本期发生的各项生产费用，按其用途和发生地点，归集到有关成本、费用账户中。

（2）分配辅助生产费用。期末，将归集在"生产成本——辅助生产成本"账户的费用向各受益对象分配，计入"机械作业"、"工程施工"等账户。

（3）分配机械作业费用。期末，将归集在"机械作业"账户的费用向各受益对象分配，计入"工程施工"各有关明细账户。

（4）分配施工间接费用。期末，将归集在"工程施工——间接费用"账户的费用向各工程分配，计入"工程施工"各有关明细账户。

（5）计算和结转工程成本。期末，计算本期已完工程或竣工工程的实际成本，并将竣工工程的实际成本从"工程施工"账户转出，与"工程结算"账户的余额对冲。尚未竣工工程的实际成本仍然保留在"工程施工"账户，不予结转。

工程成本核算的基本程序如图 8-1 所示。

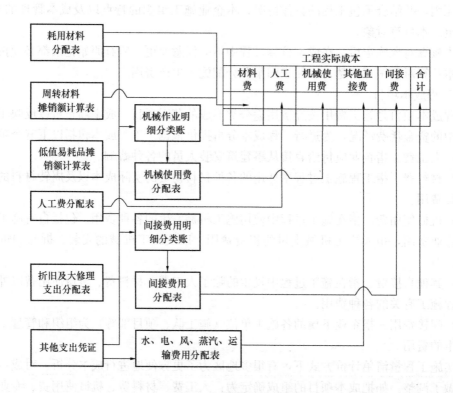

图 8-1 工程成本核算程序图

8.2 人工成本的核算

8.2.1 人工成本的内容

人工成本是企业在生产经营过程中发生的各种耗费支出的主要组成部分，直接关系到工程成本的高低，直接影响企业的生产经营成果。明确企业使用各种人力资源所付出的全部代价以及工程成本中人工成本所占比重，有利于监督和控制生产经营过程中的人工费用支出，改善费用支出结构，节约成本，提高企业的市场竞争力。

从本质上看，人工成本是企业在生产产品或提供劳务活动中发生的各种直接和间接人工费用的总和，主要由劳动报酬、社会保险、福利、教育、劳动保护、住房和其他人工费用等组成。也就是说，凡是企业为获得职工提供的服务给予或付出的各种形式的对价，都构成职工薪酬，作为一种耗费计入工程成本，与这些服务产生的经济利益相匹配。与此同时，因职工提供服务形成的企业与职工之间的关系，大多数构成企业的现时义务，将导致企业未来经济利益流出，从而形成企业对职工的一项负债。

8.2.2 职工薪酬的内容

1. 职工的范围

职工薪酬准则所称的"职工"，包括以下三类人员：

（1）与企业订立劳动合同的所有人员，含全职、兼职和临时职工。

（2）未与企业订立劳动合同、但由企业正式任命的人员，如董事会成员、监事会成员等。按照《公司法》的规定，公司应当设立董事会和监事会，董事会和监事会成员为企业的战略发展提出建议、进行相关监督，目的是提高企业的经营管理水平。对董事会和监事会成员支付的津贴、补贴等从性质上属于职工薪酬。所以，尽管有些董事会、监事会成员不是本企业职工，未与企业订立劳动合同，但是属于职工薪酬准则所称的职工。

（3）虽未与企业订立劳动合同或未由其正式任命，但在企业的计划或控制下，为企业提供与职工类似服务的人员，也属于职工薪酬准则所称的职工。比如，工程项目部与项目所在地政府或有关中介机构签订劳务用工合同，由其派出劳务人员，在本企业的领导下，为企业提供与本企业职工类似的服务。虽然企业并未直接与合同下雇佣的人员订立单项劳动合同，也不任命这些人员，但是这些劳务用工人员也属于职工薪酬准则所称的职工。

2. 职工薪酬的内容

职工薪酬，是指企业为获得职工提供的服务而给予各种形式的报酬以及其他相关支出，包括职工在职期间和离职以后提供给职工的全部货币性薪酬和非货币性福利。企业提供给职工配偶、子女或其他被赡养人的福利等，也属于职工薪酬。

职工薪酬主要包括以下内容：

（1）职工工资、奖金、津贴和补贴

职工工资、奖金、津贴和补贴，是指按照国家统计局的规定构成工资总额的计时工资、计件工资、支付给职工的超额劳动报酬和增收节支的劳动报酬、为了补偿职工特殊或额外的劳动消耗和因其他特殊原因支付给职工的津贴，以及为了保证职工工资水平不受物价影响支付给职工的物价补贴等。

企业按规定支付给职工的加班加点工资，以及根据国家法律、法规和政策规定，在职工因病、工伤、产假、计划生育假、婚丧假、事假、探亲假、定期休假、停工学习、执行社会主义义务等特殊情况下，按照计时工资或计件工资标准的一定比例支付的工资，也属于职工工资范畴。

(2) 职工福利费

职工福利费，是指企业向职工提供的福利，如为生活困难的职工提供的补助、为职工食堂提供的补助、洗理费、独生子女保健费、职工因公负伤赴外地就医路费、未实行医疗统筹企业的职工医疗费用等。

(3) 社会保险费

社会保险费，是指企业按照国家规定的基准和比例计算，向社会保险经办机构缴纳的医疗保险金、养老保险金、失业保险金、工伤保险费和生育保险费。此外，有些企业根据《企业年金试行办法》、《企业年金基金管理试行办法》等相关规定缴纳的补充养老保险费和以商业保险形式提供给职工的各种商业养老保险也属于社会保险费。

(4) 住房公积金

住房公积金，是指企业按照国家《住房公积金管理条例》规定的基准和比例计算，为企业职工向住房公积金管理机构缴存的住房公积金。

(5) 工会经费和职工教育经费

工会经费和职工教育经费，是指企业为了改善职工文化生活、提高职工业务素质用于开展工会活动和职工教育及职工技能培训，根据国家规定的基准和比例，从成本费用中提取的金额。

(6) 非货币性福利

非货币性福利，是指企业以自产产品或外购商品发放给职工作为福利、将自己拥有的资产无偿提供给职工使用、租赁资产供职工无偿使用、为职工无偿提供医疗保健服务或向职工提供企业支付了一定补贴的商品或服务等发生的支出。

(7) 辞退福利

辞退福利，是指企业由于职工不能胜任工作、实施主副业分离、辅业改制、分流安置富余人员、实施重组或改组计划等原因，在职工劳动合同到期之前解除与职工的劳动关系，或者为鼓励职工自愿接受裁减而给予职工的经济补偿。

(8) 其他与获得职工提供的服务相关的支出

其他与获得职工提供的服务相关的支出，是指除上述七种以外的其他形式的薪酬，比如企业提供给职工以权益结算的认股权、以现金形式结算但以权益工具的公允价值为基础计算确定的股票增值权等。

8.2.3 职工薪酬的确认与计量

1. 职工薪酬的确认

施工企业应当在职工为其提供服务的会计期间，将应付的职工薪酬（包括货币性薪酬和非货币性薪酬）确认为负债。除因与职工解除劳动关系给予的补偿外，企业应付给职工的薪酬，无论当月是否支付，都应当根据职工提供服务的受益对象，分为下列情况处理：

(1) 应付建安生产工人的薪酬，计入"工程施工——合同成本"账户。

(2) 应付辅助生产工人的薪酬，计入"生产成本——辅助生产成本"账户。

(3) 应付机械操作人员的薪酬，计入"机械作业"账户。

（4）应付内部各施工单位管理人员的薪酬，计入"工程施工——间接费用"账户。

（5）应付材料部门和仓库管理人员的薪酬，计入"采购保管费"账户。

（6）应由在建工程、无形资产开发成本负担的职工薪酬，计入"在建工程"、"研发支出"等账户。

（7）上述各项以外的其他职工薪酬，计入当期损益。

2. 职工薪酬的计量

施工企业应当按照国家规定或历史经验，结合本企业的实际情况，采用科学合理的方法计算各期应付的职工薪酬。

（1）货币性职工薪酬的计量

1）国家规定了计提基础和计提比例的，应当按照规定的标准计提。如工会经费和职工教育经费，企业应当按照相关规定，分别按照职工工资总额的 2% 和 1.5% 计量应付职工薪酬（工会经费、职工教育经费）金额和应相应计入成本费用的薪酬金额；从业人员技术要求高、培训任务重、经济效益好的企业，可根据国家相关规定，按照职工工资总额的 2.5% 计量应计入成本费用的职工教育经费。

2）国家没有规定计提基础和计提比例的，企业应当根据历史经验数据和实际情况，合理预计当期应付职工薪酬。当期实际发生金额大于预计金额的，应当补提应付职工薪酬；当期实际发生金额小于预计金额的，应当冲回多提的应付职工薪酬。如职工福利费，企业应当根据历史经验数据和当期福利计划，预计当期应计入职工薪酬的福利费金额；每一资产负债表日，企业应当根据实际发生的福利费金额对预计金额进行调整。

3）对于在职工提供服务的会计期末以后 1 年以上到期的应付职工薪酬，企业应当选择合理的折现率，以应付职工薪酬折现后的金额计入相关资产成本或当期损益；应付职工薪酬金额与其折现后的金额相差不大的，也可按照未折现金额计入相关资产成本或当期损益。

【例 8-1】 2012 年 8 月，盛达建筑公司当月应付工资为 100 万元，其中直接施工生产人员工资为 66 万元，项目部施工管理人员工资为 10 万元，公司管理人员工资为 18 万元，内部开发存货管理系统人员工资为 6 万元。根据当地政府规定，公司分别按照职工工资总额的 10%、12%、2% 和 10.5% 计提医疗保险费、养老保险费、失业保险费和住房公积金，缴纳给当地社会保险经办机构和住房公积金管理机构。根据 2011 年职工福利费的发生情况，公司预计 2012 年应承担的职工福利费金额为职工工资的 2%，职工福利的受益对象为上述所有人员。公司分别按照职工工资总额的 2% 和 1.5% 计提工会经费和职工教育经费。假定公司的存货管理系统已处于开发阶段，并符合资本化为无形资产的条件。有关会计处理为：

应计入工程成本的

职工薪酬金额=66+66×(10%+12%+2%+10.5%+2%+2%+1.5%)=92.4(万元)

应计入间接费用的

职工薪酬金额=10+10×(10%+12%+2%+10.5%+2%+2%+1.5%)=14(万元)

应计入管理费用的

职工薪酬金额=18+18×(10%+12%+2%+10.5%+2%+2%+1.5%)=25.2(万元)

应计入无形资产成本的

职工薪酬金额＝6＋6×(10％＋12％＋2％＋10.5％＋2％＋2％＋1.5％)＝8.4(万元)

（2）非货币性职工薪酬的计量

1）企业以其自产产品或外购商品作为非货币性福利发给职工的，应当根据受益对象，按照产品的公允价值和相关税费，计入相关资产成本或当期损益，同时确认应付职工薪酬。

2）企业将拥有的房屋等资产无偿提供给职工使用的，应当根据受益对象，将该资产每期应计提的折旧计入相关资产成本或当期损益，同时确认应付职工薪酬。

3）企业租赁住房等资产提供给职工无偿使用的，应当根据受益对象，将每期应付的租金计入相关资产成本或当期损益，并确认应付职工薪酬。

难以确认受益对象的非货币性福利，直接计入当期损益，并确认应付职工薪酬。

8.2.4　职工薪酬的核算

企业应设置"应付职工薪酬"账户，核算应付给全体职工的薪酬总额。该账户属负债类账户，其贷方登记分配计入有关成本费用账户的应付薪酬总额，借方登记支付的各种职工薪酬以及从职工薪酬中代扣的各种款项（水电费、个人所得税）等，期末贷方余额反映企业应付未付的职工薪酬。该账户应当按照"工资"、"职工福利"、"社会保险费"、"住房公积金"、"工会经费"、"职工教育经费"、"非货币性福利"、"辞退福利"、"股份支付"等薪酬项目进行明细核算。

1. 工资的核算

（1）工资结算的会计处理

企业应按月计算和支付工资。劳动人事部门应根据计算薪酬的原始记录（考勤记录、工时记录、产量记录、工资标准、工资等级等）及有关奖金、补贴的发放标准等资料，分别计算出每一职工的应付工资，并送交财会部门与职工办理工资结算。

在实际工作中，为了减少现金收付手续，财会部门在发放工资时，往往要从职工工资中为有关部门代扣一些款项，如水电费、个人所得税、住房公积金等。因此，财会部门还应根据有关部门送来的扣款通知单，计算出每一职工的实发金额，并编制"工资结算单"，据以向职工发放工资。"工资结算单"一般以内部生产单位、部门为对象编制，分别列示每一职工的"应付工资"、"代扣款项"及"实发金额"。"工资结算单"应一式三份，一份由劳资部门存查；一份按每一职工裁成"工资条"，连同工资一起发给职工，以便核对；一份经职工签章后，作为工资核算的原始凭证。"工资结算单"的格式见表8-1。

工资结算单　　　　　　　　　　　　　　　　表8-1

部门：王翔宇砌筑队　　　　　　　2012年8月份　　　　　　　单位：元

姓名	工资级别	工资标准		事假		病假			奖金	津贴		应付工资	代扣款项			实发工资	领款人签章
		月工资	日工资	日数	工资	日数	扣%	工资		施工	副食		公积金	水电费	合计		
王翔宇	9	525	25	1	25	2	10	5	180	150	20	845	52	46	98	747	
王羽嘉	8	420	20	1	20				150	100	20	562	42	30	72	490	
合计		8420			386			38	3640	2350	480	14466	300	1100	1400	7650	

为了进行工资发放及分配的核算，财会部门还应将各内部单位、部门的"工资结算单"汇总，编制"工资结算汇总表"，据以向银行提取现金，发放工资，并作为工资核算的原始依据。"工资结算汇总表"的格式见表8-2。

工资结算汇总表　　　　　　　　　　　　　　　表8-2

2012年8月　　　　　　　　　　　　　　　单位：元

人员类别	计时工资	计件工资	奖金	津贴和补贴		加班工资	其他工资	应付工资合计	减：代扣款项			实发金额	领款人签章
				施工津贴	副食补贴				公积金	水电费	个税		
建安生产工人	18300	33900	9000	8000	1300	1500	3250	75250	1200	1500	400	72150	
辅助生产工人	980	3051	700		100	84	250	5165	90	130		4945	
机械作业工人	5786	1695	1400		200	86	500	9667	150	200		9317	
现场管理人员	5182		580		140		150	6052	100	190		5762	
行政管理人员	10580		1200		240		600	12620	180	410		12030	
材料采购人员	4730		150		30		75	4985	175	170		4640	
合计	45558	38646	13030	8000	2010	1670	4825	113739	1895	2600	400	108844	

企业应在"应付职工薪酬"账户下设置"工资"明细账户核算职工工资的结算及分配情况。计算分配工资时记入贷方（应付给职工的工资），发放工资以及结转各种代扣款项时记入借方。如果企业当月的应付工资在当月支付，该明细账户月末没有余额；如果企业当月的应付工资在下月初支付，则该明细账户月末有贷方余额，表示尚未支付的工资数额。

【例8-2】　假设盛达建筑公司2012年8月份编制的"工资结算汇总表"如表8-2所示。企业应据以进行如下会计处理：

（1）按实发金额开出现金支票，提取现金108844元。做会计分录如下：

借：库存现金　　　　　　　　　　　　　　108844

　　贷：银行存款　　　　　　　　　　　　　　108844

（2）按实发金额发放工资。做会计分录如下：

借：应付职工薪酬——工资　　　　　　　　108844

　　贷：库存现金　　　　　　　　　　　　　　108844

（3）结转代扣款项，做会计分录如下：

借：应付职工薪酬——工资　　　　　　　　4895

　　贷：其他应收款——水电费　　　　　　　　2600

　　　　其他应付款—— 住房公积金　　　　　1895

　　　　应交税费——个人所得税　　　　　　　400

职工在规定期限内未领取的工资，由发放工资的单位交回财会部门时应借记"库存现金"科目，贷记"其他应付款"科目。

目前，不少企业与银行联合，为职工办理了工资活期储蓄。企业只需办理转账手续，省去了提取现金、分发工资等工作，大大减轻了会计人员的工作量。每月，由银行将工资直接转入职工活期储蓄存单，职工可以随用随取。企业应按照实发工资数额，借记"应付职工薪酬——工资"科目，贷记"银行存款"科目。

（2）工资分配的会计处理

在实际工作中，财会人员应于期末根据"工资结算汇总表"及有关资料，编制"职工工资分配表"，作为工资分配的核算依据。

【例8-3】　假设盛达建筑公司根据2012年8月份的"工资结算汇总表"编制"工资分配表"如表8-3所示。

工资分配表　　　　　　　　表8-3

2012年8月　　　　　　　　单位：元

	建筑安装工 人	机械操作工人	辅助生产人员	现场管理人员	材料采购人员	行政管理人员	合计
工程施工	75250						75250
机械作业		9667					9667
生产成本——辅助生产成本			5165				5165
工程施工——间接费用				6052			6052
采购保管费					4985		4985
管理费用						12620	12620
合　计	75250	9667	5165	6052	4985	12620	113739

根据表8-3，做会计分录如下：

借：工程施工　　　　　　　　　　　　　　　　　75250

　　机械作业　　　　　　　　　　　　　　　　　9667

　　生产成本——辅助生产成本　　　　　　　　　5165

　　工程施工——间接费用　　　　　　　　　　　6052

　　采购保管费　　　　　　　　　　　　　　　　4985

　　管理费用　　　　　　　　　　　　　　　　　12620

　　贷：应付职工薪酬——工资　　　　　　　　　113739

2. 职工福利的核算

企业应在"应付职工薪酬"账户下设置"职工福利"明细账户，核算职工福利费的支付与分配情况。其借方登记实际支付的职工福利费，贷方登记分配计入各成本费用的职工福利费。

【例8-4】　盛达建筑公司××项目部以现金向吊车司机张文祥支付职工困难补助2000元。做会计分录如下：

借：机械作业　　　　　　　　　　　　　　　　　2000

　　贷：应付职工薪酬——职工福利　　　　　　　2000

同时：

借：应付职工薪酬——职工福利　　　　　　　　　2000

　　贷：库存现金　　　　　　　　　　　　　　　2000

【例8-5】　盛达建筑公司××项目部以往每月补贴给职工食堂的伙食补助为每人120元。2012年9月，由于物价上涨，项目部决定当月伙食补贴标准提高为每人补贴160元。

该项目部共有管理人员 20 人，施工生产人员 180 人。则有关会计分录如下：

借：工程施工——合同成本（人工费）　　　　　　28800
　　　　　　　——间接费用（薪酬）　　　　　　　3200
　　贷：应付职工薪酬——职工福利　　　　　　　　　　　　32000

支付时：

借：应付职工薪酬——职工福利　　　　　　　　　32000
　　贷：库存现金　　　　　　　　　　　　　　　　　　　　32000

3. 社会保险费和住房公积金的核算

应由职工个人负担的社会保险费和住房公积金，已根据职工工资的一定比例计算，列入"工资结算表"的代扣款项，在发放工资时扣除。

应由企业负担的社会保险费和住房公积金，应在职工为其提供服务的会计期间，根据职工工资的一定比例计算提取。

【例 8-6】　接例 8-3，盛达建筑公司负担的职工住房公积金按应付工资总额的 10% 计算，由企业为职工缴纳；职工个人负担部分，由企业代扣代缴。其会计处理如下：

（1）企业应计提住房公积金 = 113739×10% = 11373.9（元），按受益对象进行分配时，做会计分录如下：

借：工程施工　　　　　　　　　　　　　　　　7525
　　机械作业　　　　　　　　　　　　　　　　966.7
　　生产成本——辅助生产成本　　　　　　　　516.5
　　工程施工——间接费用　　　　　　　　　　605.2
　　采购保管费　　　　　　　　　　　　　　　498.5
　　管理费用　　　　　　　　　　　　　　　　1262
　　贷：应付职工薪酬——住房公积金　　　　　　　　　　11373.9

（2）企业代扣代缴由职工个人负担住房公积金见例 8-2 结转代扣款的处理。

（3）交纳本期住房公积金时：

借：应付职工薪酬——住房公积金　　　　　　　11373.9
　　其他应付款——住房公积金　　　　　　　　　1895
　　贷：银行存款　　　　　　　　　　　　　　　　　　　13268.9

4. 工会经费和职工教育经费的核算

企业计提工会经费和职工教育经费时，应根据职工工资的一定比例计算，按职工工资的用途进行分配。

【例 8-7】　盛达建筑公司按应付工资总额的 2%、1.5% 计提工会经费和职工教育经费，见表 8-4。

根据表 8-4，做会计分录如下：

借：工程施工　　　　　　　　　　　　　　　　2633.75
　　机械作业　　　　　　　　　　　　　　　　338.35
　　生产成本——辅助生产成本　　　　　　　　180.77
　　工程施工——间接费用　　　　　　　　　　211.82
　　采购保管费　　　　　　　　　　　　　　　174.48

	管理费用		441.70
	贷：应付职工薪酬——工会经费		2274.78
	应付职工薪酬——职工教育经费		1706.09

工会经费及职工教育经费计提分配表   表 8-4
2012 年 8 月   单位：元

应借科目名称	人员类别	计提依据	计提金额		合计
		工资总额	工会经费 2%	职工教育经费 1.5%	
工程施工	建安生产工人	75250	1505.00	1128.75	2633.75
机械作业	机械作业工人	9667	193.34	145.01	338.35
生产成本——辅助生产成本	辅助生产工人	5165	103.30	77.47	180.77
工程施工——间接费用	现场管理人员	6052	121.04	90.78	211.82
采购保管费	材料采购人员	4985	99.70	74.78	174.48
管理费用	管理服务人员	12620	252.40	189.30	441.70
合计		113739	2274.78	1706.09	3980.87

企业支付工会经费用于工会活动或支付职工教育经费用于职工培训时，应借记"应付职工薪酬——工会经费（或职工教育经费）"科目，贷记"银行存款"科目。

5. 非货币性福利的核算

（1）施工企业以自产产品作为非货币性福利发放给职工的，一方面作产品销售处理，以该产品的公允价值和相关税费确定非货币性福利的金额，借记"应付职工薪酬——非货币性福利"账户，贷记"其他业务收入"、"应交税费——应交增值税（销项税额）"等账户。另一方面根据受益对象，计入相关资产成本或当期损益，同时确认负债，借记有关成本费用账户，贷记"应付职工薪酬——非货币性福利"账户。

（2）企业将拥有的房屋等资产无偿提供给职工使用的，一方面根据该住房每期应计提的折旧，借记"应付职工薪酬——非货币性福利"科目，贷记"累计折旧"等科目。另一方面根据受益对象，将该住房每期应计提的折旧计入相关资产成本或当期损益，同时确认负债，借记有关成本费用账户，贷记"应付职工薪酬——非货币性福利"账户。

（3）企业租赁住房等资产供职工无偿使用的，一方面根据每期应付的租金确定非货币性福利金额，借记"应付职工薪酬——非货币性福利"科目，贷记"银行存款"等科目。另一方面根据受益对象，将支付的租金计入相关资产的成本或当期损益，同时确认负债，借记有关成本费用账户，贷记"应付职工薪酬——非货币性福利"账户。

（4）向职工提供企业支付了补贴的商品或服务

企业有时以低于企业取得资产或服务成本的价格向职工提供资产或服务，比如以低于成本的价格向职工出售住房、以低于企业支付的价格向职工提供医疗保健服务等。以提供包含补贴的住房为例，企业在出售住房等资产时，应当将出售价款与成本的差额（即相当于企业补贴的金额）部分按下列情况处理：

如果出售住房的合同或协议中规定了职工在购得住房后至少应当提供服务的年限，企业应当将该差额作为长期待摊费用处理，并在合同规定的服务年限内平均摊销，根据受益对象分别计入相关资产成本或当期损益。

如果出售住房的合同或协议中未规定职工在购得住房后必须服务的年限，企业应当将该项差额直接计入出售住房当期的损益。因为在这种情况下，该项差额相当于是对职工过去提供服务成本的一种补偿，不以职工的未来服务为前提，因此应该立即确认为当期损益。

应当注意的是，以补贴后价格向职工提供商品或服务的非货币性福利，应与企业直接向职工提供购房补贴、购车补贴等区分开来。后者属于货币性补贴，与其他货币性薪酬如工资一样，应当在职工提供服务的会计期间，按照企业各期预计补贴金额，确定企业应承担的薪酬义务，并根据受益对象计入相关资产的成本或当期损益。

【例 8-8】 盛达建筑公司××项目部决定租赁几套住房作为职工集体宿舍提供给建筑安装工人免费使用，项目部需每月支付租金 4800 元；同时决定为 3 名项目管理人员每人配备一辆越野车，假定每辆越野车的月折旧额为 1000 元。有关账务处理如下：

（1）计提越野车折旧：借：工程施工——间接费用　　　　　　　　3000
　　　　　贷：应付职工薪酬　　　　　　　　　　　　　　3000
　　借：应付职工薪酬——非货币性福利　　　　3000
　　　　　贷：累计折旧　　　　　　　　　　　　　　　　3000
（2）确认住房租金：
　　借：工程施工——合同成本（人工费）　　　4800
　　　　　贷：应付职工薪酬——非货币性福利　　　　　　4800
　　借：应付职工薪酬——非货币性福利　　　　4800
　　　　　贷：银行存款　　　　　　　　　　　　　　　　4800

【例 8-9】 2012 年 6 月，盛达建筑公司购买了 100 套全新的公寓拟以优惠价格向职工出售。售房协议规定，职工在取得住房后必须在公司服务 20 年。该公司共有 100 名职工，其中 80 位施工生产人员，12 位施工管理人员，8 位公司管理人员。公司拟向施工生产人员出售的住房平均每套购买价为 100 万元，优惠出售价为每套 80 万元；拟向管理人员出售的住房平均每套购买价为 180 万元，优惠出售价为每套 150 万元。假定公司 100 名职工均在 2008 年度中陆续购买了公司出售的住房。不考虑相关税费。有关会计处理为：

（1）出售住房时，做会计分录如下：
　　借：银行存款　　　　　　　　　　　　　　94000000
　　　　长期待摊费用　　　　　　　　　　　　22000000
　　　　　贷：固定资产　　　　　　　　　　　　　　116000000
（2）出售住房后的每年，公司应按直线法摊销长期待摊费用。做会计分录如下：
　　借：工程施工——合同成本　　　　　　　　800000
　　　　工程施工——间接费用　　　　　　　　180000
　　　　管理费用　　　　　　　　　　　　　　120000
　　　　　贷：应付职工薪酬——非货币性福利　　　　　1100000
　　借：应付职工薪酬——非货币性福利　　　　1100000
　　　　　贷：长期待摊费用　　　　　　　　　　　　　1100000

6. 辞退福利的核算

（1）辞退福利的形式

辞退福利通常采取在解除劳动关系时一次性支付补偿的方式，也有通过提高退休后养老金或其他离职后福利的标准，或者将职工工资支付至辞退后未来某一期间的方式。

（2）辞退福利的确认

辞退福利在满足规定条件的情况下，应当确认解除与职工的劳动关系给予补偿而产生的预计负债，同时计入当期管理费用。

满足辞退福利确认条件、实质性辞退工作在一年内完成、但付款时间超过一年的辞退福利，企业应当选择恰当的折现率，以折现后的金额计量应付职工薪酬。

企业应当严格按照辞退计划条款的规定，合理预计并确认辞退福利产生的应付职工薪酬。对于职工没有选择权的辞退计划，应当根据辞退计划条款规定的拟解除劳动关系的职工数量、每一职工的辞退补偿标准等，确认应付职工薪酬。企业对于自愿接受裁减的建议，应当预计将会接受裁减建议的职工数量、根据预计的职工数量和每一职位的辞退补偿标准等，确认应付职工薪酬。

（3）辞退福利的会计处理

由于被辞退职工不再能给企业带来任何经济利益，辞退福利应当计入当期损益而不计入资产成本。企业应当根据已确定的解除劳动关系计划或自愿裁减建议所确定的补偿金额，借记"管理费用"科目，贷记"应付职工薪酬——辞退福利"科目。实际支付辞退福利时，应借记"应付职工薪酬——辞退福利"科目，贷记"银行存款"科目。

【例 8-10】 企业因转产，决定辞退 100 名职工。拟辞退职工的补偿标准为每人一次性支付现金 60000 元，辞退计划已经通过，辞退标准和时间已与职工协商一致。有关账务处理为：

借：管理费用　　　　　　　　　　　　　　　　　6000000

　　贷：应付职工薪酬——辞退福利　　　　　　　　　　6000000

7. 以现金结算的股份支付的核算

对职工以现金结算的股份支付，应当按照企业承担的以股份或其他权益工具为基础计算确定的负债的公允价值计量。除授予后立即可行权的以现金结算的股份支付外，授予日一般不进行会计处理。授予日，是指股份支付协议获得批准的日期。其中，获得批准是指企业与职工就股份支付的协议条款和条件已达成一致，该协议获得股东大会或类似机构的批准。

授予后立即可行权的以现金结算的股份支付，应当在授予日以企业承担负债的公允价值，借记"管理费用"、"机械作业"、"工程施工"等科目，贷记"应付职工薪酬——股份支付"科目。完成等待期内的服务或达到规定业绩条件以后才可行权的以现金结算的股份支付，在等待期限内的每个资产负债表日，按照当期应确认的成本费用的金额，借记"管理费用"、"机械作业"、"工程施工"等科目，贷记"应付职工薪酬"科目。在可行权日之后，以现金结算的股份支付当期公允价值的变动金额，借记或贷记"公允价值变动损益"科目，贷记或借记"应付职工薪酬"科目。

8. 带薪缺勤的核算

除上述工资、福利、五险一金、非货币性福利、辞退福利等常规薪酬外，实务中企业可能对各种原因产生的缺勤进行补偿，比如年休假、生病、短期伤残、婚假、产假、丧假、探亲假等。带薪缺勤可以分为两类：

（1）非累积带薪缺勤，是指带薪权利不能结转下期的带薪缺勤，即如果当期带薪权利没有行使完就予以取消，并且职工在离开企业时对未使用的权利无权获得现金支付。根据我国《劳动法》规定，国家实行带薪年休假制度，劳动者在法定休假日和婚丧假期间以及依法参加社会活动期间，用人单位应当依法支付工资。因此，我国企业职工休婚假、产假、丧假、探亲假、病假期间的工资通常属于非累积带薪缺勤。对于该带薪缺勤，企业一般应在计算应付职工薪酬时一并处理。

（2）累积带薪缺勤，是指带薪权利可以结转下期的带薪缺勤，如果本期的带薪权利没有用完，可以在未来期间使用。当职工提供了服务从而增加了其享有的未来带薪缺勤权利时，企业就产生了一项义务，应当予以确认和计量，并按照带薪缺勤计划予以支付。

有些累积带薪缺勤在职工离开企业时，对未行使的权利有权获得现金支付。如果职工在离开企业时能够获得现金支付，企业就应当确认企业必须支付的、职工全部累计未使用权利的金额。如果职工在离开企业时不能获得现金支付，则企业应当根据资产负债表日因累计未使用权利而导致的预期支付的追加金额，作为累积带薪缺勤费用进行预计。

【例 8-11】 盛达建筑公司从 2008 年 1 月 1 日起施行累积带薪缺勤制度。制度规定，该公司每名职工每年有权享受 12 个工作日的带薪休假，休假权利可以向后结转 2 个日历年度。在 2 年末，公司将对职工未使用的带薪休假权利支付现金。假定该公司每名职工平均每月工资 2000 元，每名职工每月工作日 20 个，每个工作日平均工资 100 元。以公司一名直接施工生产工人为例，有关会计处理为：

（1）假定 2008 年 1 月，该名职工没有休假。公司应当在职工为其提供服务的当月，累计相当于 1 个工作日工资的带薪休假义务，并作如下账务处理：

借：工程施工 2100
　贷：应付职工酬薪——工资 2000
　　　　　　　　——累积带薪缺勤 100

（2）假定 2008 年 2 月，该名职工休了一天假，公司应当在职工为其提供服务的当月，累计相当于 1 个工作日工资的带薪休假义务，反映职工使用累计权利的情况，并作如下账务处理

借：工程施工 2100
　贷：应付职工酬薪——工资 2000
　　　　　　　　——累积带薪缺勤 100
借：应付职工酬薪——累积带薪缺勤 100
　贷：工程施工 100

上述第 1 笔会计分录反映的是公司因职工提供服务而应付的工资和累积的带薪休假权利，第 2 笔分录反映的是该名职工使用上期累计的带薪休假权利。

（3）假定第 2 年末（2009 年 12 月 31 日），该名职工有 5 个工作日未使用的带薪休假，公司以现金支付了未使用的带薪休假。

借：应付职工酬薪——累积带薪缺勤 500
　贷：库存现金 500

8.3 辅助生产成本的核算

8.3.1 辅助生产成本的核算方法

辅助生产是指企业的辅助生产部门为工程施工、机械作业等生产材料、提供劳务而进行的生产。辅助生产部门是指企业所属的非独立核算的生产单位，如机修车间、供水站、供电站、运输队等。辅助生产部门发生的各项费用，先通过"生产成本——辅助生产成本"账户进行归集，然后再采用合理的分配方法，分配给各受益对象负担。只有在分配了辅助生产费用之后，才能进行工程成本的计算。辅助生产费用的多少、成本的高低，直接影响着工程成本的水平。因此，正确组织辅助生产成本的核算，是正确进行工程成本核算的重要前提。

8.3.2 辅助生产成本的归集

辅助生产部门发生的各项生产费用，应按成本核算对象和成本项目进行归集。

辅助生产的成本核算对象可按生产的材料和提供劳务的类别确定。

辅助生产的成本项目一般包括以下几项：

（1）人工费。指辅助生产工人的各种薪酬和劳动保护费。

（2）材料费。指辅助生产部门耗用的各种材料的实际成本，以及周转材料的摊销额及租赁费。

（3）其他直接费。指除上述项目以外的其他直接生产费用，包括折旧及修理费、水电费等。

（4）间接费用。指为组织和管理辅助生产所发生的费用。

为了归集各个辅助生产部门发生的生产费用，企业应在"生产成本——辅助生产成本"账户下，按车间、单位或部门设置"辅助生产成本明细账"，归集发生的生产费用。"辅助生产成本明细账"的一般格式，如表 8-5 所示。

表 8-5

辅助生产成本明细账

部门：机修车间

2003 年		凭证号数	摘　要	借　方					贷方	借或贷	余额
月	日			人工费	材料费	其他直接费	间接费用	合计			
略	略	略	领用燃油料		500			500		借	500
			分配工资	1900				1900		借	2400
			计提折旧			400		400		借	2800
			结转机械修理成本						2800	平	
			本月合计	1900	500	400		2800	2800		

现以盛达建筑公司非独立核算的机修车间为例，说明归集辅助生产费用的方法。

【例 8-12】 领用油料 500 元用于机械修理。做会计分录如下：

借：生产成本——辅助生产成本——机修车间（材料费）　500

贷：原材料——其他材料   500

【例 8-13】　本月应负担工资费用 1900 元。做会计分录如下：

借：生产成本——辅助生产成本——机修车间（人工费）　1 900

    贷：应付职工薪酬   1 900

【例 8-14】　计提本月固定资产的折旧费 400 元。做会计分录如下：

借：生产成本——辅助生产成本——机修车间（其他直接费）　　400

    贷：累计折旧   400

【例 8-15】　假设上述费用均为修理施工机械发生，期末结转给机械作业负担。做会计分录如下：

借：机械作业   2800

    贷：生产成本——辅助生产成本——机修车间   2800

根据以上会计分录，登记"辅助生产成本明细账"，见表 8-5。

8.3.3　辅助生产成本的分配和结转

辅助生产的类型不同，其成本分配结转的方法也不一样。生产材料和结构件的辅助生产部门发生的费用，一般于生产完成验收入库时转入"原材料"或"库存商品"等账户；提供劳务的辅助生产部门发生的费用，则应采用一定的方法在各受益对象之间进行分配。分配方法主要包括直接分配法、一次交互分配法和计划成本分配法等。

1. 直接分配法

直接分配法是指将各辅助生产部门发生的费用，直接分配给辅助生产以外的各受益对象负担，各辅助生产单位之间相互提供劳务均不相互分配费用。计算公式如下：

$$\frac{某项劳务的}{分配单价} = \frac{生产该劳务的辅助生产部门直接发生的费用}{该项劳务总量 - 其他辅助生产部门耗用的劳务量}$$

某受益对象应负担的费用 = 该受益对象耗用的劳务量 × 该项劳务的分配单价

【例 8-16】　盛达建筑公司××项目部有机修和供电两个辅助生产车间，本月发生的生产费用为：机修车间 64 000 元，供电车间 51 000 元。本月提供劳务量情况见表 8-6。

劳务供应量统计表　　　　　　　　　　　　　　　　　表 8-6

受益对象	机修车间（修理工时）	供电车间（度）
机修车间		10000
供电车间	800	
施工生产		10000
施工机械	2500	5000
施工管理部门	700	5000
合计	4000	30000

根据上述资料，按直接分配法编制"辅助生产费用分配表"，如表 8-7 所示。

辅助生产费用分配表 表 8-7

（直接分配法）

受益对象	机修车间			供电车间			费用合计
	劳务量	单位成本	分配金额	劳务量	单位成本	分配金额	
施工生产				10000		25500	25500
施工管理部门	700	20 元/工时	14000	5000	2.55 元/度	12750	26750
施工机械	2500		50000	5000		12750	62750
合计	3200		64000	20000		51000	115000

根据上表，做会计分录如下：

借：工程施工——合同成本   25500

    工程施工——间接费用   26750

    机械作业   62750

    贷：生产成本——辅助生产成本——机修车间   64000

        生产成本——辅助生产成本——供电车间   51000

直接分配法计算简单，但准确性较差，只适用于各辅助生产部门相互提供劳务较少的情况。

2. 一次交互分配法

一次交互分配法，是指先将各辅助生产部门直接发生的费用在各辅助生产部门之间进行交互分配，然后再将交互分配后的费用向辅助生产以外的受益对象分配。由于交互分配只进行一次，所以称为一次交互分配法。其分配程序和方法如下：

第一步，各辅助生产部门之间进行交互分配。计算公式如下：

$$\text{某项劳务的交互分配单价} = \frac{\text{生产该劳务的辅助生产部门直接发生的费用}}{\text{该辅助生产部门提供的劳务总量}}$$

$$\text{某辅助生产部门应分配的某项劳务费用} = \text{该辅助生产部门耗用的劳务量} \times \text{某项劳务的交互分配单价}$$

第二步，向辅助生产部门以外的受益对象分配。计算公式如下：

$$\text{外分配单价} = \frac{\text{该项劳务原始费用} + \text{交互分配转入费用} - \text{交互分配转出费用}}{\text{该项劳务总量} - \text{其他辅助生产部门耗用的劳务量}}$$

$$\text{某受益对象应负担的某项劳务费用} = \text{该受益对象耗用的劳务量} \times \text{该项劳务分配单价}$$

【例 8-17】 仍依例 8-16，按一次交互分配法分配辅助生产费用。

（1）交互分配：

$$\text{机修车间交互分配单价} = \frac{64000}{4000} = 16 \text{ 元/工时}$$

供电车间应负担的修理费 = 800×16 元 = 12800（元）

$$\text{供电车间交互分配单价} = \frac{51000}{30000} = 1.7 \text{ 元/度}$$

机修车间应负担的电费 = 10000×1.70 元 = 17000（元）

做会计分录如下：

借：生产成本——辅助生产成本——机修车间（其他直接费）17000

生产成本——辅助生产成本——供电车间（其他直接费）12800

贷：生产成本——辅助生产成本——供电车间　　　17000

生产成本——辅助生产成本——机修车间　　　12800

（2）对外分配：

机修车间对外分配单价 $= \dfrac{64000+17000-12800}{4000-800} = 21.31$ 元/工时

供电车间对外分配单价 $= \dfrac{51000+12800-17000}{30000-10000} = 2.34$ 元/度

施工生产应负担的劳务费 $= 10000 \times 2.34 = 23\,400$（元）

施工管理部门应负担的劳务费 $= 700 \times 21.31 + 5000 \times 2.34 = 26620$（元）

机械作业应负担的劳务费 $= 2500 \times 21.31 + 5000 \times 2.34 = 64980$（元）

做会计分录如下：

借：机械作业　　　　　　　　　　　　　　　　64980

工程施工——合同成本　　　　　　　　　　23400

工程施工——间接费用　　　　　　　　　　26620

贷：生产成本——辅助生产成本——机修车间　　　68200

生产成本——辅助生产成本——供电车间　　　46800

一次交互分配法分配结果准确，但计算工作量大。一般适用于各辅助生产部门之间相互提供劳务较多的情况。

3. 计划成本分配法

计划成本分配法是指根据各辅助生产部门提供劳务的计划单价和各受益对象实际耗用的劳务量分配辅助生产费用的方法。其分配程序和方法如下：

第一步，按计划单价向包括辅助生产部门在内的受益对象分配费用。计算公式如下：

$$\begin{matrix} 某受益对象应负担 \\ 的某项劳务费用 \end{matrix} = \begin{matrix} 该受益对象耗 \\ 用的劳务量 \end{matrix} \times \begin{matrix} 该项劳务的 \\ 计划单价 \end{matrix}$$

第二步，追加分配实际成本与计划分配数的差额。计算公式如下：

$$差额分配率 = \frac{该辅助生产部门直接发生的费用+初次分配转入费用-初次分配转出费用}{该辅助生产部门提供的劳务总量-其他辅助生产部门耗用的劳务量}$$

$$\begin{matrix} 某受益对象应 \\ 调整的费用 \end{matrix} = \begin{matrix} 该受益对象耗 \\ 用的劳务量 \end{matrix} \times \begin{matrix} 差额分 \\ 配率 \end{matrix}$$

若计划分配数与实际成本的差额较小，也可直接将其计入施工间接费用，以简化分配计算手续。

【例 8-18】　仍依例 8-16，按计划成本分配法分配辅助生产费用。假设供电的计划单价为 1.6 元/度，机修工时的计划单价为 16 元/工时。分配计算如下：

第一步，先按计划单价分配：

机修车间应负担费用 $= 1.6 \times 10000 = 16000$（元）

供电车间应负担费用 $= 16 \times 800 = 12800$（元）

施工生产应负担费用＝1.6×10000＝16000(元)

施工机械应负担费用＝1.6×5000＋16×2500＝48000(元)

管理部门应负担费用＝1.6×5000＋16×700＝19200(元)

做会计分录如下：

借：生产成本——辅助生产成本——机修车间　　　　　16000

　　生产成本——辅助生产成本——供电车间　　　　　12800

　　工程施工——合同成本　　　　　　　　　　　　　16000

　　机械作业　　　　　　　　　　　　　　　　　　　48000

　　工程施工——间接费用　　　　　　　　　　　　　19200

　　贷：生产成本——辅助生产成本——机修车间　　　　　64000

　　　　生产成本——辅助生产成本——供电车间　　　　　48000

第二步，分配结转实际成本与已分配费用之间的差额：

为简化核算手续，实际发生费用与已分配费用之间的差额全部计入施工间接费用。做会计分录如下：

借：工程施工——间接费用　　　　　　　　　　　3000

　　贷：生产成本——辅助生产成本——供电车间　　　　3000

按计划成本分配法分配辅助生产费用，方法简便，核算及时，便于考核辅助生产部门成本计划的执行情况。该方法一般适用于各辅助生产部门提供劳务、作业的实际单位成本比较稳定的情况。

8.4　机械作业成本的核算

机械作业成本是施工企业使用施工机械进行机械化施工和运输作业，以及机械出租业务发生的各项费用。

施工企业的各施工单位使用自有施工机械和运输设备进行机械化施工和运输作业，以及机械出租业务，称为机械作业。机械作业成本的高低直接影响着工程成本的水平。因为只有在分配了机械作业成本之后，才能进行工程成本的计算。随着机械化施工程度的不断提高，工程成本中机械使用费的比重也越来越大。合理组织机械作业成本的核算是正确进行工程成本核算的前提。因此，企业应加强施工机械的管理，准确归集和分配机械作业成本。

企业使用自有施工机械或运输设备进行机械施工发生的各项费用，应采用先归集后分配的方法组织核算。

8.4.1　机械作业成本的归集

企业使用自有施工机械或运输设备进行机械施工发生的各项费用，应通过"机械作业"账户归集，月末再按一定的方法分配计入各受益对象的成本中。在"机械作业"账户下，还应按成本核算对象和成本项目设置明细账进行明细核算。

1. 机械作业的成本核算对象

机械作业的成本核算对象，应按施工机械或运输设备的种类确定。一般情况下，对大型施工机械，按单机或机组确定成本核算对象；对中小型施工机械，可按类别确定成本核算对象；对于没有专人使用的小型施工机械，如打夯机等，可将几类机械合并为一个成本核算对象。

2. 机械作业的成本项目

机械作业的成本项目一般包括下列几项：

（1）人工费。指机械操作人员的各种薪酬。

（2）燃料及动力费。指施工机械或运输设备运转所耗用的燃料、电力等费用。

（3）折旧及修理费。指按照规定标准计提的折旧、发生的修理费，以及替换工具和部件（如轮胎、钢丝绳等）的摊销费等。

（4）其他直接费。指除上述各项以外的其他直接费用，包括润滑及擦拭材料费、养路费以及施工机械的搬运、安装拆卸和辅助设施费。

（5）间接费用。指为组织和管理机械施工和运输作业发生的各项费用（如养路费、修理期间的停工费、停机棚的折旧和维修费、事故损失等）。

如果企业的施工机械仅为本企业的施工生产服务，为了简化核算手续，可只核算其直接成本，不负担间接费用。但是如果有机械出租业务，则应负担间接费用，以全面考核机械作业成本。

【例8-19】 盛达建筑公司××项目部的混凝土搅拌机本月发生下列费用，有关会计处理如下：

（1）领用燃油料的实际成本为945元。做会计分录如下：

借：机械作业——混凝土搅拌机（燃料及动力费）　　945
　　贷：原材料——其他材料　　　　　　　　　　　　945

（2）分配机械操作人员工资1000元。做会计分录如下：

借：机械作业——混凝土搅拌机（人工费）　　1000
　　贷：应付职工薪酬——工资　　　　　　　　1000

（3）经研究决定，本月应付机械操作人员福利费140元。做会计分录如下：

借：机械作业——混凝土搅拌机（人工费）　　140
　　贷：应付职工薪酬——职工福利　　　　　　140

（4）以银行存款支付混凝土搅拌机的维修费150元。做会计分录如下：

借：机械作业——混凝土搅拌机（折旧及修理费）　　150
　　贷：银行存款　　　　　　　　　　　　　　　　150

（5）本月混凝土搅拌机应计提折旧费280元。做会计分录如下：

借：机械作业——混凝土搅拌机（折旧及修理费）　　280
　　贷：累计折旧　　　　　　　　　　　　　　　　280

（6）以银行存款支付混凝土搅拌机修理费140元。做会计分录如下：

借：机械作业——混凝土搅拌机（折旧及修理费）　　140
　　贷：银行存款　　　　　　　　　　　　　　　　140

（7）以银行存款支付混凝土搅拌机外购电费131元。做会计分录如下：

借：机械作业——混凝土搅拌机（燃料及动力费）　　131
　　贷：银行存款　　　　　　　　　　　　　　　　131

根据以上会计分录登记"机械作业成本明细账"，见表8-8。

机械作业成本明细账 表 8-8

成本核算对象：混凝土搅拌机

| 2003 年 | | 凭证号数 | 摘　　要 | 借　　方 | | | | | | 贷方 | 余额 |
月	日			人工费	燃料动力费	折旧及修理费	其他直接费	间接费用	合计		
略	略	略	领用燃油料		945				945		945
			分配工资	1000					1000		1945
			计提职工福利费	140					140		2085
			支付维修费			150			150		2235
			计提折旧			280			280		2515
			支付修理费			140			140		2655
			支付外购电费		131				131		2786
			结转作业成本							2786	平
			本月合计	1140	1076	570			2786	2786	平

8.4.2 承包工程机械作业成本的分配

会计期末，为本单位承包的工程进行机械化施工和运输作业发生的成本，应分配转入受益工程的成本，借记"工程施工"账户，贷记"机械作业"账户。

1. 分配依据

为了考核施工机械的使用情况，同时也为机械作业成本的分配提供依据，使用单位应建立和健全施工机械使用情况的各项原始记录，如"机械运转记录"、"机械使用月报"等。"机械运转记录"反映每一机械的运转情况及受益对象，由机械操作人员逐日填写；"机械使用月报"反映所有机械的运转情况及受益对象，由机械管理部门根据"机械运转记录"于月终汇总编制。

2. 分配方法

企业每月发生的机械作业成本，应采用以下方法进行分配：

（1）使用台班分配法

使用台班分配法是指根据机械的台班实际成本和各受益对象使用的台班数分配机械作业成本的方法。该方法适用于以单机或机组为成本核算对象的施工机械和运输设备作业成本的分配。其计算公式如下：

$$\text{某种机械台班实际成本} = \frac{\text{该种机械实际发生的费用}}{\text{该种机械实际作业台班}}$$

$$\text{某受益对象应负担的机械作业费用} = \text{该受益对象使用该种机械的台班数} \times \text{该种机械台班实际成本}$$

【例 8-20】 假设轮胎式起重机本月实际发生的费用为 7328 元，实际工作 20 个台班，其中为甲工程工作 12 个台班，为乙工程工作 8 个台班，分配计算如下：

轮胎起重机台班实际成本＝7328 元/20 台班＝366.40 元/台班

甲工程应分配的机械使用费＝12 台班×366.40 元/台班＝4397 元

乙工程应分配的机械使用费＝8 台班×366.40 元/台班＝2931 元

（2）完成产量分配法

　　完成产量分配法是指根据某种机械单位产量实际成本和各受益对象使用该种机械完成的产量分配机械使用费的方法。该方法适用于便于计算完成产量的各种机械作业成本的分配。其计算公式如下：

$$\frac{某种机械单位}{产量实际成本}=\frac{该种机械实际发生的费用}{该种机械实际完成的产量}$$

$$\frac{某受益对象应分配}{的机械作业费用}=\frac{该受益对象使用该}{种机械完成的产量}\times\frac{该种机械单位}{产量实际成本}$$

　　【例 8-21】 假设混凝土搅拌机本月实际发生费用 13930 元，实际搅拌混凝土 2786m³，其中甲工程 2000m³，乙工程 786m³。分配计算如下：

$$混凝土搅拌机单位产量实际成本=\frac{13930}{2786}=5（元/m^3）$$

$$甲工程应分配的机械使用费=2000m^3\times5\ 元/m^3=10000\ 元$$

$$乙工程应分配的机械使用费=786m^3\times5\ 元/m^3=3930\ 元$$

　　（3）预算成本分配法

　　预算成本分配法是以各受益对象的机械使用费预算成本作为分配标准分配机械作业成本的一种方法。该方法适用于以机械类别为成本核算对象，不便于确定台班或完成产量的机械作业费用的分配。其计算公式如下：

$$\frac{某类机械使用}{费分配系数}=\frac{该类机械实际发生的费用}{各受益对象的机械使用费预算成本}$$

$$\frac{某受益对象应分配}{的机械作业费用}=\frac{该受益对象的机械}{使用费预算成本}\times\frac{某类机械使用}{费分配系数}$$

　　【例 8-22】 假设小型机械本月发生的实际成本为 5332 元，各工程的机械使用费预算成本为 6060 元，其中甲工程 4060 元，乙工程 2000 元。分配计算如下：

$$小型机械使用费分配系数=\frac{5332}{6060}=0.88$$

甲工程应分配的机械使用费=4060 元×0.88=3572 元

乙工程应分配的机械使用费=2000 元×0.88=1760 元

　　对于只有一个工程成本核算对象的施工项目使用的各种施工机械，可只设置一个"机械作业成本明细账"，归集该项目各种施工机械发生的费用，于月终转入该工程成本的"机械使用费"中。结转时，借记"工程施工"账户，贷记"机械作业"账户。

8.4.3　机械出租成本的结转

　　会计期末，为外单位、本企业的专项工程等提供机械作业的成本，不得分配计入工程成本，而应结转给劳务成本负担。结转时，借记"劳务成本"账户，贷记"机械作业"账户。

8.5　工程实际成本的归集与分配

　　为了便于归集和分配施工生产费用，计算各建筑安装工程的实际成本，企业应在"工程施工——合同成本"明细账户下，分别开设"工程成本明细账"（二级账）和"工程成本卡"（三级账），并按成本项目分设专栏来组织成本核算。

"工程成本明细账"用以归集施工单位全部承包工程自年初起发生的施工生产费用，为考核和分析各期工程成本的节超提供依据。"工程成本明细账"的格式见表8-16。

"工程成本卡"按每一成本核算对象开设，用以归集每一成本核算对象自开工至竣工发生的全部施工费用。"工程成本卡"的格式见表8-17、表8-18。

8.5.1 人工费的归集与分配

工程成本中的人工费，是指支付给直接从事工程施工的建筑安装工人和在施工现场运料、配料等工人的各种薪酬。

人工费计入成本的方法，依人工费的性质和内容的不同而不同。企业应按以下原则确定各成本核算对象的人工费成本：

(1) 计件工资。计件工资一般都能分清受益对象，应直接计入各成本核算对象。

(2) 计时工资和加班工资。如果施工项目只有一个单位工程，或根据用工记录能够分清受益对象的，应直接计入各该成本核算对象；如果不能分清受益对象，则应根据用工记录分配。计算公式如下：

$$日平均计时工资 = \frac{建安工人计时工资总额 + 加班工资}{建安工人计时工日合计}$$

$$某成本核算对象应负担的计时工资 = 该成本核算对象实际耗用的计时工日数 \times 日平均计时工资$$

(3) 其他薪酬。其他薪酬包括各种奖金、工资性津贴、职工福利费、社会保险费、住房公积金、工会经费和职工教育经费、非货币新福利等，应按照合理的方法分配计入各成本核算对象。

企业在核算人工费成本时，应严格划分人工费的用途。非工程施工发生的人工费，一律不得计入工程成本。建筑安装工人从事现场临时设施搭建、现场材料整理和加工等发生的人工费，应计入"在建工程"、"采购保管费"等账户，不得计入工程成本。

【例8-23】 盛达建筑公司××项目部2012年8月份人工费资料如下：

(1) 应付计件工资30000元，其中甲工程18000元，乙工程12000元。

(2) 应付计时工资20000元。

(3) 应付其他工资6000元，其中工资性津贴3600元，生产奖2400元。

(4) 以现金向建安工人发放劳动保护用品的购置费5400元。

(5) 职工福利费（应付职工生活困难补助）7840元，其中甲工程4750元，乙工程3090元。

(6) 工日利用统计表，见表8-9。

工日利用统计表 表8-9

受益工程	计时工日	计件工日	合计
甲工程	480	700	1180
乙工程	320	300	620
合计	800	1000	1800

根据上述有关资料，编制人工费分配表，如表8-10所示。

人工费分配表   表 8-10

2012 年 8 月

项 目	工日数	分配率（元/工日）	甲工程		乙工程		合计
			工日	金额	工日	金额	
一、工资				33930		22070	56000
1. 计件工资	1000		700	18000	300	12000	30000
2. 计时工资	800	25	480	12000	320	8000	20000
3. 其他工资	1800	3.33	1180	3930	620	2070	6000
二、职工福利费				4750		3090	7840
三、劳动保护费	1800	3	1180	3540	620	1860	5400
合 计				42220		27020	69240

根据"人工费分配表"，作如下会计分录：

借：工程施工——合同成本——甲工程（人工费）   42220
　　工程施工——合同成本——乙工程（人工费）   27020
　　　贷：应付职工薪酬   69240
借：应付职工薪酬   5400
　　　贷：库存现金   5400

根据上述分录登记"工程成本明细账"和"工程成本卡"，见表 8-16～表 8-18。

8.5.2 材料费的归集与分配

工程成本中的材料费，是指在工程施工过程中耗用的构成工程实体的主要材料、结构件的实际成本，有助于工程形成的其他材料的实际成本，以及周转材料的摊销额和租赁费用。

施工现场储存的材料除了用于工程施工外，还可能用于搭建临时设施，或者用于其他非生产方面。企业必须根据发出材料的用途，严格划分工程用料和其他用料的界限，只有直接用于工程施工的材料才能计入工程成本。

施工生产中耗用的材料，品种多，数量大，领用频繁。因此，企业应根据发出材料的有关原始凭证进行整理、汇总，并应区分以下不同情况进行核算：

（1）凡领用时能点清数量并能分清用料对象的，应在有关领料凭证（领料单、限额领料单）上注明领料对象，直接计入各成本核算对象。

（2）领用时虽能点清数量，但属于集中配料或统一下料的材料，如油漆、玻璃等，应在领料凭证上注明"工程集中配料"字样，月末根据耗用情况，编制"集中配料耗用计算单"，据以分配计入各成本核算对象。"集中配料耗用计算单"的格式见第 6 章表 6-6。

（3）领料时既不易点清数量，又难以分清耗用对象的材料，如砖、瓦、灰、砂、石等大堆材料，可根据具体情况，由材料员或施工现场保管员验收保管，月末通过实地盘点，倒轧本月实耗数量，编制"大堆材料耗用计算单"，据以计入各成本核算对象。"大堆材料耗用计算单"的格式见第 6 章表 6-5。

（4）周转使用的模板、脚手架等周转材料，应根据各受益对象的实际在用数量和规定的摊销方法，计算当期摊销额，并编制"周转材料摊销分配表"，据以计入各成本核算对象。对租用的周转材料，则应按实际支付的租赁费直接计入各成本核算对象。

（5）施工中的残次材料和包装物品等，应尽量回收利用，填制"废料交库单"估价入账，并冲减工程成本。

（6）按月计算工程成本时，月末对已经办理领料手续，但尚未耗用，下月份仍需要继续使用的材料，应进行盘点，办理"假退库"手续，以冲减本期工程成本。

（7）工程竣工后的剩余材料，应填写"退料单"或用红字填写"领料单"，据以办理材料退库手续，并冲减工程成本。

期末，企业应根据领用材料的各种原始凭证，汇总编制"材料费用分配表"，作为各工程材料费核算的依据。

【例 8-24】 2012 年 8 月份，盛达建筑公司××项目部根据审核无误的各种领料凭证、大堆材料耗用计算单、集中配料耗用计算单、周转材料摊销分配表等，汇总编制"材料费用分配表"，见表 8-11。

材料费用分配表
表 8-11
2012 年 8 月

材料类别	甲工程	乙工程	合计
一、主要材料			
1. 黑色金属材料	101000	80800	181800
2. 硅酸盐材料	20400	12240	32640
3. 化工材料	3150	1050	4200
4. 小计	124550	94090	218640
二、结构件	30600	20400	51000
三、其他材料	4040	2020	6060
四、材料成本合计	159190	116510	275700
五、周转材料摊销额	3500	1500	5000

根据表 8-11 资料，作如下会计分录：

（1）借：工程施工——合同成本——甲工程（材料费） 159190
   工程施工——合同成本——乙工程（材料费） 116510
    贷：原材料——主要材料 218640
     ——结构件 51000
     ——其他材料 6060

（2）借：工程施工——合同成本——甲工程（材料费） 3500
   工程施工——合同成本——乙工程（材料费） 1500
    贷：周转材料——在用周转材料摊销 5000

【例 8-25】 期末，施工现场回收边角料 1000 元，其中甲工程 700 元，乙工程 300 元，做会计分录如下：

  借：原材料——其他材料 1 000
    贷：工程施工——合同成本——甲工程（材料费） 700
     工程施工——合同成本——乙工程（材料费） 300

根据上述分录，登记"工程成本明细账"和"工程成本卡"，见表 8-16～表 8-18。其中，回收废料业务可用红字在借方登记。

8.5.3 机械使用费的归集与分配

工程成本中的机械使用费，是指在施工过程中使用自有施工机械和运输设备发生的费用，租入施工机械支付的租赁费，以及施工机械的安装、拆卸和进出场费等。

1. 租入机械使用费的核算

从外单位或本企业其他内部独立核算单位租入施工机械支付的租赁费，根据"机械租赁费结算单"所列金额，直接计入各工程成本核算对象。如果租入机械为两个或两个以上的工程服务，可按各工程使用的台班数分配计入各成本核算对象。

【例 8-26】 月末，企业以转账支票支付租用市机械化施工公司推土机和挖掘机的租赁费 10000 元。根据各工程使用情况，编制"机械租赁费分配表"，见表 8-12。

机械租赁费分配表　　　　　　　　　　表 8-12

2012 年 8 月

受益对象	推土机		挖掘机		合　计
	台班单价：500 元		台班单价：1000 元		
	台班	金额	台班	金额	
甲工程	6	3000	3	3000	6000
乙工程	4	2000	2	2000	4000
合　计	10	5000	5	5000	10000

根据表 8-12 资料，作如下会计分录：

借：工程施工——合同成本——甲工程（机械使用费）　6000
借：工程施工——合同成本——乙工程（机械使用费）　4000
　　贷：银行存款　　　　　　　　　　　　　　　　　10000

2. 自有机械使用费的核算

企业使用自有施工机械或运输设备进行机械施工发生的各项费用，应通过"机械作业"账户归集，月末再按一定的方法分配计入各受益对象的成本中。其归集与分配方法已如前所述。

自有机械使用费的分配，应通过编制"自有机械使用费分配表"进行。"自有机械使用费分配表"的格式如表 8-13 所示。

自有机械使用费分配表　　　　　　　　　　表 8-13

受益对象	起重机	搅拌机	小型机械	合计
甲工程	4397	10000	3572	17969
乙工程	2931	3930	1760	8621
合　计	7328	13930	5332	26590

根据"自有机械使用费分配表"，做会计分录如下：

借：工程施工——合同成本——甲工程（机械使用费）　17969
　　工程施工——合同成本——乙工程（机械使用费）　8621
　　贷：机械作业　　　　　　　　　　　　　　　　　26590

3. 施工机械安装、拆卸和进出场费的核算

施工机械的安装、拆卸和进出场费，是指将机械运到施工现场、运离施工现场和在施工现场范围内转移的运输、安装、拆卸、试车等费用，以及为使用施工机械而建造的基础、底座、工作台、行走轨道等费用。这些费用如果数额不大，可以于发生时直接计入"机械作业"账户，列作当月工程成本；如果数额较大，受益期较长，可以通过"长期待摊费用"账户分期摊入各期工程成本。

【例 8-27】 盛达建筑公司××项目部本期支付施工机械安装及拆卸费 1000 元，进出场费 1200 元。其中甲工程负担 1380 元，乙工程负担 820 元。做会计分录如下：

借：工程施工——合同成本——甲工程（机械使用费） 1380
借：工程施工——合同成本——乙工程（机械使用费） 820
　　贷：银行存款 2200

根据上述会计分录，登记"工程成本明细账"和"工程成本卡"，见表 8-16～表 8-18。

8.5.4　其他直接费的归集与分配

其他直接费是指在施工过程中发生的除了人工费、材料费、机械使用费以外的直接与工程施工有关的各种费用，主要包括设计与技术援助费、特殊工种培训费、施工现场材料二次搬运费、生产工具用具使用费、检验试验费、工程定位复测费、工程点交费、场地清理费以及冬雨季施工增加费、夜间施工增加费等。其他直接费可分别以下三种情况进行核算：

（1）发生时能分清受益对象的费用，可直接计入各成本核算对象。

（2）发生时不能分清受益对象的费用，应采用适当的方法分配计入各成本核算对象。

（3）发生时难于同成本中的其他项目区分的费用（如冬雨季施工中的防雨、保温材料费，夜间施工的电器材料及电费，流动施工津贴，场地清理费，材料二次搬运费中的人工费、机械使用费等），为了简化核算手续，可于费用发生时列入"人工费"、"材料费"、"机械使用费"等项目核算。但在期末进行成本分析时，应将预算成本中的有关费用按一定的方法从"其他直接费"调至"人工费"、"材料费"、"机械使用费"等项目，以利于成本分析和考核。

【例 8-28】 本月以银行存款支付各种其他直接费 5000 元，其中甲工程应分摊 3500 元，乙工程应分摊 1500 元。做会计分录如下：

借：工程施工——合同成本——甲工程（其他直接费） 3500
借：工程施工——合同成本——乙工程（其他直接费） 1500
　　贷：银行存款 5000

根据上述分录，登记"工程成本明细账"和"工程成本卡"，见表 8-16～表 8-18。

8.5.5　间接费用的归集与分配

1. 间接费用的归集

间接费用是企业下属的各施工单位（施工队、项目部等）为组织和管理工程施工所发生的各项费用。一般难以分清受益对象，费用发生时先在"工程施工——间接费用"账户中归集，期末再按一定标准分配计入各成本核算对象。"工程施工——间接费用"明细账应采用多栏式账页，按费用项目设置和登记。其格式见表 8-14。

工程施工——间接费用明细账 表 8-14

2012 年 8 月

2012年		凭证号	摘要	借方							贷方	余额
月	日			管理人员薪酬	办公费	固定资产使用费	差旅交通费	劳动保护费	临时设施费	合计		
略	略	略	购买办公用品		500					500		500
			分配工资	3000						3000		3500
			计提折旧			4000				4000		7500
			浴池等燃料费					600		600		8100
			计提福利费	420						420		8520
			临时设施摊销费						3480	3480		12000
			支付水电费		1800					1800		13800
			报销差旅费				1200			1200		15000
			分配间接费用								15000	
			本月合计	3420	2300	4000	1200	600	3480	15000	15000	

2. 间接费用的分配

间接费用的分配标准应与预算取费相一致。一般情况下，建筑工程的施工间接费以直接费为标准分配，安装、装饰等工程的施工间接费以人工费为标准分配。根据施工工程的具体情况，间接费用的分配方法主要有以下几种：

（1）直接费比例法。即以各工程发生的直接费为标准分配间接费用的一种方法。其计算公式为：

$$间接费用分配率 = \frac{本月发生的全部间接费用}{各工程本月直接费成本之和} \times 100\%$$

$$\frac{某工程应负担}{的间接费用} = \frac{该类工程本月发生}{的直接费成本} \times \frac{间接费用}{分配率}$$

这种分配方法适用于一般建筑工程、市政工程、机械施工的大型土石方工程等建筑工程的间接费用的分配。

（2）人工费比例法。即以各工程发生的人工费为标准分配间接费用的一种方法。其计算公式为：

$$间接费用分配率 = \frac{本月发生的全部间接费用}{各工程本月人工费成本之和} \times 100\%$$

$$\frac{某工程应负担}{的间接费用} = \frac{该工程本月发生}{的人工费成本} \times \frac{间接费用}{分配率}$$

这种分配方法适用于各种安装工程、人工施工的土石方工程、装饰工程等的间接费用的分配。

（3）多步计算法。如果一个施工单位在同一时期内既进行建筑工程施工，又进行安装工程施工，其间接费用的分配应分两步进行：

第一步，先将发生的全部间接费用以人工费成本为标准在不同类型的工程之间进行分配。其计算公式为：

$$间接费用分配率＝\frac{本月发生的全部间接费用}{各类工程本月实际发生的人工费成本之和}×100\%$$

$$某类工程应负担的间接费用＝该类工程本月实际发生的人工费成本×间接费用分配率$$

第二步，将第一步分配到各类工程的间接费用，再以直接费成本或人工费成本作为分配标准，在各成本核算对象之间进行分配。分配方法同前所述。

【例8-29】 盛达建筑公司××项目部同时进行甲、乙两个土建工程的施工，本月"工程施工——间接费用"账户归集的间接费为56000元，本月甲工程发生的直接费为225059元，乙工程发生的直接费为156527元。各工程应负担的间接费用计算如下：

$$间接费用分配率＝\frac{56000}{225059＋156527}＝14.68\%$$

甲工程应负担的间接费＝225059×14.68%＝33030（元）

乙工程应负担的间接费＝156527×14.68%＝22970（元）

企业应编制"间接费用分配表"，作为分配间接费用的核算依据。"间接费用分配表"的格式如表8-15所示。

间接费用分配表　　　　　　　　　　　　　　　　　　表8-15

2012年8月

受益对象	分配标准	分配率（%）	分配金额（元）
甲工程	225059	14.68	33030
乙工程	156527	14.68	22970
合计	381586		56000

根据表8-15，做会计分录如下：

借：工程施工——合同成本——甲工程（间接费用）　　　33030

借：工程施工——合同成本——乙工程（间接费用）　　　22970

　　贷：工程施工——间接费用　　　　　　　　　　　　　　56000

根据上述分录，分别登记"工程成本明细账"和"工程成本卡"，见表8-16～表8-18。

工程成本明细账　　　　　　　　　　　　　　　　　　表8-16

2012年		凭证编号	摘　要	借　　方						贷方	余额
月	日			人工费	材料费	机械使用费	其他直接费	间接费	合计		
1	1		月初余额	3200	42000	2000			47200		47200
		略	分配工资	69240					69240		116440
			领用材料		275700				275700		392140
			周转材料摊销额		5000				5000		397140
			回收废料		−1000				−1000		396140
			支付机械租赁费			10000			10000		406140
			自有机械使用费			26590			26590		432730
			摊销机械进出场费			2200			2200		434930

续表

2012 年		凭证编号	摘　要	借　方						贷方	余额
月	日			人工费	材料费	机械使用费	其他直接费	间接费	合计		
			发生其他直接费				5000		5000		439930
			结转施工间接费					56000	56000		495930
			结转竣工工程成本							199841	296089
			本月合计	69240	279700	38790	5000	56000	448730		

工程成本卡　　　　　　　　　　　　表 8-17

成本核算对象：甲工程

2012 年		凭证编号	摘　要	借　方						贷方	余额
月	日			人工费	材料费	机械使用费	其他直接费	间接费	合计		
11	1		期初余额	2000	27000	1000			30000		30000
			分配工资	42220					42220		72220
			领用材料		159190				159190		231410
			周转材料摊销额		3500				3500		234910
			回收废料		−700				−700		234210
			支付机械租赁费			6000			6000		240210
			自有机械使用费			17969			17969		258179
			摊销机械进出场费			1380			1380		259559
			分摊其他直接费				3500		3500		263059
			分摊间接费					33030	33030		296089
			本月合计	42220	161990	25349	3500	33030	266089		

工程成本卡　　　　　　　　　　　　表 8-18

成本核算对象：乙工程

2012 年		凭证编号	摘　要	借　方						贷方	借或贷	余额
月	日			人工费	材料费	机械使用费	其他直接费	间接费	合计			
1	1		期初余额	1200	15000	1000			17200		借	17200
			分配工资	27020					27020		借	44220
			领用材料		116510				116510		借	160730
			周转材料摊销额		1500				1500		借	162230
			回收废料		−300				−300		借	161930
			支付机械租赁费			4000			4000		借	165930
			自有机械使用费			8621			8621		借	174551
			摊销机械进出场费			820			820		借	175371

2012年		凭证编号	摘　要	借　方						贷方	借或贷	余额
月	日			人工费	材料费	机械使用费	其他直接费	间接费	合计			
			分摊其他直接费				1500		1500		借	176871
			分摊间接费					22970	22970		借	199841
			结转竣工工程成本							199841	平	
			本月合计	27020	117710	13441	1500	22970	182641			

8.6　工程成本结算

通过以上核算，企业发生的各项施工费用已经归集在"工程成本明细账"和"工程成本卡"中。期末，还应进行工程成本结算。

8.6.1　工程成本结算的内容和方式

工程成本结算是指计算和确认工程预算成本、实际成本以及成本节超额，为考核成本计划的完成情况提供依据。

1. 工程成本结算的内容

工程成本结算包括以下内容：（1）计算工程的预算成本；（2）计算工程的实际成本；（3）计算工程成本降低额、降低率。其中，工程预算成本是指按照实物工程量和预算单价计算的工程成本，是考核工程成本节超额的依据，一般由预算人员提供。工程成本降低额是工程预算成本减去工程实际成本后的差额，降低率是工程成本降低额与工程预算成本的比率。故在此着重介绍工程实际成本的计算。

2. 工程成本结算的方式

工程成本结算包括定期结算、分段结算和竣工后一次结算等方式。企业应本着与工程价款结算期相一致的原则，确定各工程的成本结算方式。

对于工期短、造价低、竣工后一次结算工程价款的工程，其成本结算也应于竣工后一次进行。工程竣工前，"工程成本卡"中归集的生产费用，均为该工程未完施工的实际成本。工程竣工后，"工程成本卡"中归集的生产费用总额即为竣工工程的实际成本。

对于工期长、造价高、定期结算工程价款的工程，应采用定期计算与竣工结算相结合的方式进行工程成本结算。因为建筑工程施工周期长，如果等到工程竣工后再进行成本结算，就不能及时反映各期工程成本的节超情况，不便于及时采取降低成本的措施。因此，企业须按期计算已完工程的实际成本，并与预算成本比较，以分析成本节超。工程竣工后，再进行工程成本总结算。

8.6.2　定期结算方式下已完工程实际成本的计算

1. 已完工程和未完施工的确定

采用定期结算工程价款的工程，期末往往既有"已完工程"，又有"未完施工"，因此必须在期末进行未完施工盘点，确定已完工程和未完施工的数量，作为办理工程结算的依据。所谓已完工程，是指已经完成了预算定额规定的全部工序内容，在本企业不需要再进行施工的分部分项工程。所谓未完施工，是指已经投入人工、材料等进行施工，但尚未完成预算定额规定的全部工序内容，不能办理工程价款结算的分部分项工程。如墙面抹灰工程，预算定额规定应抹三遍，如果期末只抹了两遍，即为未完施工或未完工程。

2. 已完工程实际成本的计算

在定期结算成本时，必须将归集在"工程成本卡"上的施工生产费用在已完工程和未完施工之间进行分配。已完工程的实际成本可用下式计算：

本期已完工程实际成本＝期初未完施工成本＋本期发生的生产费用－期末未完施工成本

上式中，"期初未完施工成本"及"本期发生的生产费用"分别反映在"工程施工"明细账中，所以只要计算出期末未完施工成本，即可计算出本期已完工程的实际成本。可见，计算本期已完工程成本的关键是先行计算期末未完施工的成本。

3. 期末未完施工成本的计算

期末未完施工成本的计算方法包括按预算单价计算和按实际费用计算两种。

（1）按预算单价计算未完施工成本

如果期末未完施工在当期施工的工程中所占比重较小，而且期初、期末未完施工的数量变化也不大，为了简化核算手续，可以计算出期末未完施工的预算成本，将其视同为实际成本，用以计算本期已完工程的实际成本。期末未完施工预算成本的计算方法主要有以下两种：

1）估量法（又称约当产量法）。是指根据完工进度，将施工现场盘点确定的未完工程数量折合为相当于已完分部分项工程的数量，然后乘以分部分项工程的预算单价，计算其预算成本。其计算公式为：

期末未完施工成本＝期末未完施工数量×估计完工程度×分部分项工程预算单价

【例8-30】 假设盛达建筑公司××项目部承建的甲工程按月结算工程价款。月末对工程进行盘点，确定砖墙抹灰工程有未完施工1000m²，根据完工程度，编制"未完施工盘点表"，见表8-19。

未完施工盘点表   表8-19

2012年8月份

单位工程名称	分部分项工程		已 完 工 序					其 中			
	名称	预算单价（元）	工序名称	完工程度	数量（m²）	约当产量	预算成本	人工费	材料费	机械使用费	其他直接费
甲工程	砖墙抹灰	6	（略）	60%	1000	600	3600	600	2400	200	400
合计							3600	600	2400	200	400

这种方法一般适用于均衡投料、便于划分的分部分项工程。

2）估价法（又称工序成本法）。是指先确定分部分项工程各个工序的直接费占整个预算单价的百分比，用以计算出每个工序的预算单价，然后乘以未完工程各工序的工程量，确定出未完工程的预算成本。其计算公式如下：

某工序单价＝分部分项工程预算单价×某工序费用占预算单价的百分比

期末未完工程成本＝Σ（未完工程中某工序的完成量×该工序单价）

这种方法适用于不均衡投料或各工序工料定额有显著不同的分部分项工程。

【例 8-31】 假设某分部分项工程由三道工序组成，各工序占该分部分项工程的比重分别为 3：2：5，该分部分项工程的预算单价为每平方米 20 元。月末现场盘点，完成甲工序的有 400 平方米，完成乙工序的有 300 平方米，完成丙工序的有 200 平方米。则未完施工成本计算如下：

甲工序单价＝20×30％＝6（元）

乙工序单价＝20×20％＝4（元）

丙工序单价＝20×50％＝10（元）

未完施工成本＝400×6＋300×4＋200×10＝5600（元）

应当注意的是，按估价法计算未完施工的成本，先要计算出每个工序的单价，如果工序过多，应将工序适当合并，计算出每一扩大工序的单价，然后再乘以相应的未完施工数量来计算。

如果期末未完工程的材料费成本占比重较大，也可将未完施工的材料预算成本作为未完施工的成本，以简化计算手续。

（2）按实际费用计算未完施工成本

当期末未完施工占全部工程量的比重较大，且实际成本与预算成本的差异较大时，如果将未完施工的预算成本视同为实际成本，就会影响已完工程实际成本的正确性。因此，还应以预算成本为基础，分配计算未完施工的实际成本。未完施工的实际成本应按下列公式计算：

$$\text{期末未完施工实际成本} = \frac{\text{期初累计未完施工成本＋本期发生的生产费用}}{\text{累计已完工程预算成本＋本期未完施工预算成本}} \times \text{期末未完施工预算成本}$$

【例 8-32】 假设某单位工程本期发生的施工费用为 1120000 元，期初未完施工成本为 12000 元，本期已完工程预算成本为 955000 元，期末未完施工预算成本为 185000 元，则期末未完施工实际成本为：

$$\text{期末未完施工实际成本} = \frac{12000＋1120000}{955000＋185000} \times 185000 = 183701.75（元）$$

实行按工程形象进度分段结算工程价款的工程，其已完工程实际成本的计算方法与定期结算的方法基本相同，不再赘述。

对于尚未竣工的工程，计算出的已完工程实际成本只用于同工程预算成本、工程计划成本进行比较，以确定成本节超，考核成本计划的执行情况，并不从"工程施工"账户转出。这样，"工程施工"账户的余额，就可以反映某工程自开工至本期止累计发生的施工费用。待工程竣工后，再进行成本结转。

8.7 工程成本控制

工程成本控制是指为实现工程成本管理的目标，对形成成本的各项耗费进行指导、监督、调节和限制，及时控制与纠正即将发生和已经发生的偏差，把各项费用控制在规定的范围内。

工程成本的主要部分是在施工现场直接发生的。在实行项目法施工的情况下，工程成本管理的重心由企业管理层转向了工程项目部，工程成本控制的重点应该放在项目成本控制上。

8.7.1 工程成本控制的基本原则

1. 效益原则

实施成本控制的根本目的是要取得良好的经济效益。在实际施工过程中，建设单位通常对工程质量和工期有比较严格的要求。在成本与质量、工期发生矛盾时，工程项目部往往会抓质量、抢工期，而忽视成本控制。这就难以实现经济效益和社会效益统一的目标。因此，项目部应正确处理质量、工期、成本之间的关系，决不能顾此失彼，不惜代价，不计成本。对施工过程中有关工程量增加、设计变更等情况，应及时做好现场签证及索赔工作，以保证项目每笔支出都有相应的收入。

2. 全面性原则

工程成本管理是一项综合性的管理，工程施工的各个环节都直接或间接地对工程成本产生一定的影响。因此，成本控制必须坚持全面性的原则。全面性原则包括两个方面。一是全员参与成本控制。凡是与成本形成有关的人员都对成本控制承担相应的责任。要做到这一点，需要对成本指标进行层层分解，落实到人，并与其工资奖金挂钩，有奖有罚。二是全过程的控制。每个环节和过程都应该是成本控制的对象。从施工准备、施工过程、竣工验收、工程保修，每一项业务都应该纳入成本控制的范畴，从各个方面堵塞漏洞，杜绝浪费。

3. 责权利相结合的原则

要实现成本控制的目标，必须严格按照经济责任制的要求，贯彻责、权、利相结合的原则。有责无权，不能履行所承担的责任；有责无利，缺乏履行责任的动力。只有坚持责权利相结合，才能充分发挥成本控制的作用。

8.7.2 工程成本控制的程序

1. 制定成本控制标准

成本控制标准是对各项费用开支和资源消耗规定的数量界限，是成本控制和成本考核的依据。成本控制的标准可以根据成本形成的不同阶段和成本控制的不同对象确定。工程项目部应以各种定额和费用开支标准为成本控制的数量标准，把降低成本的要求与定额管理工作结合起来。

2. 执行标准

执行标准就是对成本形成的过程进行具体的监督。项目经理应根据各项成本指标，审核有关费用开支和资源消耗情况，实施增产节约的措施，保证成本计划的完成。

3. 揭示偏差

根据控制标准和实际执行情况，揭示实际成本脱离控制标准的差异程度，分析造成差异的原因和责任，组织力量及时纠正不利差异，提出降低成本的措施（或提出修订成本控制标准的方案）。

8.7.3 工程成本控制的方法

1. 制度控制

制度控制是企业管理层对工程成本实施的总体控制。它规定了成本控制的方法及内容，使工程项目的成本控制有章可循。制度控制是克服项目"以包代管"的有效手段，是企业行使监督、检查、协调及服务职能的依据和前提。如企业为控制项目机械使用费支出制定的《机械设备租赁管理办法》、为控制人工费成本制定的《劳务工作管理办法》等。

2. 定额控制

为了控制工程成本，企业除了掌握国家统一的建筑安装工程定额外，还必须有完善的内部定额。内部定额应以国家统一的定额为基础，结合现行的质量标准、安全操作规程、施工条件等编制。内部定额应作为编制施工预算、工长签发施工任务书、控制考核工效及材料消耗的依据。

3. 合同控制

合同控制是企业实施成本控制的一个重要方面，主要有以下三种形式：

(1) 项目经理部与公司之间的内部经济技术承包合同。该合同由公司与项目经理部签订，主要包括工程项目的承包方式、承包内容、双方的责任与权限、考核与奖惩办法等内容。合同对项目经理部的成本指标、成本降低额、成本降低率等指标作了具体规定，是项目经理部实施成本控制的主要目标。

(2) 项目经理部与公司有关职能部门之间的专业管理合同。实施项目承包后，产生了企业与项目两个层次的分离。为了充分发挥项目经理部和企业各职能部门的积极性和专业优势，二者之间有必要签订横向经济合同，明确各自的权利与义务，解决项目经理部与各职能部门监督与被监督、指导与被指导、协调与被协调的关系，促使职能部门发挥专业优势，协助项目部控制相关费用的支出，确保项目成本指标的实现。

(3) 项目经理与项目成员之间的岗位责任合同。此类合同包括项目经理与各专业管理人员（如成本核算员、预算员等）之间的岗位责任合同、项目经理与项目工长之间的单项工程承包合同、项目经理与劳务班组之间的人工费承包合同等。项目部每个成员工作质量的好坏，都会直接或间接地对项目成本产生影响。项目经理与项目成员之间签订合同，可激励成员在各自的岗位上尽职尽责地工作，分担项目经理的工作压力，体现出项目集体承包、利益共享、风险共担的特色。

以项目经理为中心的合同体系覆盖了项目管理的各个层面。上至企业的决策者，下至各个班组或个人，并涉及企业有关职能部门、有关人员，均对项目的成本控制负有责任，充分体现了成本控制的全面性原则。

8.7.4　工程成本控制的内容

1. 材料费的控制

材料费的控制包括两方面内容：一是材料用量的控制，二是材料价格的控制。

(1) 材料用量的控制

材料用量主要由项目经理部在施工过程中通过限额领料等方法进行控制。包括以下几种情况：

1) 定额控制。对于有消耗定额的材料，以消耗定额为依据，实行限额领料制度。各工长只能在规定限额内分期分批领用。需要超过限额领用的材料必须办理必要的审批手续。

2) 指标控制。对于没有消耗定额的材料，实行按指标控制的办法。即根据上期实际耗用，结合当期具体情况和节约要求，制定领用材料指标据以控制发料。

3) 包干控制。对于一些零星用料采用包干的方法进行控制。即根据需要完成的工程量计算出所需材料，然后折算成现金（如绑扎 1 吨钢筋，需要的铁丝折算为 20 元），按月发放给施工班组，包干使用。班组需要用料时，从材料员处购买，节约归班组所有，超支由班组自负。

（2）材料价格的控制

材料价格主要从买价、运费、运输途中的损耗等方面进行控制。

1）买价的控制。买价的变动主要是由市场因素引起的。采购材料时，首先应选择合格的供应商，在保质保量的前提下争取最低买价。其次，应按照各种材料的经济采购批量采购，以降低成本。所谓经济采购批量是指在一定时期内，进货总量不变的条件下，使采购费用和储存费用总和最小的采购批量。

2）运费的控制。包括就近购买、合理组织材料运输、选用最经济的运输方式等方面，以降低运费和途中损耗。

3）损耗的控制。要求现场材料验收人员严格办理验收手续，准确计量，把好进料关，防止将损耗或短缺计入材料成本。

2. 人工费的控制

同材料费相同，人工费也要采用"量价分离"的原则进行控制。

人工用工数通过项目经理与工长签订合同，按照内部施工预算、钢筋翻样单或模板量计算出定额人工工日，并将安全生产、文明施工及零星用工按定额工日的一定比例一起包给项目工长，由工长掌握实际用工日数。同时，项目劳资人员还要对工长开出的任务单进行审核，并累计实际总用工数，与计划用工数进行对比，确定差异，以控制乱开工日、多开工日的现象发生。另外，项目经理还要对非生产用工进行控制，以降低总用工数，减少不必要的人工费支出。

人工单价主要通过项目经理与施工班组的人工费承包合同来控制。即根据企业内部人工费计划价格，结合工程具体情况协商确定。

此外，企业还可以从项目成员的动态管理、提高劳动生产率、控制工资含量等方面，促进项目定编定员，节约用工，从而控制人工费开支。

3. 机械使用费的控制

机械使用费主要由台班数量和台班单价两方面决定，因此控制机械使用费应从以下几方面入手：

（1）合理安排施工生产，加强设备使用的管理，减少因安排不当引起的设备闲置。

（2）做好机械设备的调度工作，尽量避免窝工损失，提高现场设备利用率。

（3）加强现场设备的维修保养，防止因使用不当发生机械停置。

（4）做好机械操作人员与辅助人员的协调与配合工作，提高机械台班产量。

4. 施工管理费的控制

由于没有定额，施工管理费的发生具有一定的随意性，因此更应加强控制与管理。施工管理费的控制主要从以下几方面抓起：

（1）根据各工程项目的具体情况，分别确定施工管理费开支权限。

（2）制定各项目施工管理费开支指标，促使项目经理按指标控制使用。

（3）经常检查，及时纠正。财务部门对各项目施工管理费的开支情况应经常进行检查，以便及时发现问题，及时采取措施。

8.8 期间费用的核算

期间费用是指企业当期发生的应与当期收入相配比的支出。期间费用与整个企业的生产经营活动相联系，容易确定其发生的期间，但较难确定其应归属的具体工程或产品，因而不计入工程成本，而应于发生时直接计入当期损益。施工企业的期间费用主要包括管理费用和财务费用。

8.8.1 管理费用的核算

1. 管理费用的内容

管理费用是指企业行政管理部门为组织和管理施工生产经营活动所发生的各项支出。一般包括以下各项内容：

（1）开办费。指企业在筹建期间发生的筹建人员薪酬、办公费、培训费、差旅费、印刷费、注册登记费以及不计入固定资产成本的借款费用等。

（2）公司经费。指公司总部的行政经费，包括管理人员工资、职工福利费、差旅费、办公费、折旧费、修理费、物料消耗、低值易耗品摊销以及其他经费。

（3）工会经费和职工教育经费。工会经费指按企业全体职工工资总额的2%计提并拨交工会使用的经费；职工教育经费指按企业全体职工工资总额的2.5%计提的用于职工学习先进技术和提高文化水平的费用。

（4）劳动保险费。指企业支付给离退休职工的退休金（包括提取的离退休统筹基金）、价格补贴、医药费（包括支付离退休人员参加医疗保险的费用）；职工退职金；6个月以上病假人员工资；职工死亡丧葬补助费、抚恤费；以及按规定支付给离休干部的其他各项经费。

（5）待业保险费。指企业按照国家规定交纳的待业保险费。

（6）业务招待费。企业为业务经营的合理需要而支付的招待费用。

（7）税金。指企业按照规定支付的房产税、车船使用税、土地使用税、印花税等。

（8）无形资产摊销。指企业分期摊销的无形资产的价值。

（9）其他费用。指除上述费用以外的其他开支，包括技术转让费、研究与开发费、董事会费、咨询费、聘请中介机构费、诉讼费、排污费、绿化费等。

2. 管理费用的核算方法

为了核算和监督管理费用的发生情况，企业应设置"管理费用"账户进行总分类核算，并按费用项目设置专栏进行明细核算。其借方登记发生的各项费用，贷方登记期末转入"本年利润"账户的管理费用，结转后本账户期末应无余额。

企业内部独立核算单位发生的属于公司经费的有关费用，应在"工程施工——间接费用"账户核算；发生的除公司经费以外的上述有关费用，应列作管理费用，直接计入当期损益。

现举例说明管理费用的核算方法。

【例8-33】以现金支付律师事务所法律咨询费3000元。作如下会计分录：

借：管理费用——咨询费　　　　　　　　　　　　　3000
　　贷：库存现金　　　　　　　　　　　　　　　　　　3000

【例8-34】 开出转账支票，支付会计师事务所审计费10000元。作如下会计分录：

借：管理费用——审计费   10000

    贷：银行存款   10000

【例8-35】 以转账支票30000元支付某施工技术专利的转让费。作如下会计分录：

借：管理费用——技术转让费   30000

    贷：银行存款   30000

【例8-36】 以现金支付业务招待费8000元。作如下会计分录：

借：管理费用——业务招待费   8000

    贷：库存现金   8000

【例8-37】 公司行政办公室领用尼龙绳价值300元。作如下会计分录：

借：管理费用——公司经费   300

    贷：原材料—其他材料   300

【例8-38】 按规定，计算本月应交纳的房产税35000元、车船使用税5000元、土地使用税10000元。作如下会计分录：

借：管理费用——税金   50000

    贷：应交税费——应交房产税   35000

            ——应交车船使用税   5000

            ——应交土地使用税   10000

【例8-39】 以现金支付零星绿化费6000元。作如下会计分录：

借：管理费用——绿化费   6000

    贷：库存现金   6000

【例8-40】 月终，结转本月发生的管理费用107300元。作如下会计分录：

借：本年利润   107300

    贷：管理费用   107300

8.8.2 财务费用的核算

1. 财务费用的内容

财务费用是指企业为筹集生产经营所需资金而发生的各项费用。具体包括：

（1）利息支出（减利息收入）。指企业向银行借款或发行债券应付的利息减去银行存款利息收入后的净额。需要注意的是：

因购建或生产满足资本化条件的资产发生的应予以资本化的借款费用，应计入有关资产的购建成本。

允许冲抵利息支出的利息收入，仅指企业存于开户银行的存款利息收入。企业将闲置资金借给其他企业而获取的利息收入，不能冲抵财务费用，应列入投资收益。

（2）汇兑损失（减汇兑收益）。指企业在生产经营期间的外汇结算业务，由于汇率变动以及不同货币兑换所发生的汇兑损失与汇兑收益的差额。

（3）支付金融机构的手续费。指企业因筹资和办理各种结算业务而支付给金融机构的各种手续费用。

（4）发生的现金折扣。指企业为了鼓励债务人在规定的期限内付款而给予债务人的债务扣除。企业取得的现金折扣应作为减项处理。

2. 财务费用的核算方法

为了核算和监督财务费用的发生情况，企业应设置"财务费用"账户进行总分类核算，并按费用项目设置专栏进行明细分类核算。其借方登记发生的各项财务费用，贷方登记取得的利息收入和汇兑收益，以及期末转入"本年利润"账户的金额，结转后本账户期末应无余额。

【例8-41】 以银行存款支付本月负担的短期借款利息10000元。作如下会计分录：

借：财务费用——利息支出　　　　　　　　　　　10000
　　贷：银行存款　　　　　　　　　　　　　　　　　10000

【例8-42】 收到开户银行通知，已从企业存款户转出结算业务手续费1500元。作如下会计分录：

借：财务费用——手续费　　　　　　　　　　　　1500
　　贷：银行存款　　　　　　　　　　　　　　　　　1500

【例8-43】 收到银行存款利息清单，本月银行存款利息收入800元。作如下会计分录：

借：银行存款　　　　　　　　　　　　　　　　　800
　　贷：财务费用——利息收入　　　　　　　　　　　800

【例8-44】 期末，调整本月美元存款发生的汇兑收益2000元。作如下会计分录：

借：银行存款——美元户　　　　　　　　　　　　2000
　　贷：财务费用——汇兑损失　　　　　　　　　　　2000

【例8-45】 月末，结转本月发生的财务费用8700元。作如下会计分录：

借：本年利润　　　　　　　　　　　　　　　　　8700
　　贷：财务费用　　　　　　　　　　　　　　　　　8700

本 章 小 结

生产费用和成本都是企业为达到生产经营目的而发生的支出，二者在经济内容上是一致的。生产费用是形成产品成本的基础。二者的主要区别表现在：生产费用是按一定期间归集的，成本则是按一定的对象归集计算的。

职工薪酬，是指企业为获得职工提供的服务而给予各种形式的报酬以及其他相关支出。职工薪酬主要包括以下内容：职工工资、奖金、津贴和补贴；职工福利费；社会保险费；住房公积金；工会经费和职工教育经费；非货币性福利；辞退福利；股份支付。企业应当按照国家规定或历史经验，结合企业的实际情况，采用科学合理的方法计算当期应付职工薪酬。企业应付给职工的各种薪酬，无论当月是否支付，都应在职工为其提供服务的会计期间，按人员类别、发生地点和用途，分配计入有关成本或当期损益。企业应根据计算薪酬的原始记录及有关奖金、补贴的发放标准等资料，分别计算出应付每一职工的薪酬，并及时与职工办理薪酬结算。

辅助生产部门发生的各项费用，先通过"生产成本——辅助生产成本"账户进行归集，然后再采用合理的方法分配给各受益对象负担。辅助生产费用的分配方法主要包括直接分配法、一次交互分配法和计划成本分配法等。

机械作业成本是施工企业使用施工机械进行机械化施工和运输作业，以及机械出租业务发生的各项费用，应采用先归集、后分配的方法组织核算。企业应按成本核算对象设置机械作业成本明细账，分为人工费、燃料及动力费、折旧及修理费、其他直接费和间接费用等项目归集机械作业费用。期末，为本单位承包的工程进行机械化施工和运输作业发生的成本，应根据"机械运转记录"、"机械使用月报"等分配转入受益工程的成本；为外单位、本企业的专项工程等提供机械作业的成本，应结转给对外提供劳务的成本负担。

工程实际成本是在工程施工过程中发生的，按一定的成本核算对象归集的生产费用总和。工程施工过程中发生的各项施工费用，应按确定的成本核算对象和规定的成本项目进行归集和分配。能够分清受益对象的费用，直接计入有关受益对象的成本；不能分清受益对象的费用，采用一定的方法分配计入各受益对象的成本。

为了便于归集和分配施工生产费用，计算各建筑安装工程的实际成本，企业应在"工程施工"账户下，分别开设"工程成本明细账"（二级账）和"工程成本卡"（三级账），并按成本项目分设专栏组织成本核算。"工程成本明细账"用以归集施工单位全部承包工程自年初起发生的施工生产费用，为考核和分析各期工程成本的节超提供依据。"工程成本卡"用以归集每一成本核算对象自开工至竣工发生的全部施工费用。

工程成本结算是指计算和确认工程预算成本、实际成本以及成本节超额，为考核成本计划的完成情况提供依据。工程成本结算包括定期结算、分段结算和竣工后一次结算等方式。

期间费用包括管理费用、财务费用和销售费用，它们与整个企业的生产经营活动相联系，容易确定其发生的期间，但较难确定其应归属的具体工程或产品，因而不计入工程成本，而应于发生时直接计入当期损益。

工程成本控制是指为实现工程成本管理的目标，对形成成本的各项耗费进行指导、监督、调节和限制，及时控制与纠正即将发生和已经发生的偏差，把各项费用控制在规定的范围内。

思　考　题

1. 什么是工程成本？什么是生产费用？二者有何联系与区别？
2. 工程成本核算应做好哪些基础工作？
3. 什么是工程成本核算对象？如何确定工程成本核算对象？
4. 工程成本核算的基本程序是怎样的？
5. 什么是机械作业？机械作业成本应如何核算？
6. 辅助生产费用的分配方法有哪些？如何核算？
7. 工程成本中的人工费包括哪些内容？如何计入成本？
8. 工程成本中的材料费包括哪些内容？各如何计入成本？
9. 工程成本中的机械使用费包括哪些内容？各种费用计入成本的方法有何不同？
10. 工程间接成本包括哪些内容？如何分配计入工程成本？
11. 如何计算已完工程和未完工程的成本？
12. 施工企业的期间费用包括哪些内容？如何进行核算？
13. 工程成本控制的方法有哪些？
14. 企业应从哪些方面进行工程成本的控制？

习　题

1. 练习应付职工薪酬的核算。
(1) 资料：某建筑公司第一分公司 2012 年 8 月份"工资结算汇总表"见表 8-20。

工资结算汇总表　　　　　　　　　　　　　　　　表 8-20

2012 年 8 月　　　　　　　　　　　　　　　　　　单位：元

| 人员类别 | 计时工资 | 计件工资 | 奖金 | 津贴和补贴 | | 加班工资 | 其他工资 | 应付工资合计 | 减：代扣款项 | | | 实发金额 |
				施工津贴	住房补贴				住房公积	水电费	个税	
建安生产工人	17500	36000	10000	4800	2000	3200	2900	76400	1200	2000	400	72800
辅助生产人员	750	1800	550		100	160		3360	90	130		3140
机械操作人员	4000	7200	1800	680	450	140	30	14300	150	200	260	13690
现场管理人员	5500		280	120	40			5940	40	90		5810
行政管理人员	7880		1200		235			9315	180	410		8725
材料采购人员	1620		168	96	30			1914	75	60		1779
医务福利人员	1850		300		100	50		2300	60	78		2162
合计	39100	45000	14298	5696	2955	3550	2930	113529	1795	2968	660	108106

（2）要求：

1）根据"工资结算汇总表"编制提取现金、发放工资、结转代扣款项的会计分录。

2）据"工资结算汇总表"编制"工资分配表"，并据以编制工资分配的会计分录。

2. 练习辅助生产费用的分配。

（1）资料：

1）本月辅助生产发生费用 12000 元，其中：水泵房 2000 元，供电间 10000 元（均无月初余额）。

2）本月各辅助生产单位劳务供应量及受益对象见表 8-21。

各辅助生产单位劳务供应量及受益对象统计　　　　　　　表 8-21

受益对象	水泵房（m³）	供电间（度）
水泵房		4000
供电间	800	
工程施工	10000	25000
机械作业	2000	5000
管理部门	5600	8000
合　计	18400	42000

（2）要求：

1）采用直接分配法分配辅助生产费用，并编制会计分录。

2）采用一次交互分配法分配辅助生产费用，并编制会计分录。

3. 练习机械作业成本的核算。

资料：盛达建筑公司××项目部下属的第一分公司与第三分公司签订机械租赁合同，将一台施工机械出租给三分公司使用。约定每台班收取租赁费 2500 元。本月发生以下相关业务：

（1）应付机上操作人员工资 6000 元及福利费 840 元。

（2）该机械领用燃油料的实际成本为 2400 元，擦拭材料的实际成本为 1000 元。

（3）以银行存款支付该机械的辅助设施费 1400 元。

（4）计提该机械本期折旧费 5600 元。

（5）开出转账支票一张，支付该机械修理费 2260 元。

（6）月末，分配施工管理费，机械出租业务应负担 1600 元。

（7）月末，根据机械运转记录，该机械共提供作业 25 个台班。确认应收取的租赁费，并结转实际作业成本。

要求：

（1）根据以上经济业务编制会计分录；

（2）设置并登记机械作业成本明细账。

4. 练习工程成本的核算。

资料：

（1）某建筑公司第一分公司于 2003 年 7 月继续对 105 宿舍建筑工程、106 机修车间建筑工程进行施工，并新开工 107 仓库建筑工程。截至 2003 年 6 月 30 日止，105、106 工程的累计实际成本和月末未完施工成本如表 8-22。

累计实际成本和月末未完施工成本统计　　　　　表 8-22

累计实际成本	材料费	人工费	机械使用费	其他直接费	间接费	合　计
105 工程	331760	35200	19720	6800	23120	416600
106 工程	294400	40480	22080	11040	25200	393200

（2）七月份发生了下列有关经济业务：

1）根据主要材料领料凭证，各项工程领用主要材料的实际成本如下：

　　105 工程　　　　　　　　　20000 元

　　106 工程　　　　　　　　　19000 元

　　107 工程　　　　　　　　　13500 元

月末盘点施工现场，107 工程有已领未用主要材料 1000 元。

2）根据结构件领用凭证，各项工程耗用结构件的实际成本如下：

　　105 工程　　　　　　　　　8674 元

　　106 工程　　　　　　　　　27772 元

　　107 工程　　　　　　　　　13128 元

3）根据其他材料领料凭证，领用其他材料的实际成本如下：

　　105 工程　　　　　　　　　1000 元

　　106 工程　　　　　　　　　1000 元

　　107 工程　　　　　　　　　500 元

　　塔式起重机　　　　　　　　800 元

　　挖土机　　　　　　　　　　100 元

　　分公司接送车耗用油料　　　400 元

　　分公司烧水用煤　　　　　　200 元

4）根据机械配件领料凭证，各类施工机械领用机械配件实际成本如下：

　　塔式起重机　　　　　　　　200 元

　　挖土机　　　　　　　　　　65 元

　　其他机械　　　　　　　　　780 元

5）根据"一次报耗低值易耗品领用单"，各有关对象领用低值易耗品实际成本如下：

　　塔式起重机　　　　　　　　91 元

　　混凝土搅拌机　　　　　　　46 元

　　挖土机　　　　　　　　　　79 元

　　　　　施工管理领用工具用具　　　　　　　　100 元

　　　　　施工管理领用劳保用品　　　　　　　　160 元

　6）七月份各项工程木模立模和竹脚手架搭建的面积如表 8-23：

工程木模立模和竹脚手架搭建面积　　　　　　　　　　　　**表 8-23**

	木模立模数量	竹脚手架搭建面积（平方米）
105 工程	50	
106 工程	200	200
107 工程	50	300

木模摊销率为每平方米立模 6 元，竹脚手架摊销率为每平方米搭建面积 1 元。

　7）领用和报废按五五摊销的低值易耗品的实际成本见表 8-24。

领用和报废按五五摊销的低值易耗品实际成本　　　　　　**表 8-24**

	领　用	报　废
塔式起重机	400 元	
工具用具（间接费用）	1000 元	
劳保用品（间接费用）	1000 元	680 元

报废低值易耗品残值 40 元，估价入库。

　8）七月份应付工资和应付福利费见表 8-25。

应付工资和福利费　　　　　　　　　　　　单位：元　**表 8-25**

	应付工资总额	应付福利费
建筑安装工程施工人员	115000	16100
机械施工操作人员	5000	700
其中：塔式起重机操作人员	3000	420
混凝土搅拌机操作人员	1000	140
挖土机操作人员	1000	140
管理人员	3000	420

　9）七月份各项工程实际作业工时如下：

　　　　　105 工程　　　　　　　　　　2800 工时

　　　　　106 工程　　　　　　　　　　2200 工时

　　　　　107 工程　　　　　　　　　　1500 工时

　10）七月份应计折旧固定资产的原值及其折旧率见表 8-26。

应计折旧固定资产的原值及其折旧率　　　　　　　　　　**表 8-26**

	原　值	月折旧率
房屋及建筑物	240000 元	2‰
施工机械		
塔式起重机	160000 元	6‰
混凝土搅拌机	60000 元	6‰

	原　值	月折旧率
挖土机	60000 元	6‰
其他施工机械	180000 元	6‰
其他固定资产	20000 元	6‰

房屋建筑物和其他固定资产折旧计入间接费用。

11）七月份发生固定资产大修理支出见表 8-27。

固定资产大修理支出　　　　　　　　　　　　　　　　表 8-27

	修　理　费		修　理　费
房屋及建筑物	240 元	挖土机	180 元
施工机械		其他施工机械	540 元
塔式起重机	480 元	其他固定资产	60 元
混凝土搅拌机	180 元		

12）用银行存款支付塔式起重机进场费 511 元。因金额较小，直接计入机械作业成本。

13）7 月份各类机械的实际工作台时见表 8-28。

各类机械实际工作台时　　　　　　　　　　　　　　　　表 8-28

受益对象	塔式起重机	混凝土搅拌机	挖土机
105 工程	200	56	
106 工程	100	84	
107 工程			90

塔式起重机、混凝土搅拌机、挖土机的机械使用费按机械工作台时分配，其他施工机械的机械使用费按各工程工料费的比例分配。

14）用银行存款支付 7 月份水费 840 元，电费 1120 元。有关耗用量见表 8-29。

水费、电费耗用量　　　　　　　　　　　　　　　　表 8-29

受益对象	用水立方米	用电度数
105 工程	250	2750
106 工程	300	1200
107 工程	200	1250
施工管理部门	300	400

15）用银行存款支付 107 工程土方运输费 1210 元。

16）用银行存款支付差旅交通费 316 元，办公费 565 元，其他间接费用 267 元。

17）7 月份应摊销临时设施费 800 元。

18）间接费用按各工程直接费的比例分摊于各工程成本。

（3）7 月末，105 工程竣工，结转其竣工工程的实际成本。

（4）月末对未完工程进行盘点，计算 106、107 工程的未完施工和已完工程预算成本见表 8-30。

106、107 工程的未完施工和已完工程预算成本　　　　表 8-30

项　　目	未完施工预算成本	已完工程预算成本
106 工程	12720 元	62000 元
107 工程	9540 元	27000 元

要求：

(1) 根据资料（1）设置"工程施工明细账"；

(2) 根据资料（2）编制有关费用分配表；

(3) 根据资料（2）、（3）及有关费用分配表编制会计分录；

(4) 根据会计分录登记"工程施工明细账"和"机械作业明细账"；

(5) 根据资料（4）计算已完工程的实际成本。

5. 练习工程成本的核算方法。

资料：某公司三分公司以每一工程作为成本核算对象，2003 年 7 月份各工程成本的月初余额见表 8-31。

各工程成本的月初余额　　　　单位：元　表 8-31

成本核算对象	材料费	人工费	机械使用费	其他直接费	施工管理费	合计
101 工程	348000	31200	10000	700	35100	425000
102 工程	289000	29600	10300	600	31200	360700
103 工程	146000	14900	3500	400	15800	180700
104 工程	97000	9900	3300	200	10400	120900
合计	880200	85600	27100	1900	92500	1087300

七月份发生以下经济业务：

(1) 用现金购买文具用品 34 元。

(2) 领用电焊手套 2 付，每付 60 元（假定系一次报耗品）。

(3) 以银行存款支付 102 工程汽车运土费 3210 元。

(4) 用现金支付市内交通费 20 元。

(5) 以银行存款支付机械租赁费 91000 元，有关受益对象见表 8-32。

受益对象统计　　　　表 8-32

使用工程	租用机械设备名称	台　数	天　数	每台班租赁费（元）
101 工程	5 吨汽车吊	1	26	900
102 工程	5 吨汽车吊	1	26	900
103 工程	5 吨汽车吊	1	26	900
104 工程	搅拌机	1	26	800

(6) 各工程领用水泥，每吨按价格 350 元转账。

　　　　101 工程　　　　　　5 吨

　　　　102 工程　　　　　　20 吨

　　　　103 工程　　　　　　36 吨

　　　　104 工程　　　　　　28 吨

(7) 以银行存款支付"表彰先进发奖大会"场租费 400 元。

（8）以银行存款支付施工现场管理用水电费 210 元。

（9）以银行存款支付施工现场电话费 600 元。

（10）以银行存款支付工程施工用水电费共计 7860 元。其中：101 工程 1840 元；102 工程 1680 元；103 工程 1920 元；104 工程 2420 元。

（11）102 工程领用工作服 30 套，每套 100 元（假定采用一次摊销法核算）。

（12）以现金支付现场管理人员自备工具的津贴费 150 元。

（13）以银行存款支付 104 工程施工机械搬运费 2860 元。

（14）施工机械领用燃料价格 2000 元。

（15）以银行存款 800 元购买职工上下班月票，其中应由职工个人负担 276 元，企业补贴 524 元。

（16）结转本月份各类人员工资 200000 元。其中：建安工人工资 165000 元；施工机械操作人员工资 10000 元；施工机械操作人员辅助工资 7000 元；施工管理人员工资 15000 元；长期病休人员工资 1800 元。

建安工人工资按各工程实际耗用工日数分配，本月份实际耗用工日数如下：

101 工程	1500 工日
102 工程	1600 工日
103 工程	2100 工日
104 工程	2300 工日

（17）按月综合折旧率 0.6% 计提本月份固定资产折旧。本月份应提折旧的固定资产总值为 1800000 元。其中：施工机械 1420000 元，管理部门用固定资产 380000 元。

（18）以银行存款支付施工机械修理费用 2000 元。

（19）根据各工程大堆材料收发存汇总表，本月份各工程大堆材料耗用情况如下：

工程名称	实际价格
101 工程	38550 元
102 工程	42500 元
103 工程	71430 元
104 工程	82880 元
合计	235360 元

（20）101 工程竣工，应摊销周转材料使用费 7500 元。

（21）101 工程竣工清点，剩余大堆材料实际价格 3480 元，作退库处理。

（22）按各工程使用施工机械台班数分配本月份发生的自有机械使用费成本。

101 工程	25 台班
102 工程	20 台班
103 工程	28 台班
104 工程	27 台班

（23）按各工程实际发生的直接费成本分配本月施工管理费。

（24）101 工程竣工，结转工程实际成本。

要求：

（1）根据上述经济业务，编制会计分录。

（2）登记"工程施工"总账和明细账，并结出本期发生额和余额。

9 收　入

本　章　提　要

本章主要阐述了建造合同收入的确认和核算方法、工程价款的结算方式与核算方法、商品销售、劳务作业提供等其他业务收入的核算方法。通过学习，要求熟悉施工企业营业收入核算的范围和管理要求，掌握各类营业收入的账务处理方法。

9.1　收　入　概　述

9.1.1　收入的概念

收入是企业在日常活动中形成的、会导致所有者权益增加的、与所有者投入资本无关的经济利益的总流入。对施工企业而言，承包工程、销售产品或材料、提供机械作业和运输劳务、出租固定资产等，均属于其日常活动。只有日常活动形成的经济利益的流入才作为收入核算，日常活动以外的经济活动形成的经济利益的流入，如固定资产盘盈、处置固定资产净收益、出售无形资产净收益、罚没收入等，属于企业的营业外收入，不属于收入核算的范围。

9.1.2　收入的分类

1. 按交易性质进行分类

按交易的性质，施工企业的收入可以分为建造合同收入、销售商品收入、提供劳务收入和让渡资产使用权的收入等。

2. 按经营业务的主次分类

按经营业务的主次，收入可以分为主营业务收入和其他业务收入。

（1）主营业务收入，是指企业通过主要经营业务所取得的收入。不同行业的主营业务收入的内容是不同的。施工企业的主营业务收入是建造合同收入。

（2）其他业务收入，是指企业通过主要经营业务以外的其他经营活动取得的收入。施工企业的其他业务收入包括销售产品或材料的收入、提供作业或劳务的收入和出租固定资产和无形资产等取得的收入。

9.2　建造合同收入的核算

9.2.1　建造合同

建造合同是指为建造一项资产或者在设计、技术、功能、最终用途等方面密切相关的数项资产而订立的合同。这里所讲的资产，是指房屋、道路、桥梁、水坝等建筑物以及船舶、飞机、大型机械设备等。

按照合同价款确定方法的不同，建造合同可分为固定造价合同和成本加成合同。

1. 固定造价合同

固定造价合同是指按照固定的合同价或固定单价确定工程价款的建造合同。例如：盛达建筑公司与客户签订了一项建造宿舍楼的合同，合同规定建造宿舍楼的总造价为1000万元。该项建造合同即为固定造价合同。

2. 成本加成合同

成本加成合同是以合同允许或其他方式议定的成本为基础，加上该成本的一定比例或定额费用确定工程价款的建造合同。例如：盛达建筑公司与客户签订了一项建造一段高速公路的合同，双方商定合同总价款以建设该段高速公路的实际成本再加实际成本的2%计算确定。该项合同即为成本加成合同。

9.2.2 建造合同收入的组成

建造工程合同收入包括合同中规定的初始收入和因合同变更、索赔、奖励等形成的追加收入。

1. 合同中规定的初始收入

合同中规定的初始收入是指施工企业与客户在双方签订的合同中最初商定的总金额，它构成合同收入的基本内容。

2. 合同的追加收入

合同的追加收入是在合同执行过程中由于合同变更、索赔、奖励等原因而形成的。施工企业不能随意确认这部分收入，只有在符合规定条件时才能确认。

9.2.3 建造合同收入的确认

确认建造合同收入时，首先应判断合同的结果能否可靠地估计。

1. 当建造合同的结果能够可靠估计时合同收入和合同费用的确认

（1）确认方法

当建造合同的结果能够可靠估计时，企业应采用完工百分比法确认合同收入和合同费用。

（2）确认步骤

确认建造合同收入时，首先应确定建造合同的完工进度，然后根据完工进度确认合同收入和费用。

1）建造合同完工进度的确认方法

①投入测算法。即根据累计实际发生的合同成本占合同预计总成本的比例确定合同完工进度。这是确定完工进度较常用的方法。其计算公式为：

$$合同完工进度 = \frac{累计实际发生的合同成本}{合同预计总成本} \times 100\%$$

$$= \frac{累计实际发生的合同成本}{累计实际发生的合同成本 + 预计尚需发生的成本}$$

上式中的"合同预计总成本"并非最初预计的总成本，而是根据累计实际发生的合同成本和预计为完成合同尚需发生的成本计算确定的。因此，各年确定的"合同预计总成本"不一定相同。

【例9-1】 盛达建筑公司与客户签订了一项总金额为1800万元的建造合同，合同规定的建设期为三年。2010 年实际发生合同成本 600 万元，年末预计为完成合同尚需发生成本 900 万元；2011 年实际发生合同成本 680 万元，年末预计为完成合同尚需发生成本 320 万元。则：

$$第一年合同完工进度 = \frac{600}{600+900} \times 100\% = 40\%$$

$$第二年合同完工进度 = \frac{600+680}{600+680+320} \times 100\% = 80\%$$

需要注意的是，采用上述方法确定合同完工进度时，累计实际发生的合同成本不包括与合同未来活动相关的成本（如已领未用材料的成本等），以及在分包工程完工前预付给分包单位的款项。

【例 9-2】　盛达建筑公司与客户签订了一项总金额为 2000 万元的建造合同，合同规定的建设期为二年。施工企业将工程的一部分包给了机械施工公司，签订的分包合同金额为 300 万元。第一年施工企业根据分包工程的完工进度向机械施工公司支付了工程进度款 120 万元，并预付了下一年度工程备料款 30 万元；施工企业自行施工部分发生合同成本 600 万元，预计为完成合同尚需发生成本 700 万元。则：

$$第一年合同完工进度 = \frac{600+120}{600+700+300} \times 100\% = 45\%$$

②产出测算法。即根据已完成的合同工程量占合同预计工程量的比例确定完工进度。适用于合同工程量容易确定的建造合同，如道路工程、土石方工程、砌筑工程等。其计算公式为：

$$合同完工进度 = \frac{已经完成的合同工程量}{合同预计工程量} \times 100\%$$

【例 9-3】　盛达建筑公司与客户签订了一项修建一条 300 公里公路的建造合同，合同总金额为 3000 万元，工期为三年。第一年修建了 90 公里，第二年修建了 120 公里。则：

$$第一年合同完工进度 = \frac{90}{300} \times 100\% = 30\%$$

$$第二年合同完工进度 = \frac{90+120}{300} \times 100\% = 70\%$$

③实地测量法。该方法是在无法根据上述两种方法确定完工进度时采用的一种特殊技术测量方法。如水下施工工程，采用该方法并非由施工企业自行随意测定，而是由专业人员到现场进行科学测定。

2）根据完工进度确认合同收入和费用的方法

当期确认的合同收入和费用可用下列公式计算：

$$\begin{array}{l}当期确认的 \\ 合同收入\end{array} = (合同总收入 \times 完工进度) - \begin{array}{l}以前会计年度累 \\ 计已确认的收入\end{array}$$

$$\begin{array}{l}当期确认的 \\ 合同毛利\end{array} = (合同总收入 - 合同预计总成本) \times 完工进度 - \begin{array}{l}以前会计年度累 \\ 计已确认的毛利\end{array}$$

$$当期确认的 = 当期确认的 - 当期确认的 - 以前会计年度$$
$$合同费用 \quad\quad 合同收入 \quad\quad 合同毛利 \quad\quad 预计损失准备$$

需要注意的是，公式中的完工进度实际上是累计完工进度。因此，企业在应用上述公式计算当期合同收入和费用时，应按以下不同情况进行处理：

①对当年开工当年未完工的建造合同，"以前会计年度累计已确认的收入"和"以前会计年度累计已确认的毛利"均为零。

②对以前年度开工本年仍未完工的建造合同，企业可直接运用上述公式计量和确认当期收入和费用。

③对以前年度开工本年完工的建造合同，当期计量和确认的合同收入，等于合同总收入扣除以前会计年度累计已确认的收入后的余额。当期计量和确认的合同毛利，等于合同总收入扣除实际合同总成本减以前会计年度累计已确认的毛利后的余额。

④对当年开工当年完工的建造合同，当期计量和确认的合同收入等于该项合同的总收入，当期计量和确认的合同费用等于该项合同的实际总成本。

【例 9-4】 承例 9-1，假设 2012 年为完成合同又发生成本 320 万元，年末合同完工。各年合同收入和合同费用确认如下：

第一年：应确认的合同收入 $= 1800 \times 40\% = 720$（万元）

应确认的合同毛利 $= (1800 - 600 - 900) \times 40\% = 120$（万元）

应确认的合同费用 $= 720 - 120 = 600$（万元）

第二年：应确认的合同收入 $= 1800 \times 80\% - 720 = 720$（万元）

应确认的合同毛利 $= (1800 - 1280 - 320) \times 80\% - 120 = 40$（万元）

应确认的合同费用 $= 720 - 40 = 680$（万元）

第三年：应确认的合同收入 $= 1800 - 720 - 720 = 360$（万元）

应确认的合同毛利 $= (1800 - 1280 - 320) - 120 - 40 = 40$（万元）

应确认的合同费用 $= 360 - 40 = 320$（万元）

2. 当建造合同的结果不能可靠地估计时合同收入和合同费用的确认

（1）合同成本能够收回的，合同收入根据能够收回的实际合同成本加以确认，合同成本在其发生的当期确认为费用；

（2）合同成本不能收回的，应在发生时立即确认为费用，不确认收入。

9.2.4 建造合同收入的核算

施工企业应设置"主营业务收入"、"主营业务成本"、"营业税金及附加"等损益类账户，分别核算和监督建造合同收入和建造合同成本及税金的结转情况。

"主营业务收入"账户用以核算施工企业当期确认的建造合同收入。其贷方登记企业当期确认的合同收入，借方登记期末转入"本年利润"账户的合同收入，期末结转后，本账户应无余额。

"主营业务成本"账户，用以核算施工企业当期确认的合同费用。其借方登记企业当期确认的合同费用，贷方登记期末转入"本年利润"账户的合同费用，期末结转后，本账户应无余额。

"营业税金及附加"账户，用以核算施工企业根据规定应交的营业税、城市维护建设税和教育费附加。其借方登记按规定计算的各种税费；贷方登记期末转入"本年利润"账户的税费金额；期末结转后，本账户应无余额。

1. 建造合同收入采用完工百分比法的核算

(1) 当合同预计总收入大于预计总成本时的核算

【例 9-5】 以例 9-4 的计算结果，作各年确认收入和费用的会计处理如下：

(1) 第一年的会计分录为：

借：主营业务成本	6000000	
工程施工——毛利	1200000	
贷：主营业务收入		7200000

根据实现的主营业务收入计算应交纳的营业税 216000 元（7200000×3%）、城市维护建设税 15120 元（216000×7%）、教育费附加 6480 元（216000×3%），做会计分录如下：

借：营业税金及附加	237600	
贷：应交税费——应交营业税		216000
——应交城市维护建设税		15120
——应交教育附加		6480

(2) 第二年的会计分录为：

借：主营业务成本	6800000	
工程施工——毛利	400000	
贷：主营业务收入		7200000
借：营业税金及附加	237600	
贷：应交税费——应交营业税		216000
——应交城市维护建设税		15120
——应交教育附加		6480

(3) 第三年的会计分录为：

借：主营业务成本	3200000	
工程施工——毛利	400000	
贷：主营业务收入		3600000
借：营业税金及附加	118800	
贷：应交税费——应交营业税		108000
——应交城市维护建设税		7560
——应交教育附加		3240

工程竣工后，结清"工程施工"和"工程结算"账户的记录，做会计分录如下：

借：工程结算	18000000	
贷：工程施工		18000000

应当注意的是，在完工百分比法下，各年的合同收入是按完工进度确认的，与实际结算的工程价款不一致。

(2) 当合同预计总收入小于预计总成本时的核算

企业会计制度规定，如果合同预计总成本将超过合同预计总收入，应当将预计损失立即作为当期费用处理。

在将预计损失确认为当期费用时，应将预计损失总额分为两部分核算。一部分为已施工的工程应负担的损失，确认时借记"主营业务成本"账户，贷记"工程施工——毛利"账户；一部分为未施工的工程应负担的损失，确认时借记"资产减值损失－合同预计损失"账户，贷记"存货跌价准备－合同预计损失准备"账户。

"资产减值损失－合同预计损失"账户。该账户属于损益类账户，用以核算施工企业当期确认的合同预计损失。其借方登记当期确认的未来预计损失，贷方登记期末转入"本年利润"账户的金额，本账户结转后应无余额。

"存货跌价准备－合同预计损失准备"账户。该账户属于资产类账户，用以核算建造合同计提的损失准备。其贷方登记在建项目计提的损失准备，借方登记在建项目完工后冲减"主营业务成本"的金额，期末贷方余额反映在建项目累计计提的损失准备。

【例 9-6】 盛达建筑公司与甲方签订了一项预计总造价为 580 万元的建造合同，预计总成本为 550 万元，于 2000 年初开工，工期两年。开工后，由于材料价格上涨幅度较大，遂将预计总成本调整为 600 万元，预计损失总额为 20 万元。若 2000 年完工进度为 45％，则会计处理如下：

2000 年应确认的合同收入＝580×45％＝261(万元)

2000 年应确认的合同毛利＝(580－600)×45％＝－9(万元)

2000 年应确认的合同费用＝261－(－9)＝270(万元)

借：主营业务成本   2700000

 贷：主营业务收入   2610000

   工程施工——毛利   90000

根据确认的主营业务收入计算税金及附加，略。

未施工部分应负担的损失＝预计损失总额－当期已确认的损失

         ＝20－9＝11（万元）

借：资产减值损失——合同预计损失   110000

 贷：存货跌价准备——合同预计损失准备   110000

2. 建造合同收入不采用完工百分比法的核算

如果建造合同的结果不能可靠地估计，就不能采用完工百分比法确认合同收入和费用，而应区别以下三种情况进行核算。

（1）如果已经发生的合同成本能够得到补偿，应按能够收回的实际合同成本确认为当期收入和当期费用，不确认利润。

【例 9-7】 盛达建筑公司与客户签订了一项金额为 260 万元的固定造价合同，第一年实际发生工程成本 120 万元，且双方均能履行合同规定的义务。但盛达建筑公司在年末时对未完成工程尚需发生的成本不能可靠地估计。年末确认收入时，盛达建筑公司应作的会计分录为：

借：主营业务成本   1200000

 贷：主营业务收入   1200000

（2）如果合同成本全部不能收回，则不确认收入，但应将已发生的合同成本确认为当期费用。

【例 9-8】 承例 9-7，假设客户因经营不善濒临破产，企业发生的施工成本可能收不回来。盛达建筑公司应将发生的合同成本确认为费用，做会计分录如下：

借：主营业务成本　　　　　　　　　　　　　　　　1200000

　　贷：工程施工——毛利　　　　　　　　　　　　　　1200000

（3）如果已经发生的合同成本预计不能全部得到补偿，应按能够得到补偿的金额确认收入，并将已经发生的成本确认为费用，二者的差额确认为损失，冲减建造合同的毛利。

【例9-9】　承上例，假设盛达建筑公司本年度已经结算了工程款80万元，其余款项收回无望。年末确认收入时应作如下会计分录：

借：主营业务成本　　　　　　　　　　　　　　　　1200000

　　贷：主营业务收入　　　　　　　　　　　　　　　　800000

　　　　工程施工——毛利　　　　　　　　　　　　　　400000

9.2.5　工程价款结算的核算

工程价款结算是指施工企业按照建造合同的规定，向建设单位点交已完工程并收取工程价款的行为。通过工程价款结算，可以及时补偿施工企业在施工过程中的资金耗费，保证再生产活动的顺利进行。

1. 工程价款结算的方式

工程价款的结算一般可以采取以下几种方式：

（1）竣工后一次结算。即在单项工程或建设项目全部竣工后结算工程价款。建设项目或单项工程的建设期在12个月以内，或者建造合同价值在100万元以下的，一般实行竣工后一次结算工程价款的办法。

（2）按月结算。即旬末或月中预支工程款，月终按已完分部分项工程结算工程价款，竣工后办理工程价款清算。

（3）分段结算。即按工程进度划分不同阶段（部位）结算工程价款。分段结算可以按月预支工程款。

（4）结算双方约定并经开户银行同意的其他结算方式。

无论采用哪种结算方式，施工企业在预收工程款时，都应根据工程进度填列"工程价款预支账单"，送建设单位和开户银行办理收款手续。"工程价款预支账单"的一般格式如表9-1所示。

工程价款预支账单

建设单位名称：海星公司　　　　　　　　2012年8月16日　　　　　　　　表9-1

单项工程名称	合同造价（元）	本旬（或半月）完成数（元）	本旬（或半月）预收工程款（元）	本月预收工程款（元）	应扣预收款项（元）	实支款项（元）	备注
厂房	2000000	100000	100000			100000	

施工企业：　　　　　　　　　　　　　　　　　　　　　　　　　　财务负责人：

施工企业按月预收的工程款，应在办理工程价款结算时，从应收工程款中扣除。企业办理工程价款结算时，应编制"已完工程月报表"和"工程价款结算账单"，经建设单位审查签证后，送开户银行办理结算。"已完工程月报表"和"工程价款结算账单"的一般格式如表 9-2、表 9-3 所示。

已完工程月报表　　　　　　　　　　　　　　　　表 9-2

建设单位名称：海星公司　　　　　　　2012 年 8 月

单项工程名称	合同造价（元）	建筑面积（平方米）	开竣工日期		实际完成数		备注
			开工日期	竣工日期	至上月止累计已完工程（元）	本月份已完工程（元）	
厂房	2000000	5000	略		600000	220000	

施工企业：　　　　　　　　　　　　　　　　　　　　　　　　编制日期：

工程价款结算账单　　　　　　　　　　　　　　　　表 9-3

建设单位名称：海星公司　　　　　　　2012 年 8 月　　　　　　单位：元

单项工程项目名称	合同造价	本期应收工程款	应扣款项		本期实收工程款	备料款余额	至本期止累计已收工程价款	备注
			预收工程款	预收备料款				
厂房	2000000	220000	100000		120000		820000	

施工企业：　　　　　　　　　　　　　　　　　　　　　　　　编制日期：

2. 自行完成工程的结算

为了总括地核算和监督与建设单位办理工程价款结算的情况，施工企业应设置"工程结算"账户。它是"工程施工"账户的备抵账户，用来核算企业已开出工程价款结算账单与建设单位办理了结算的工程价款。其贷方登记已经结算的工程价款，借方在合同完成前不予登记，期末贷方余额反映在建合同累计已办理结算的工程价款。合同完成时本账户与"工程施工"账户对冲后结平。本账户应按工程项目设置明细账，进行明细分类核算。

现举例说明工程价款结算的核算方法。

【例 9-10】 工程开工前，收到建设单位通过银行转来的工程备料款 250000 元。做会计分录如下：

借：银行存款　　　　　　　　　　　　　　　　　250000
　　贷：预收账款——预收备料款　　　　　　　　　　　　250000

【例 9-11】 月中，填制"工程价款预支账单"，向建设单位预收上半月工程进度款 100000 元。做会计分录如下：

借：银行存款　　　　　　　　　　　　　　　　　100000
　　贷：预收账款——预收工程款　　　　　　　　　　　　100000

【例 9-12】 月末，提出"工程价款结算账单"，与建设单位办理工程价款结算，已经甲方签证。本月已完工程价款 220000 元，按规定应扣还预收工程款 100000 元。做会计分录如下：

借：应收账款——应收工程款　　　　　　　　　　220000
　　贷：工程结算　　　　　　　　　　　　　　　　　　220000
借：预收账款——预收工程款　　　　　　　　　　100000
　　贷：应收账款——应收工程款　　　　　　　　　　　100000

【例 9-13】 收到建设单位支付的工程价款 120000 元。做会计分录如下：

借：银行存款　　　　　　　　　　　　　　　　　　　　120000
　　贷：应收账款——应收工程款　　　　　　　　　　　　　120000

3. 分包完成工程的结算

根据国家对基本建设工程管理的要求，一个工程项目如果由两个以上施工企业进行施工时，建设单位和施工企业应实行承发包责任制和总分包协作制。要求一个施工企业作为总包单位向建设单位（发包单位）总承包，再由总包单位将专业工程分包给专业性施工单位施工。他们之间的关系是：分包单位对总包单位负责，总包单位对建设单位负责。分包单位所完成的工程，应通过总包单位向建设单位办理工程价款结算。

为了总括地核算和监督与分包单位工程价款的结算情况，施工企业应设置以下会计账户：

(1) "预付账款——预付分包单位款"账户。该账户用以核算施工企业按规定预付给分包单位的工程款和备料款。其借方登记预付给分包单位的工程款和备料款，以及拨付给分包单位抵作备料款的材料价款；贷方登记按规定从应付分包单位的工程款中扣回的预付款；期末借方余额反映尚未扣回的预付款。本账户应按分包单位的户名设置明细账进行明细核算。

(2) "应付账款——应付分包工程款"账户。该账户用以核算施工企业与分包单位办理工程价款结算时，按照合同规定应付给分包单位的工程款。其贷方登记应付给分包单位的工程款，借方登记实际支付给分包单位的工程款和根据合同规定扣回的预付款；期末贷方余额反映尚未支付的应付分包工程款。本账户应按分包单位户名设置明细账进行明细核算。

现举例说明施工企业与分包单位结算工程价款的核算。

【例 9-14】　某施工企业通过银行向分包单位预付工程进度款 30000 元。做会计分录如下：

借：预付账款——预付分包单位款　　　　　　　　　　　30000
　　贷：银行存款　　　　　　　　　　　　　　　　　　　30000

【例 9-15】　将分包单位完成的工程同甲方结算，经甲方签证的工程结算款为 60000 元。做会计分录如下：

借：应收账款　　　　　　　　　　　　　　　　　　　　60000
　　贷：工程结算　　　　　　　　　　　　　　　　　　　60000

【例 9-16】　月终，分包单位提出"工程价款结算账单"。经审核，应付分包单位已完工程款 60000 元。做会计分录如下：

借：工程施工　　　　　　　　　　　　　　　　　　　　60000
　　贷：应付账款——应付分包工程款　　　　　　　　　　60000

【例 9-17】　按照合同规定，从应付分包单位的工程款中扣回预付工程款 30000 元，同时代扣分包工程应交的营业税 1800 元、城市维护建设税 126 元和教育费附加 54 元。做会计分录如下：

借：应付账款——应付分包工程款　　　　　　　　　　　31980
　　贷：预付账款——预付分包单位款　　　　　　　　　　30000
　　　　应交税费——营业税　　　　　　　　　　　　　　1800

——城市维护建设税	126
——教育费附加	54

【例 9-18】 以银行存款支付分包单位工程款 28020 元。做会计分录如下：

借：应付账款——应付分包工程款　　　　　　28020
　　贷：银行存款　　　　　　　　　　　　　　　28020

9.3　其他业务收入的核算

9.3.1　其他业务收入的内容

施工企业除从事建筑安装工程施工外，往往还从事一些其他经营活动，由此取得的经营收入属于其他业务收入。施工企业的其他业务收入可以分为销售商品取得的收入、提供劳务取得的收入、让渡资产使用权取得的收入几部分。

施工企业应设置以下会计账户，进行其他业务收入的核算：

（1）"其他业务收入"账户，核算企业从事工程施工以外的其他业务取得的收入。其贷方登记企业取得的各项其他业务收入，借方登记期末转入"本年利润"账户的收入总额，期末结转后应无余额。本账户应按其他业务的种类设置明细账进行明细核算。

（2）"其他业务成本"账户，核算企业发生的与其他业务收入相关的成本、税金及附加等。其借方登记实际发生的各项支出，贷方登记期末转入"本年利润"账户的支出总额，期末结转后应无余额。本账户应按其他业务的种类设置明细账进行明细核算。

9.3.2　商品销售收入的核算

商品销售收入包括施工企业销售产品、材料等取得的收入。企业销售商品时，首先要判断销售业务是否符合商品销售收入确认的条件。符合条件的，应及时确认收入，并结转相关销售成本。对商品已经发出但不符合收入确认条件的，应将发出商品的成本通过"发出商品"、"分期收款发出商品"等账户核算。

【例 9-19】 企业所属的预制构件厂向某建筑公司销售空心板 200 立方米，销售价款 84800 元（含 6% 的增值税），货物已发出，款项已收存银行。该批空心板的成本为60000 元。企业的会计处理为：

（1）确认销售收入时，作如下会计分录：

借：银行存款　　　　　　　　　　　　　　84800
　　贷：其他业务收入　　　　　　　　　　　　80000
　　　　应交税费——应交增值税　　　　　　　4800

（2）结转商品成本时，作如下会计分录：

借：其他业务成本　　　　　　　　　　　　60000
　　贷：库存商品　　　　　　　　　　　　　　60000

（3）计算并结转相关税金及附加时，作如下会计分录：

借：其他业务成本　　　　　　　　　　　　480
　　贷：应交税费——城市维护建设税　　　336（4800×7%）
　　　　　　　　——教育费附加　　　　　144（4800×3%）

【例 9-20】 盛达建筑公司附属的金属构件厂向乙企业销售一批金属构件，成本 38000

元，销售价款共计53000元（含6％的增值税）。货到后乙企业认为商品质量不符合要求，提出在价格上给予10％的折让。金属构件厂调查后同意了乙企业的要求，并办妥了有关手续。金属构件厂的会计处理为：

（1）确认销售收入时，作如下会计分录：

借：应收账款　　　　　　　　　　　　　　　　　　　　53000
　　贷：其他业务收入　　　　　　　　　　　　　　　　　50000
　　　　应交税费——应交增值税　　　　　　　　　　　　3000

（2）发生销售折让时，作如下会计分录：

借：其他业务收入　　　　　　　　　　　　　　　　　　5000
　　应交税费——应交增值税　　　　　　　　　　　　　　300
　　　　贷：应收账款　　　　　　　　　　　　　　　　　5300

（3）实际收到款项时，作如下会计分录：

借：银行存款　　　　　　　　　　　　　　　　　　　　47700
　　贷：应收账款　　　　　　　　　　　　　　　　　　　47700

（4）结转销售成本时，作如下会计分录：

借：其他业务成本　　　　　　　　　　　　　　　　　　38000
　　贷：库存商品　　　　　　　　　　　　　　　　　　　38000

如果企业已确认收入的售出产品被买方退回，应冲减退回当期的销售收入和销售成本，而不管退回的产品是何时售出的。企业发生销售退回时，如按规定允许扣减当期增值税的，应同时用红字冲减"应交税费——应交增值税"账户的记录。

【例9-21】假设上例中的产品因质量严重不合格被退回，企业应当作如下会计分录：

（1）冲减销售收入

借：其他业务收入　　　　　　　　　　　　　　　　　　50000
　　应交税费——应交增值税　　　　　　　　　　　　　　3000
　　　　贷：银行存款　　　　　　　　　　　　　　　　　53000

（2）冲销已结转的销售成本

借：库存商品　　　　　　　　　　　　　　　　　　　　38000
　　贷：其他业务成本　　　　　　　　　　　　　　　　　38000

销售退回业务中，由本企业负担的运杂费计入"销售费用"账户。

9.3.3　提供劳务收入的核算

目前，施工企业广泛开展多种经营，提供劳务的内容很多，如运输、餐饮、理发、照相、培训等。依据提供劳务的结果能否可靠估计，企业可分别采用以下方法确认劳务收入。

1. 提供劳务的结果能够可靠估计的情形

企业在资产负债表日提供劳务的结果能够可靠估计的，应当采用完工百分比法确认提供劳务的收入。当期确认的劳务收入和成本可用下列公式计算：

当期确认的劳务收入＝提供劳务收入总额×完工进度－以前会计期间累计已确认的劳务收入

当期确认的劳务成本＝提供劳务预计总成本×完工进度－以前会计期间累计已确认的

劳务成本

在采用完工百分比法确认提供劳务收入的情况下，企业应按计算确定的劳务收入金额，借记"应收账款"等账户，贷记"其他业务收入"账户；结转提供劳务成本时，借记"其他业务成本"账户，贷记"劳务成本"账户。

【例 9-22】 盛达建筑公司于 2012 年 9 月 1 日与甲公司签订合同，由开发部为甲公司定制一套施工管理软件，期限为 5 个月，总收入 50 万元。2012 年 9 月 1 日，向甲公司预收 30 万元存入银行。2012 年末，开发该软件累计发生成本 26 万元（假定均为开发人员薪酬），预计还需发生成本 8 万元。经专业测量师确定，2012 年末该软件的完工进度为 60%。假定大华建筑公司按季度编制财务报表，不考虑其他因素。其会计处理为：

（1）预收劳务款项：

借：银行存款　　　　　　　　　　　　　　300000
　　贷：预收账款　　　　　　　　　　　　　　300000

（2）实际发生劳务成本时：

借：劳务成本　　　　　　　　　　　　　　260000
　　贷：应付职工薪酬　　　　　　　　　　　　260000

（3）年末确认劳务收入和成本：

应确认的劳务收入 = $50 \times 60\% - 0 = 30$（万元）

应确认的劳务成本 = $(26+8) \times 60\% - 0 = 20.4$（万元）

借：预收账款　　　　　　　　　　　　　　300000
　　贷：其他业务收入　　　　　　　　　　　　300000

借：其他业务成本　　　　　　　　　　　　204000
　　贷：劳务成本　　　　　　　　　　　　　　204000

2. 提供劳务的结果不能够可靠估计的情形

企业在资产负债表日提供劳务的结果不能够可靠估计的，则不能采用完工百分比法确认提供劳务的收入，而应当按下列情况处理：

（1）已经发生的劳务成本能够收回的，劳务收入根据能够收回的实际劳务成本加以确认，并按照相同金额确认劳务成本。

【例 9-23】 盛达建筑公司与乙公司签订了一项金额为 26 万元的人才培训合同，第一年实际发生成本 12 万元，且双方均能履行合同规定的义务。但盛达建筑公司在年末时对为履行合同尚需发生的成本不能可靠估计。年末确认收入时，盛达建筑公司应作的会计分录为：

借：应收账款　　　　　　　　　　　　　　120000
　　贷：其他业务收入　　　　　　　　　　　　120000

同时：

借：其他业务成本　　　　　　　　　　　　120000
　　贷：劳务成本　　　　　　　　　　　　　　120000

（2）已经发生的劳务成本不能够收回，则应将已发生的劳务成本确认为当期费用，不确认为提供劳务的收入。

【例 9-24】 承上例，假设乙公司因经营困难，无法支付培训费。企业已经发生的培训成本可能收不回来。盛达建筑公司应作的会计分录为：

借：其他业务成本   120000
    贷：劳务成本   120000

（3）如果发生的劳务成本预计只能得到部分补偿，应按能够得到补偿的金额确认收入，并将已经发生的成本确认为当期损益。

【例9-25】 承上例，假设盛达建筑公司本年度已经收到了培训款8万元，其余款项收回无望。盛达建筑公司应作的会计分录为：

借：银行存款   80000
    贷：其他业务收入   80000

同时：

借：其他业务成本   120000
    贷：劳务成本   120000

9.3.4 让渡资产使用权收入的核算

让渡资产使用权的收入，应当按照有关合同或协议约定的收费时间和方法计算确定。一次性收取使用费且不提供后续服务的，应当视同销售该项资产一次性确认收入；需要提供后续服务的，应在合同或协议规定的有效期内分期确认收入。如果合同或协议约定分期收取使用费的，应按合同或协议规定的收款时间和金额分期确认收入。

施工企业让渡资产使用权产生的收入主要有转让无形资产使用权取得的使用费收入和出租固定资产取得的租金收入。而企业将现金存入银行取得的利息收入，应冲减利息费用，不作为收入核算。

【例9-26】 盛达建筑公司将扩底灌注桩专利的使用权转让给市建一公司，转让期5年，每年收取使用费60000元。同时派出两名技术人员进行技术指导，共支付费用5800元。企业的会计处理为：

（1）取得收入时，做会计分录如下：

借：银行存款   60000
    贷：其他业务收入   60000

（2）发生费用时，做会计分录如下：

借：其他业务支出   5800
    贷：银行存款   5800

【例9-27】 盛达建筑公司将一台装载机出租给市建二公司使用，租赁合同规定月租金为15000元，于月初支付。企业收到租金时，应作如下会计分录：

借：银行存款   15000
    贷：其他业务收入   15000

假设该装载机本月应计提折旧600元，企业应作如下会计分录：

借：其他业务支出   600
    贷：累计折旧   600

注：税金及附加的计算同提供劳务作业的核算相同，略。

本 章 小 结

施工企业的收入分为主营业务收入和其他业务收入。主营业务收入主要是建造合同收入，其他业务收入是销售商品取得的收入、提供劳务取得的收入、让渡资产使用权取得的收入等。

建造工程合同收入包括合同中规定的初始收入和因合同变更、索赔、奖励等形成的追加收入。建造合同的结果能够可靠估计时，企业应采用完工百分比法确认合同收入和合同费用。完工百分比的计算方法有投入衡量法、产出衡量法和实地测量法。

建造合同的结果不能可靠地估计时，则不能采用完工百分比法确认合同收入和合同费用。如果合同成本能够收回的，合同收入根据能够收回的实际合同成本加以确认，合同成本在其发生的当期确认为费用；如果合同成本不能收回的，应在发生时立即确认为费用，不确认收入。

施工企业工程价款结算方式有竣工后一次结算、按月结算、分段结算及结算双方约定并经开户银行同意的其他结算方式。

施工企业取得的建造合同收入，应按规定向国家缴纳营业税、城市维护建设税和教育费附加。

企业销售商品，应按规定计算和缴纳增值税、城市维护建设税和教育费附加。

企业在将各期实现的营业收入入账时，应同时结转其相关的成本和税费。

思　考　题

1. 什么是收入？施工企业的收入包括哪些内容？
2. 建造合同收入的内容包括什么？各部分如何确认？
3. 确认建造合同收入的方法有哪些？各适用于什么条件？
4. 确定建造合同完工百分比（完工进度）的方法有哪些？
5. 如何按完工百分比法确认建造合同的收入和费用？
6. 工程价款的结算可采取哪些方式？进行工程价款结算应办理哪些手续？
7. 施工企业的其他业务收入包括哪些内容？各如何进行核算？
8. 提供劳务收入的完工百分比法与建造合同收入的完工百分比法有何区别？

习　题

1. 练习建造合同收入和费用确认的核算。

（1）资料：某建筑公司签订了一项总金额为 200 万的建造合同，合同规定的工期为三年。该建造合同的结果能够可靠地估计，在资产负债表日按完工百分比法确认合同收入和费用。有关资料如表 9-4 所示。

某建造合同履行情况统计表　　　　表 9-4

	2001 年	2002 年	2003 年	合计
合同总价款				2000000
实际发生成本	450000	734000	566000	1750000
估计至完工需投入资本	1050000	666000		
已办理结算的金额	400000	700000	900000	2000000

（2）要求：1）确定各年的合同完工进度；

　　　　　2）计算各年的合同收入、费用和毛利；

　　　　　3）编制各年结算工程款、确定收入、费用和税费的会计分录。

2. 练习工程价款结算的核算。

（1）资料：某建筑公司本月发生以下经济业务

1）自行完成建安工作量 350000 元，已提出"工程价款结算账单"并经发包单位签证。

2）向甲方办理分包工程款结算，结算价款 215000 元。甲方已在"工程价款结算账单"上签证。

3）分包单位市第一建筑公司办理已完工程结算，价款为 215000 元。

4）通过银行收到甲方支付的分包工程款 215000 元。

5）按规定结转代扣代缴的分包单位营业税、城市维护建设税和教育费附加。

6）开出转账支票一张，向分包单位转账支付剩余分包工程款。

（2）要求：根据资料编制会计分录。

3．练习其他业务收入的核算方法。

（1）资料：某建筑公司附属的预制构件厂被核定为增值税的小规模纳税人，适用 6% 的征收率。2008 年 2 月发生下列经济业务：

1）向岭南建筑公司发出大型屋面板 100m³，每立方米不含税售价 260 元，款尚未收到。

2）经公司批准，将不需用的某规格钢材 14 吨出售给市建筑机械厂，每吨含税售价 4770 元，以托收承付结算方式办理结算。

3）向市建一公司发出多孔板 200m³，每立方米不含税售价 240 元，款已收存银行。

4）向市第一机床厂销售空心板 60m³，每立方米不含税售价 300 元，款已收存银行。

5）月终结转上述销售商品、材料的实际成本。钢材的实际单位成本为 4000 元/吨，大型屋面板的实际单位成本为 258 元/m³，多孔板的实际单位成本为 200 元/m³，空心板的实际单位成本为 250 元/m³。

6）按规定计算上述销售产品、材料应交纳的城市维护建设税和教育费附加。

（2）要求：根据资料编制会计分录。

10 利润的管理与核算

本 章 提 要

本章主要阐述了利润形成的核算、所得税的核算及利润分配的核算。通过学习，要求熟悉施工企业利润的组成、会计利润与应税所得额之间产生差异的原因及利润分配的程序，掌握营业外收支的核算、利润形成和结转的核算、资产负债表债务法下所得税费用的核算及利润分配的有关账务处理。

10.1 利润形成的核算

利润是指企业在一定会计时期的经营成果，是衡量企业经营管理水平，评价企业经济效益的重要指标。施工企业应当正确核算利润指标，通过对利润指标的分析，不断提高经营管理水平，考核评价企业管理人员的经营业绩。根据利润指标计算的各种盈利能力指标，也为各方面决策提供了重要的参考依据。

10.1.1 利润的构成

施工企业的利润指标是由营业利润、利润总额和净利润三个层次组成的。

1. 营业利润

营业利润是企业利润的主要来源，是企业在一定期间的日常生产经营活动中取得的利润。营业利润由主营业务利润和其他业务利润两部分构成。主营业务利润是施工企业从事施工生产活动所实现的利润，其他业务利润是施工企业从事施工生产以外的其他活动所产生的利润。营业利润的计算公式如下：

营业利润＝营业收入－营业成本－营业税金及附加－销售费用－管理费用
　　　　　－财务费用－资产减值损失＋（－）公允价值变动损益＋（－）投资收益

（1）营业收入和营业成本

营业收入＝主营业务收入＋其他业务收入

营业成本＝主营业务成本＋其他业务成本

（2）主营业务利润和其他业务利润

主营业务利润＝主营业务收入－主营业务成本－营业税金及附加

其他业务利润＝其他业务收入－其他业务成本

式中，营业税金及附加，包括主营业务和其他业务应负担的营业税、消费税、城市建设维护税、教育费附加和投资性房地产相关的房产税、土地使用税等。

资产减值损失，是指计提各种资产减值准备所形成的损失，包括应收账款、存货、固定资产和无形资产等发生的减值损失。

（3）投资净收益

投资净收益是指施工企业对外投资取得的收益（利润、股利、债券利息等）减去发生的投资损失和计提的投资减值准备后的净额。

2. 利润总额

施工企业的利润总额是指施工企业在一定期间的营业利润，加上营业外收入减去营业外支出后的所得税前利润总额。利润总额的计算公式如下：

利润总额＝营业利润＋营业外收入－营业外支出

此外，有的企业按规定还可能取得各种补贴收入，如国家拨入的亏损补贴、退还的增值税等。取得补贴收入的企业，其利润总额的计算公式可表示如下：

利润总额＝营业利润＋营业外收支净额＋补贴收入

营业外收支净额是企业发生的与其生产经营活动无直接关系的各项收入减去各项支出后的数额。营业外收支虽然与企业的生产经营活动没有直接关系，但却可以带来收入或形成支出，对利润总额产生影响。

3. 净利润

计算出企业某一时期的利润总额后，企业还应依法计算并交纳企业所得税。利润总额减去所得税费用，即为企业实现的净利润。其计算公式如下：

净利润＝利润总额－所得税费用

上述利润总额中，有关营业收入、营业成本、营业税金及附加、投资收益、期间费用等业务的核算，已在前面相关章节中讲述。以下主要介绍营业外收支、利润总额、净利润的形成及结转等业务的核算。

10.1.2 营业外收支的核算

1. 营业外收支的内容

营业外收支是与企业生产经营活动无直接关系的各项收入和支出，包括营业外收入和营业外支出。

营业外收入项目主要包括：非流动资产处置利得、非货币性资产交换利得、债务重组利得、政府补助、盘盈利得、捐赠利得、罚款收入等。

营业外支出项目主要包括：非流动资产处置损失、非货币性资产交换损失、债务重组损失、公益性捐赠支出、资产盘亏损失、非常损失、罚款支出等。

2. 营业外收支的核算

营业外收支业务应分别通过"营业外收入"账户和"营业外支出"账户核算。

"营业外收入"账户属于损益类账户，其贷方登记企业取得的各项营业外收入，借方登记期末转入"本年利润"账户的营业外收入总额，结转后本账户应无余额。本账户应按营业外收入项目设置明细账进行明细分类核算。

"营业外支出"账户属于损益类账户，其借方登记企业发生的各项营业外支出，贷方登记期末转入"本年利润"账户的营业外支出总额，结转后本账户应无余额。本账户应按营业外支出项目设置明细账进行明细分类核算。

营业外收入和营业外支出应当分别核算。不得以营业外支出冲减营业外收入，也不得以营业外收入冲减营业外支出。

【例10-1】 盛达建筑公司年终结转出售固定资产的净收入2500元，根据固定资产清理明细账，做会计分录如下：

借：固定资产清理   2500

  贷：营业外收入——非流动资产处置利得   2500

【例10-2】 盛达建筑公司向灾区捐赠新的施工机械一台，价值65000元，企业做会计分录如下：

借：营业外支出——捐赠支出   65000

  贷：固定资产——施工机械   65000

【例10-3】 公司未按规定计算缴纳税金，被处以罚款4000元，款项已从企业存款账户中支付。做会计分录如下：

借：营业外支出——罚款支出   4000

  贷：银行存款   4000

【例10-4】 盛达建筑公司应向宏大工程队支付的工程款2500元，该工程队已撤销，报经批准后，将无法支付的工程款转作营业外收入。做会计分录如下：

借：应付账款——宏大工程队   2500

  贷：营业外收入   2500

【例10-5】 盛达建筑公司财产清查时盘盈一批材料，经批准，将盘盈材料的价值2600元转作营业外收入。做会计分录如下：

借：待处理财产损溢——待处理流动资产损益   2600

  贷：营业外收入——盘盈利得   2600

【例10-6】 经批准，将一台搅拌机报废，固定资产清理账户的净损失7530元。做会计分录如下：

借：营业外支出——非流动资产处置损失   7530

  贷：固定资产清理   7530

【例10-7】 盛达建筑公司遭受到自然灾害影响，库存材料损失37000元，经批准将损失材料价值转作营业外支出。做会计分录如下：

借：营业外支出——非常损失   37000

  贷：原材料   37000

【例10-8】 盛达建筑公司通过银行转账支付向贫困山区的捐款200000元。做会计分录如下：

借：营业外支出——捐赠支出   200000

  贷：银行存款   200000

10.1.3 利润的结转

为了核算本年度实现的利润或发生的亏损，企业应设置"本年利润"账户。它属于所有者权益类账户，贷方登记期末从"主营业务收入"、"其他业务收入"、"投资收益"、"营业外收入"、"补贴收入"等账户转入的增加本年利润的数额；借方登记期末从"主营业务成本"、"营业税金及附加"、"其他业务成本"、"管理费用"、"财务费用"、"销售费用"、"营业外支出"、"公允价值变动损益"、"所得税费用"等账户转入的减少本年利润的数额；期末贷方余额表示累计实现的净利润，若为借方余额则表示发生的亏损。年度终了，应将本账户的余额全部转入"利润分配——未分配利润"账户。年终结转后，本账户应无余额。

　　企业一般应按月计算利润，按月计算有困难的，也可以按季或按年计算利润。期末，将各损益类账户的余额全部结转到"本年利润"账户，以计算各期实现的利润。

　　利润的结转，可以采用表结法，也可以采用账结法，由企业选择使用。

　　（1）表结法

　　表结法是在年终决算以外的月末、季末、年末计算本期利润和本年累计利润时，按"利润表"填制的要求，将全部损益类账户的余额填入利润表的各项目中，在表中计算出本期利润和本年累计利润。在这种方法下，每月月末损益类账户的余额不必转入"本年利润"账户，各损益类账户的期末余额反映本月末止的本年累计余额。而"本年利润"账户1～11月份不作任何记录。

　　年末结转本年利润时，借记所有收入类账户，贷记"本年利润"账户；借记"本年利润"账户，贷记所有费用类账户。年末，损益类账户没有余额，"本年利润"账户的贷方余额反映全年累计实现的净利润，借方余额反映全年累计发生的净亏损。年终决算时，应将"本年利润"账户的余额全部转入"利润分配——未分配利润"账户，结转后"本年利润"账户应无余额。

　　（2）账结法

　　账结法是于每月末将各损益类账户的余额转入"本年利润"账户，通过"本年利润"账户结出各月份的净利润或亏损，以及本年累计净利润或累计亏损的方法。采用账结法时，各损益类账户月末均无余额，"本年利润"账户的月末余额反映年度内的累计净利润（或亏损）。年终决算时，也应将"本年利润"账户的余额全部转入"利润分配——未分配利润"账户，结转后"本年利润"账户应无余额。

　　【例 10-9】 假设盛达建筑公司 2012 年 12 月末各损益类账户结账前的余额如下：

会计账户	结账前余额（元）
主营业务收入	1100000（贷方）
主营业务成本	700000（借方）
营业税金及附加	9900（借方）
其他业务收入	70000（贷方）
其他业务成本	45000（借方）
管理费用	30000（借方）
财务费用	8000（借方）
投资收益	250000（贷方）
营业外收入	48000（贷方）
营业外支出	27100（借方）
所得税费用	190840（借方）

　　期末，根据上述资料，作如下会计处理：

　　（1）结转各种收入。做会计分录如下：

借：主营业务收入	1100000
其他业务收入	70000
投资收益	250000
营业外收入	48000

贷：本年利润	1468000

（2）结转各种成本、费用及损失。做会计分录如下：

借：本年利润	1010840
贷：主营业务成本	700000
营业税金及附加	9900
其他业务成本	45000
管理费用	30000
财务费用	8000
营业外支出	27100
所得税费用	190840

期末结转后，"本年利润"账户反映 2012 年 12 月份实现的净利润为 457160 元。

10.2 所得税费用核算

10.2.1 计税基础与暂时性差异

1. 所得税会计概述

所得税会计是针对会计与税收规定之间的差异，在所得税会计核算中的具体体现。《企业会计准则第 18 号——所得税》采用了资产负债表债务法核算所得税。

资产负债表债务法是从资产负债表出发，通过比较资产负债表上列示的资产、负债，按照会计准则规定确定的账面价值与按照税法规定确定的计税基础，对于两者之间的差异分别应纳税暂时性差异与可抵扣暂时性差异，确认相关的递延所得税负债与递延所得税资产，并在此基础上确定每一会计期间利润表中的所得税费用。从本质上来看，该方法中涉及两张资产负债表：一个是按照会计准则规定编制的资产负债表，有关资产、负债在该表上以其账面价值体现；另一个是假定按照税法规定进行核算编制的资产负债表，其中资产、负债列示的价值量为其计税基础，即从税法的角度来看，企业持有的有关资产、负债的金额。

在采用资产负债表债务法核算所得税的情况下，企业一般应于每一资产负债表日进行所得税核算。发生特殊交易或事项时，如企业合并，在确认因交易或事项产生的资产、负债时即应确认相关的所得税影响。企业进行所得税核算时一般应遵循以下程序：

（1）按照会计准则规定确定资产负债表中除递延所得税资产和递延所得税负债以外的其他资产和负债项目的账面价值。

（2）按照税法中对于资产和负债计税基础的确定方法，以适用的税收法规为基础，确定资产负债表中有关资产、负债项目的计税基础。

（3）比较资产、负债的账面价值与其计税基础，对于两者之间存在差异的，分析其性质，除会计准则中规定的特殊情况外，分别应纳税暂时性差异与可抵扣暂时性差异；确定该资产负债表日递延所得税负债和递延所得税资产的应有金额，并与期初递延所得税资产和递延所得税负债的余额相比，确定当期应予进一步确认的递延所得税资产和递延所得税负债金额或应予转销的金额，作为利润表中应予确认的所得税费用中的递延所得税费用部分。

（4）按照适用的税法规定计算确定当期应纳税所得额，将应纳税所得额乘以适用的所得税税率计算的结果确认为当期应交所得税，作为利润表中应予确认的所得税费用中的当期所得税部分。

（5）确定利润表中的所得税费用。利润表中的所得税费用包括当期所得税和递延所得税两个组成部分。企业在计算确定当期所得税和递延所得税后，两者之和（或之差），即为利润表中的所得税费用。

所得税会计的关键在于确定资产、负债的计税基础。资产、负债的计税基础，虽然是会计准则中的概念，但实质上与税收法规的规定密切关联。企业应当严格遵循税收法规中对于资产的税务处理及课税前扣除的费用等规定确定有关资产、负债的计税基础。

2. 资产的计税基础

资产的计税基础，是指在企业收回资产账面价值过程中，计算应纳税所得额时按照税法规定可以自应税经济利益中抵扣的金额，即某一项资产在未来期间计税时可以税前扣除的金额。从税收的角度考虑，资产的计税基础是假定企业按照税法规定进行核算所提供的资产负债表中资产的应有金额。

资产在初始确认时，其计税基础一般为取得成本。从所得税角度考虑，某一单项资产产生的所得是指该项资产产生的未来经济利益流入扣除其取得成本之后的金额。一般情况下，税法认定的资产取得成本为购入时实际支付的金额。在资产持续持有的过程中，可在未来期间税前扣除的金额是指资产的取得成本减去以前期间按照税法规定已经税前扣除的金额后的余额。如固定资产、无形资产等长期资产，在某一资产负债表日的计税基础是指其成本扣除按照税法规定已在以前期间税前扣除的累计折旧额或累计摊销额后的金额。

企业应当按照适用的税收法规规定计算确定资产的计税基础。如固定资产、无形资产等的计税基础可确定如下：

（1）固定资产

以各种方式取得的固定资产，初始确认时入账价值基本上是被税法认可的，即取得时其账面价值一般等于计税基础。

固定资产在持有期间进行后续计量时，会计上的基本计量模式是"成本—累计折旧—固定资产减值准备"，税收上的基本计量模式是"成本—按照税法规定计算确定的累计折旧"。会计与税收处理的差异主要来自于折旧方法、折旧年限的不同以及固定资产减值准备的计提。

1）折旧方法、折旧年限产生的差异。会计准则规定，企业可以根据固定资产经济利益的预期实现方式合理选择折旧方法，如可以按年限平均法计提折旧，也可以按照双倍余额递减法、年数总和法等计提折旧，前提是有关的方法能够反映固定资产为企业带来经济利益的实现情况。税法一般会规定固定资产的折旧方法，除某些按照规定可以加速折旧的情况外，基本上可以税前扣除的是按照直线法计提的折旧。

另外税法一般规定每一类固定资产的折旧年限，而会计处理时按照会计准则规定是由企业按照固定资产能够为企业带来经济利益的期限估计确定的。因为折旧年限的不同，也会产生固定资产账面价值与计税基础之间的差异。

2) 因计提固定资产减值准备产生的差异。持有固定资产的期间内，在对固定资产计提了减值准备以后，因所计提的减值准备在计提当期不允许税前扣除，也会造成固定资产的账面价值与计税基础的差异。

（2）无形资产

除内部研究开发形成的无形资产以外，以其他方式取得的无形资产，初始确认时其入账价值与税法规定的成本之间一般不存在差异。

1) 对于内部研究开发形成的无形资产，会计准则规定有关研究开发支出区分为两个阶段，研究阶段的支出应当费用化计入当期损益，而开发阶段符合资本化条件的支出应当计入所形成无形资产的成本；税法规定，自行开发的无形资产，以开发过程中该资产符合资本化条件后至达到预定用途前发生的支出为计税基础。对于研究开发费用，税法中规定可以加计扣除，即企业为开发新技术、新产品、新工艺发生的研究开发费用，未形成无形资产计入当期损益的，在据实扣除的基础上，再按照研究开发费用的50%加计扣除；形成无形资产的，按照无形资产成本的150%摊销。

对于内部研究开发形成的无形资产，一般情况下初始确认时按照会计准则规定确定的成本与其计税基础应当是相同的。对于享受税收优惠的研究开发支出，在形成无形资产时，按照会计准则规定确定的成本为研究开发过程中符合资本化条件后至达到预定用途前发生的支出，而因税法规定按照无形资产成本的150%摊销，则其计税基础应在会计入账价值的基础上加计50%，因而产生账面价值与计税基础在初始确认时的差异，但如果该无形资产的确认不是产生于企业合并交易、同时在确认时既不影响会计利润也不影响应纳税所得额，按照所得税会计准则的规定，不确认该暂时性差异的所得税影响。

2) 无形资产在后续计量时，会计与税收的差异主要产生于对无形资产是否需要摊销及无形资产减值准备的计提。会计准则规定应根据无形资产使用寿命情况，区分为使用寿命有限的无形资产和使用寿命不确定的无形资产。对于使用寿命不确定的无形资产，不要求摊销，在会计期末应进行减值测试。税法规定，企业取得无形资产的成本，应在一定期限内摊销，有关摊销额允许税前扣除。在对无形资产计提减值准备的情况下，因所计提的减值准备不允许税前扣除，也会造成其账面价值与计税基础的差异。

【例 10-10】 甲公司当期发生研究开发支出共计 10000000 元，其中研究阶段支出 2000000元，开发阶段符合资本化条件前发生的支出为 2000000 元，符合资本化条件后发生的支出为 6000000 元。假定开发形成的无形资产在当期期末已达到预定用途，但尚未进行摊销。

分析：

甲公司当年发生的研究开发支出中，按照会计规定应予费用化的金额为 4000000 元，形成无形资产的成本为 6000000 元，即期末所形成无形资产的账面价值为 6000000 元。

甲公司于当期发生的 10000000 元研究开发支出，可在税前扣除的金额为 6000000 元。对于按照会计准则规定形成无形资产的部分，税法规定按照无形资产成本的 150%作为计算未来期间摊销额的基础，即该项无形资产在初始确认时的计税基础为 9000000 元（6000000×150%）。

该项无形资产的账面价值 6000000 元与其计税基础 9000000 元之间的差额3000000元

将于未来期间税前扣除，产生可抵扣暂时性差异。

（3）以公允价值计量且其变动计入当期损益的金融资产

按照《企业会计准则第22号——金融工具确认和计量》的规定，对于以公允价值计量且其变动计入当期损益的金融资产，其于某一会计期末的账面价值为公允价值。如果税法规定按照会计准则确认的公允价值变动损益在计税时不予考虑，即有关金融资产在某一会计期末的计税基础为其取得成本，会造成该类金融资产账面价值与计税基础之间的差异。

（4）其他资产

因会计准则规定与税收法规规定不同，企业持有的其他资产可能造成其账面价值与计税基础之间存在差异。

1）计提了资产减值准备的其他资产。因所计提的减值准备在资产发生实质性损失前不允许税前扣除，即该项资产的计税基础不会随减值准备的提取发生变化，从而造成该项资产的账面价值与计税基础之间存在差异。

2）投资性房地产。对于采用成本模式进行后续计量的投资性房地产，其账面价值与计税基础的确定与固定资产、无形资产相同；对于采用公允价值模式进行后续计量的投资性房地产，其计税基础的确定类似于固定资产或无形资产计税基础的确定。

3. 负债的计税基础

负债的计税基础，是指负债的账面价值减去未来期间计算应纳税所得额时按照税法规定可予抵扣的金额。即假定企业按照税法规定进行核算，在其按照税法规定确定的资产负债表上有关负债的应有金额。

负债的确认与偿还一般不会影响企业未来期间的损益，也不会影响其未来期间的应纳税所得额，因此未来期间计算应纳税所得额时按照税法规定可予抵扣的金额为0，计税基础即为账面价值，例如企业的短期借款、应付账款等。但是在某些情况下，负债的确认可能会影响企业的损益，进而影响不同期间的应纳税所得额，使其计税基础与账面价值之间产生差额，如按照会计规定确认的某些预计负债。

（1）预计负债

按照《企业会计准则第13号——或有事项》规定，企业应将预计提供售后服务发生的支出在销售当期确认为费用，同时确认预计负债。如果税法规定，与销售产品相关的支出应于发生时税前扣除。因该类事项产生的预计负债在期末的计税基础为其账面价值与未来期间可税前扣除的金额之间的差额，因有关的支出实际发生时可全额税前扣除，其计税基础为0。

因其他事项确认的预计负债，应按照税法规定的计税原则确定其计税基础。某些情况下，某些事项确认的预计负债，税法规定其支出无论是否实际发生均不允许税前扣除，即未来期间按照税法规定可予抵扣的金额为0，则其账面价值与计税基础相同。

（2）预收账款

企业在收到客户预付的款项时，因不符合收入确认条件，会计上将其确认为负债。税法对于收入的确认原则一般与会计规定相同，即会计上未确认收入时，计税时一般亦不计入应纳税所得额，该部分经济利益在未来期间计税时可予税前扣除的金额为0，计税基础等于账面价值。

如果不符合会计准则规定的收入确认条件，但按照税法规定应计入当期应纳税所得额时，有关预收账款的计税基础为0，即因其产生时已经计入应纳税所得额，未来期间可全额税前扣除，计税基础为账面价值减去在未来期间可全额税前扣除的金额，即其计税基础为0。

（3）应付职工薪酬

会计准则规定，企业为获得职工提供的服务给予的各种形式的报酬以及其他相关支出均应作为企业的成本、费用，在未支付之前确认为负债。税法对于合理的职工薪酬基本允许税前扣除，相关应付职工薪酬的账面价值等于计税基础。

（4）其他负债

企业的其他负债项目，如应交的罚款和滞纳金等，在尚未支付之前按照会计规定确认为费用，同时作为负债反映。税法规定，罚款和滞纳金不允许税前扣除，其计税基础为账面价值减去未来期间计税时可予税前扣除的金额0之间的差额，即计税基础等于账面价值。

【例10-11】 A公司因未按照税法规定缴纳税金，按规定需在2012年缴纳滞纳金1200000元，至2012年12月31日，该款项尚未支付，形成其他应付款1200000元。税法规定，企业因违反国家法律、法规规定缴纳的罚款、滞纳金不允许税前扣除。

分析：

因应缴滞纳金形成的其他应付款账面价值为1200000元，因税法规定该支出不允许税前扣除，其计税基础＝1200000－0＝1200000（元）。

对于罚款和滞纳金支出，会计与税收规定存在差异，但该差异仅影响发生当期，对未来期间计税不产生影响，因而不产生暂时性差异。

4. 特殊交易或事项中产生资产、负债计税基础的确定

除企业在正常生产经营活动过程中取得的资产和负债以外，对于某些特殊交易中产生的资产、负债，其计税基础的确定也应遵从税法的规定，如企业合并过程中取得资产、负债计税基础的确定。

《企业会计准则第20号——企业合并》中视参与合并各方在合并前及合并后是否为同一方或相同的多方最终控制，将企业合并分为同一控制下的企业合并与非同一控制下的企业合并两种类型。

对于企业合并交易的所得税处理，通常情况下，将被合并企业视为按公允价值转让、处置全部资产，计算资产的转让所得，依法缴纳所得税。合并企业接受被合并企业的有关资产，计税时可以按经评估确认或税法认可的转让价值确定计税成本。税法对于企业的合并、改组等交易，考虑合并中涉及的非股权支付额的比例、取得被合并方股权比例等条件，将其区分为应税合并与免税合并。

由于会计准则与税法对企业合并的划分标准不同、处理原则不同，某些情况下会造成企业合并中取得的有关资产、负债的入账价值与计税基础的差异。

5. 暂时性差异

暂时性差异是指资产、负债的账面价值与计税基础不同产生的差额。其中账面价值是指按照会计准则规定的有关资产、负债在资产负债表中应列示的金额。资产、负债的账面价值与其计税基础不同，产生未来回收资产和清偿负债期间，应纳税所得额增加或减少导致未来应交所得税增加或减少的情况。

暂时性差异分为应纳税暂时性差异和可抵扣暂时性差异。

（1）应纳税暂时性差异

在应纳税暂时性差异产生的当期，应当确认相关的递延所得税负债。应纳税暂时性差异通常产生的情况是：

1）资产的账面价值大于其计税基础。账面价值是代表企业持续使用或最终出售资产时取得的经济利益的总额；计税基础代表一项资产在未来期间可予以税前扣除的总金额。两者之间的差额需要交所得税，产生应纳税暂时性差异。

2）负债的账面价值小于其计税基础。一项负债的账面价值是企业预计在未来期间清偿该项负债时的经济利益流出；计税基础代表的是账面价值在扣除税法规定未来期间允许税前扣除的金额之后的差额。因负债的账面价值与其计税基础不同产生的暂时性差异，实质上是税法规定就该项负债在未来期间可以税前扣除的金额。负债的账面价值小于其计税基础，则意味着就该项负债在未来期间可以税前抵扣的金额为负数，即应在未来期间应纳税所得额的基础上调增，增加应纳税所得额和应交所得税金额，产生应纳税暂时性差异，应确认相关的递延所得税负债。

（2）可抵扣暂时性差异

该差异在未来期间转回时会减少转回期间的应纳税所得额：减少未来期间的应交所得税。在可抵扣暂时性差异产生当期、符合确认条件的情况下，应当确认相关的递延所得税资产。可抵扣暂时性差异一般产生于以下情况：

1）资产的账面价值小于其计税基础。从经济含义来看，资产在未来期间产生的经济利益少，按照税法规定允许税前扣除的金额多，则企业在未来期间可以减少应纳税所得额并减少应交所得税。

2）负债的账面价值大于其计税基础。负债产生的暂时性差异实质上是税法规定就该项负债可以在未来期间税前扣除的金额。一项负债的账面价值大于其计税基础，意味着未来期间按照税法规定构成负债的全部或部分金额可以自未来应税经济利益中扣除，减少未来期间的应纳税所得额和应交所得税。

值得关注的是，对于按照税法规定可以结转以后年度的未弥补亏损及税款抵减，虽不是因资产、负债的账面价值与计税基础不同产生的，但本质上可抵扣亏损和税款抵减与可抵扣暂时性差异具有同样的作用，均能够减少未来期间的应纳税所得额，进而减少未来期间的应交所得税，在会计处理上，视同可抵扣暂时性差异，符合条件的情况下，应确认相关的递延所得税资产。

另外，特殊项目会产生暂时性差异。某些交易或事项发生以后，因为不符合资产、负债的确认条件而未体现为资产负债表中的资产或负债，但按照税法规定能够确定其计税基础的，其账面价值 0 与计税基础之间的差异也构成暂时性差异。如企业发生的符合条件的广告费和业务宣传费支出，除税法另有规定外，不超过当年销售收入 15% 的部分准予扣除；超过部分准予在以后纳税年度结转扣除。该类支出在发生时按照会计准则规定即计入当期损益，不形成资产负债表中的资产，但因按照税法规定可以确定其计税基础，两者之间的差异也形成暂时性差异。

10.2.2 递延所得税负债和递延所得税资产的确认和计量

1. 递延所得税负债的确认和计量

应纳税暂时性差异在转回期间将增加未来期间的应纳税所得额和应交所得税，导致企业经济利益的流出，从其发生当期看，构成企业应支付税金的义务，应作为负债确认。

确认应纳税暂时性差异产生的递延所得税负债时，交易或事项发生时影响到会计利润或应纳税所得额的，相关的所得税影响应作为利润表中所得税费用的组成部分；与直接计入所有者权益的交易或事项相关的，其所得税影响应增加或减少所有者权益；企业合并产生的，相关的递延所得税影响在调整购买日应确认的商誉或是计入当期损益的金额。

（1）递延所得税负债的确认

企业在确认因应纳税暂时性差异产生的递延所得税负债时，应遵循以下原则：

除会计准则中明确规定可不确认递延所得税负债的情况以外，企业对于所有的应纳税暂时性差异均应确认相关的递延所得税负债。除直接计入所有者权益的交易或事项以及企业合并外，在确认递延所得税负债的同时，应增加利润表中的所得税费用。

【例 10-12】 D 公司于 2012 年 1 月 1 日开始计提折旧的某设备，取得成本为 1800000元，采用年限平均法计提折旧，使用年限为 10 年，预计净残值为 0。假定计税时允许按双倍余额递减法计算折旧，使用年限及预计净残值与会计核算方法相同。D 公司适用的所得税税率为 25%。假定该企业不存在其他会计与税收处理的差异。

分析：

2012 年该项固定资产按照会计规定计提的折旧额为 180000 元，计税时允许扣除的折旧额为 500000 元，则该固定资产的账面价值 1620000 元与其计税基础 1300000 元的差额构成应纳税暂时性差异，企业应确认递延所得税负债 80000 元[（1620000－1300000）×25%]。

最后，不确认递延所得税负债的特殊情况。有些情况下，虽然资产、负债的账面价值与其计税基础不同，产生了应纳税暂时性差异，但出于各方面考虑，会计准则规定不确认相关的递延所得税负债，主要包括：

1）商誉的初始确认。非同一控制下的企业合并中，企业合并成本大于合并中取得的被购买方可辨认净资产公允价值份额的差额，确认为商誉。因会计与税收的划分标准不同，按照税法规定作为免税合并的情况下，税法不认可商誉的价值，即从税法角度，商誉的计税基础为 0，两者之间的差额形成应纳税暂时性差异。但是，确认该部分暂时性差异产生的递延所得税负债，则意味着将进一步增加商誉的价值。因商誉本身即是企业合并成本在取得的被购买方可辨认资产、负债之间进行分配后的剩余价值，确认递延所得税负债进一步增加其账面价值会影响到会计信息的可靠性，而且增加了商誉的账面价值以后，可能很快就要计提减值准备，同时其账面价值的增加还会进一步产生应纳税暂时性差异，使得递延所得税负债和商誉价值量的变化不断循环。因此，会计上作为非同一控制下的企业合并，同时按照税法规定作为免税合并的情况下，商誉的计税基础为 0，其账面价值与计税基础不同形成的应纳税暂时性差异，会计准则规定不确认相关的递延所得税负债。

应予说明的是，按照会计准则规定在非同一控制下企业合并中确认了商誉，并且按照所得税法规的规定该商誉在初始确认时计税基础等于账面价值的，该商誉在后续计量过程中因会计准则与税法规定不同产生暂时性差异的，应当确认相关的所得税影响。

2）除企业合并以外的其他交易或事项中，如果该项交易或事项发生时既不影响会计利润，也不影响应纳税所得额，则所产生的资产、负债的初始确认金额与其计税基础不同，形成应纳税暂时性差异的，交易或事项发生时不确认相应的递延所得税负债。该规定主要是考虑到由于交易发生时既不影响会计利润，也不影响应纳税所得额，确认递延所得税负债的直接结果是增加有关资产的账面价值或是降低所确认负债的账面价值，使得资产、负债在初始确认时，违背历史成本原则，影响会计信息的可靠性。

3）与子公司、联营企业、合营企业投资等相关的应纳税暂时性差异，一般应确认递延所得税负债，但同时满足以下两个条件的除外：一是投资企业能够控制暂时性差异转回的时间；二是该暂时性差异在可预见的未来很可能不会转回。满足上述条件时，投资企业可以运用自身的影响力决定暂时性差异的转回，如果不希望其转回，则在可预见的未来该项暂时性差异即不会转回，从而无须确认相关的递延所得税负债。

应予说明的是，企业在运用上述条件不确认与联营企业、合营企业相关的递延所得税负债时，应有确凿的证据表明其能够控制有关暂时性差异转回的时间。一般情况下，企业对联营企业的生产经营决策仅能够实施重大影响，并不能够主导被投资单位包括利润分配政策在内的主要生产经营决策的制定，满足《企业会计准则第18号——所得税》规定的能够控制暂时性差异转回时间的条件一般是通过与其他投资者签订协议等，达到能够控制被投资单位利润分配政策等。

（2）递延所得税负债的计量

递延所得税负债应以相关应纳税暂时性差异转回期间适用的所得税税率计量。在我国，除享受优惠政策的情况以外，企业适用的所得税税率在不同年度之间一般不会发生变化，企业在确认递延所得税负债时，可以现行适用所得税税率为基础计算确定。对于享受优惠政策的企业，如国家需要重点扶持的高新技术企业，享受一定时期的税率优惠，则所产生的暂时性差异应以预计其转回期间的适用所得税税率为基础计量。另外，无论应纳税暂时性差异的转回期间如何，递延所得税负债不要求折现。

2. 递延所得税资产的确认和计量

（1）递延所得税资产的确认

确认递延所得税资产的一般原则是：资产、负债的账面价值与其计税基础不同产生可抵扣暂时性差异的，在估计未来期间能够取得足够的应纳税所得额用以利用该可抵扣暂时性差异时，应当以很可能取得用来抵扣可抵扣暂时性差异的应纳税所得额为限，确认相关的递延所得税资产。同递延所得税负债的确认相同，有关交易或事项发生时，对会计利润或是应纳税所得额产生影响的，所确认的递延所得税资产应作为利润表中所得税费用的调整；有关的可抵扣暂时性差异产生于直接计入所有者权益的交易或事项，则确认的递延所得税资产也应计入所有者权益；企业合并时产生的可抵扣暂时性差异的所得税影响，应相应调整企业合并中确认的商誉或是应计入当期损益的金额。

确认递延所得税资产时，应关注以下问题：

一是递延所得税资产的确认应以未来期间可能取得的应纳税所得额为限。在可抵扣暂时性差异转回的未来期间内，企业无法产生足够的应纳税所得额用以抵减可抵扣暂时性差异的影响，使得与递延所得税资产相关的经济利益无法实现的，该部分递延所得税资产不应确认；企业有确凿的证据表明其于可抵扣暂时性差异转回的未来期间能够产生足够的应纳税所得额，进而利用可抵扣暂时性差异的，则应以可能取得的应纳税所得额为限，确认相关的递延所得税资产。

在判断企业于可抵扣暂时性差异转回的未来期间能否产生足够的应纳税所得额时，应考虑两个方面的影响：一方面通过正常的生产经营活动能够实现的应纳税所得额，如企业通过销售商品、提供劳务等所实现的收入，扣除相关费用后的金额；另一方面是以前期间产生的应纳税暂时性差异在未来期间转回时将产生应纳税所得额的增加额。

考虑到受可抵扣暂时性差异转回的期间内可能取得应纳税所得额的限制，因无法取得足够的应纳税所得额而未确认相关的递延所得税资产的，应在财务报表附注中进行披露。

二是对与子公司、联营企业、合营企业的投资相关的可抵扣暂时性差异，同时满足下列条件的，应当确认相关的递延所得税资产：一是暂时性差异在可预见的未来很可能转回；二是未来很可能获得用来抵扣可抵扣暂时性差异的应纳税所得额。

对联营企业和合营企业的投资产生的可抵扣暂时性差异，主要产生于权益法核算方法确认的投资损失以及计提减值准备的情况下。

三是对于按照税法规定可以结转以后年度的未弥补亏损和税款抵减，应视同可抵扣暂时性差异处理。在预计可利用可弥补亏损或税款抵减的未来期间内能够取得足够的应纳税所得额时，应当以很可能取得的应纳税所得额为限，确认相关的递延所得税资产，同时减少确认当期的所得税费用。

与未弥补亏损和税款抵减相关的递延所得税资产，其确认条件与可抵扣暂时性差异产生的递延所得税资产相同，在估计未来期间能否产生足够的应纳税所得额用于利用该部分未弥补亏损或税款抵减时，应考虑以下相关因素的影响：

1）在未弥补亏损到期前，企业是否会因以前期间产生的应纳税暂时性差异转回而产生足够的应纳税所得额；

2）在未弥补亏损到期前，企业是否可能通过正常的生产经营活动产生足够的应纳税所得额；

3）未弥补亏损是否产生于一些在未来期间不可能再发生的特殊原因；

4）是否存在其他的证据表明在未弥补亏损到期前能够取得足够的应纳税所得额。

另外，不确认递延所得税资产的特殊情况。如果企业发生的某项交易或事项不是企业合并，并且交易发生时既不影响会计利润也不影响应纳税所得额，且该项交易中产生的资产、负债的初始确认金额与其计税基础不同，产生可抵扣暂时性差异的，会计准则规定在交易或事项发生时不确认相关的递延所得税资产。其原因同该种情况下不确认相关的递延所得税负债相同，如果确认递延所得税资产，则需调整资产、负债的入账价值，对实际成本进行调整将有违历史成本原则，影响会计信息的可靠性，该种情况下不确认相关的递延所得税资产。

（2）递延所得税资产的计量

1）适用税率的确定

同递延所得税负债的计量原则相一致，确认递延所得税资产时，应估计相关可抵扣暂时性差异的转回时间，采用转回期间适用的所得税税率为基础计算确定。另外，无论相关的可抵扣暂时性差异转回期间如何，递延所得税资产均不予折现。

2）递延所得税资产的减值

与其他资产相一致，资产负债表日，企业应当对递延所得税资产的账面价值进行复核。如果未来期间很可能无法取得足够的应纳税所得额用以利用递延所得税资产的利益，应当减记递延所得税资产的账面价值。对于预期无法实现的部分，一般应确认为当期所得税费用，同时减少递延所得税资产的账面价值；对于原确认时计入所有者权益的递延所得税资产，其减记金额亦应计入所有者权益，不影响当期所得税费用。

递延所得税资产的账面价值因上述原因减记以后，继后期间根据新的环境和情况判断能够产生足够的应纳税所得额用以利用可抵扣暂时性差异，使得递延所得税资产包含的经济利益能够实现的，应相应恢复递延所得税资产的账面价值。

3. 特定交易或事项中涉及递延所得税的确认

（1）与直接计入所有者权益的交易或事项相关的所得税

与当期及以前期间直接计入所有者权益的交易或事项相关的当期所得税及递延所得税应当计入所有者权益。直接计入所有者权益的交易或事项主要有：对会计政策变更采用追溯调整法或对前期差错更正采用追溯重述法调整期初留存收益、可供出售金融资产公允价值的变动计入所有者权益、同时包含负债及权益成分的金融工具在初始确认时计入所有者权益等。

（2）与企业合并相关的递延所得税

企业合并中，购买方取得被购买方的可抵扣暂时性差异，比如，购买日取得的被购买方在以前期间发生的未弥补亏损等可抵扣暂时性差异，按照税法规定可以用于抵减以后年度应纳税所得额，但在购买日不符合递延所得税资产确认条件的，不应予以确认。购买日后12个月内，如果取得新的或进一步的信息表明相关情况在购买日已经存在，预期被购买方在购买日可抵扣暂时性差异带来的经济利益能够实现的，购买方应当确认相关的递延所得税资产，同时减少由该企业合并所产生的商誉，商誉不足冲减的，差额部分确认为当期损益（所得税费用）。除上述情况以外（例如，购买日后超过12个月，或在购买日不存在相关情况但购买日以后出现新的情况导致可抵扣暂时性差异带来的经济利益预期能够实现），如果符合了递延所得税资产的确认条件，确认与企业合并相关的递延所得税资产，应当计入当期损益（所得税费用），不得调整商誉金额。

4. 适用所得税税率变化对已确认递延所得税资产和递延所得税负债的影响

因适用税收法规的变化，导致企业在某一会计期间适用的所得税税率发生变化的，企业应对已确认的递延所得税资产和递延所得税负债进行重新计量。递延所得税资产和递延所得税负债的金额代表的是有关可抵扣暂时性差异或应纳税暂时性差异于未来期间转回时，导致应交所得税金额的减少或增加的情况。适用所得税税率的变化必然导致应纳税暂时性差异或可抵扣暂时性差异在未来期间转回时产生增加或减少应交所得税金额的变化，应对原已确认的递延所得税资产和递延所得税负债的金额进行调整，反映所得税税率变化带来的影响。

除直接计入所有者权益的交易或事项产生的递延所得税资产和递延所得税负债，相关的调整金额应计入所有者权益以外，其他情况下产生的调整金额应确认为当期所得税费用（或收益）。

10.2.3　所得税费用的确认和计量

企业核算所得税，主要是为确定当期应交所得税以及利润表中的所得税费用，从而确定各期实现的净利润。确认递延所得税资产和递延所得税负债，最终目的也是解决不同会计期间所得税费用的分配问题。按照资产负债表债务法进行核算的情况下，利润表中的所得税费用由两个部分组成：当期所得税和递延所得税费用（或收益）。

所得税费用的计算公式：

$$所得税费用＝当期所得税＋递延所得税费用（或收益）$$

1. 当期所得税的确认

当期所得税是指企业按照税法规定计算确定的针对当期发生的交易和事项，应缴纳给税务机关的所得税金额，即当期应交所得税。当期所得税应当以适用的税收法规为基础计算确定。

企业在确定当期所得税时，对于当期发生的交易或事项，会计处理与税收处理不同的，应在会计利润的基础上，按照适用税收法规的要求进行调整（即纳税调整），计算出当期应纳税所得额，再按照应纳税所得额与适用所得税税率计算确定当期应交所得税。

一般情况下，应纳税所得额可在会计利润的基础上，考虑会计与税收规定之间的差异，按照以下公式计算确定：

$$应纳税所得额＝会计利润＋纳税调整增加额－纳税调整减少额$$

企业当期所得税的计算公式为：

$$当期所得税＝当期应交所得税＝应纳税所得额×所得税税率$$

纳税调整增加额是指已计入当期损益但税法规定不允许扣除的金额，主要包括在税法规定允许扣除项目中，企业已计入当期费用但超过税法规定扣除标准的金额（如超过税法规定标准的职工福利费、工会经费、职工教育经费、业务招待费、公益性捐赠支出、广告费和业务宣传费等），以及企业已计入当期损失但税法规定不允许扣除项目的金额（如税收滞纳金、罚金、罚款）。

纳税调整减少额是指已计入当期损益但税法规定不纳税的金额，主要包括按税法规定允许弥补的亏损和准予免税的项目，如前五年内未弥补的亏损和国债利息收入等。

当期应交所得税确认后，账务处理如下：

借：所得税费用

　　贷：应交税费——应交所得税

2. 递延所得税费用（或收益）的确认

递延所得税费用（或收益）是指按照会计准则规定应予确认的递延所得税资产和递延所得税负债在会计期末应有的金额相对于原已确认金额之间的差额，即递延所得税资产和递延所得税负债的当期发生额，但不包括直接计入所有者权益的交易或事项产生的所得税影响。用公式表示即为：

$$递延所得税费用（或收益）＝当期递延所得税负债的增加＋当期递延所得税资产的减少－当期递延所得税负债的减少－当期递延所得税资产的增加$$

值得注意的是，如果某项交易或事项按照会计准则规定应计入所有者权益，由该交易或事项产生的递延所得税资产和递延所得税负债及其变化亦应计入所有者权益，不构成利润表中的递延所得税费用（或收益）。

另外，非同一控制下的企业合并中因资产、负债的入账价值与其计税基础不同产生的递延所得税资产或递延所得税负债，其确认结果直接影响购买日确认的商誉或计入利润表的损益金额，不影响购买日的所得税费用。

3. 所得税费用的确认

计算确定了当期应交所得税及递延所得税费用（或收益）以后，利润表中应予确认的所得税费用为两者之和，即：

所得税费用＝当期所得税＋递延所得税费用（或收益）

【例 10-13】 M 公司 2012 年度利润表中利润总额为 18000000 元，适用的所得税税率为 25％，预计未来期间适用的所得税税率不会发生变化，未来期间能够产生足够的应纳税所得额用以抵扣可抵扣暂时性差异。递延所得税资产及递延所得税负债不存在期初余额。

该公司 2012 年发生的有关交易和事项中，会计处理与税收处理存在差别的有：

(1) 2011 年 12 月 31 日取得的一项固定资产，成本为 7000000 元，使用年限为 10 年，预计净残值为 0，会计处理按双倍余额递减法计提折旧，税收处理按直线法计提折旧。假定税法规定的使用年限及预计净残值与会计规定相同。

(2) 向关联企业捐赠现金 3000000 元。

(3) 当年度发生研究开发支出 5000000 元，较上年度增长 20％。其中 3000000 元予以资本化；截至 2012 年 12 月 31 日，该研发资产仍在开发过程中。税法规定，企业费用化的研究开发支出按 150％税前扣除，资本化的研究开发支出按资本化金额的 150％确定应予摊销的金额。

(4) 应付违反环保法规定罚款 1000000 元。

(5) 期末对持有的存货计提了 500000 元的存货跌价准备。

分析：

(1) 2012 年度当期应交所得税

应纳税所得额＝18000000＋700000＋3000000－(5000000×150％－2000000)

　　　　　　　＋1000000＋500000

　　　　　＝17700000(元)

当期应交所得税＝17700000×25％＝4425000(元)

(2) 2012 年度递延所得税

该公司 2012 年 12 月 31 日有关资产、负债的账面价值、计税基础，相应的暂时性差异，可抵扣暂时性差异 800000 元。

递延所得税收益＝800000×25％＝200000 (元)

(3) 利润表中应确认的所得税费用

所得税费用＝4425000—200000＝4225000 (元)

借：所得税费用　　　　　　　　　　　　　　4225000

　　递延所得税资产　　　　　　　　　　　　 200000

　　贷：应交税费——应交所得税　　　　　　　　　　4425000

【例 10-14】 G 公司 2012 年全年利润总额（即税前会计利润）为 12300000 元，其中包括本年收到的国债利息收入 300000 元，所得税税率为 25％。假定公司全年无其他纳税调整因素。

按照税法的有关规定，企业购买国债的利息收入免交所得税，计算应纳税所得额时可将其扣除。公司当期所得税的计算如下：

$$应纳税所得额＝12300000－300000＝12000000（元）$$
$$当期应交所得税＝12000000×25\%＝3000000（元）$$

【例 10-15】 H 公司递延所得税负债年初数为 500000 元，年末数为 700000 元，递延所得税资产年初数为 250000 元，年末数为 200000 元。当期应纳税所得额 20000000 元，公司适用 25％的所得税税率。公司应编制如下会计分录：

H 公司所得税费用的计算如下：

$$当期应交所得税＝20000000×25\%＝5000000（元）$$
$$递延所得税费用＝（700000－500000）＋（250000－200000）＝250000（元）$$
$$所得税费用＝当期应交所得税＋递延所得税费用＝5000000＋250000＝5250000（元）$$

H 公司应编制如下会计分录：

借：所得税费用   5250000
 贷：应交税费——应交所得税   5000000
  递延所得税负债   200000
  递延所得税资产   50000

10.3 利润分配的核算

10.3.1 利润分配的程序

施工企业实现的利润总额，应当按国家有关税法规定作相应调整后，计算缴纳企业所得税，即实现企业税后利润，也称净利润。利润分配就是企业按照国家财经法规和企业章程，对所实现的净利润在企业与投资者之间进行合理分配。利润分配要兼顾国家、企业和投资者之间多方面的利益，合理分配企业净利润，有利于维护投资者的权益，保证企业稳定持续发展。

施工企业实现的净利润，按下列顺序进行分配：

（1）弥补以前年度亏损。指弥补以前年度发生的、在五年内未弥补完的亏损。税法规定，企业发生的年度亏损，可以用下一年度的税前利润弥补；下一年度利润不足以弥补的，可以在五年内延续弥补；如五年内未弥补完，用税后利润弥补。

（2）提取法定盈余公积金。按照当年税后利润扣除前一项之后的 10％提取法定盈余公积金。但累计提取的法定盈余公积金达到注册资本的 50％时可不再提取。

（3）提取任意盈余公积金。任意盈余公积金按照公司章程或股东会议决议提取和使用，其目的是为了控制向投资者分配利润的水平以及调整各年利润分配的波动，限制和调节利润分配的均衡性。

（4）向投资者分配利润。企业当期实现的净利润，加上年初未分配利润（或减去年初未弥补亏损），再减去提取的法定盈余公积金、任意盈余公积金后，即为可供投资者分配的利润。企业可按投资各方的出资比例分配给各投资者。

股份制企业净利润的分配顺序如下：

（1）弥补以前年度亏损。

（2）提取法定盈余公积金。

（3）支付优先股股利。指股份有限公司按利润分配方案分配给优先股股东的现金股利。

(4) 提取任意盈余公积金。指股份有限公司按股东大会决议提取的公积金。任意盈余公积的提取比例由企业确定。

(5) 支付普通股股利。指企业按照利润分配方案分配给普通股股东的现金股利或分给投资人的利润。

(6) 转作资本（或股本）的普通股股利。指企业按照利润分配方案以分配股票股利的形式转增的资本（或股本）或以利润转增的资本。

可供投资者分配的利润，经过上述分配后，即为未分配利润（或未弥补亏损）。未分配利润可留待以后年度进行分配。企业如发生亏损，可以按规定由以后年度实现的利润弥补，也可以用以前年度提取的盈余公积弥补。注意的是，企业以前年度亏损未弥补完，不得提取法定盈余公积金和任意盈余公积金；在提取法定盈余公积以前，不得向投资者分配利润。

股份有限公司原则上应从累积的盈利中分派股利，无利不分。但公司用盈余公积金补亏后，经股东大会特别会议决议，公司可按照不超过股票面值 6％的比率用盈余公积向股东分配股利，支付股利后留存的法定盈余公积金不得低于注册资本的 25％。

10.3.2 利润分配的核算

为总括反映净利润的实现、分配和结存情况，企业应设置"利润分配"账户，核算企业净利润的分配（或亏损的弥补）及历年分配（或弥补）后的结存余额。该账户属于所有者权益类账户，借方登记本年分配的利润数额或年末转入的本年亏损额；贷方登记年末转入的本年净利润或用盈余公积弥补亏损的数额；年末贷方余额表示历年结存的未分配利润，若为借方余额表示历年累计的未弥补亏损。

"利润分配"账户应设置以下明细账户进行利润分配的核算：

1. "盈余公积补亏"明细账户，核算企业用盈余公积弥补的亏损数额。其贷方登记转入的用于弥补亏损的数额，借方登记年末转入"未分配利润"明细账户的金额，年末结转后本账户应无余额。

2. "提取法定盈余公积"明细账户，核算按规定提取的法定盈余公积。其借方登记提取的法定盈余公积，贷方登记年末转入"未分配利润"明细账户的金额，年末结转后应无余额。

3. "提取任意盈余公积"等明细账户，核算按公司决议提取的任意盈余公积。其借方登记提取的任意盈余公积，贷方登记年末转入"未分配利润"明细账户的金额，年末结转后应无余额。

4. "应付优先股股利"、"应付普通股股利"明细账户，核算分配给投资者的现金股利或利润。其借方登记分配给投资者的利润，贷方登记年末转入"未分配利润"明细账户的金额，年末结转后应无余额。

5. "转作资本（或股本）的普通股股利"明细账户，核算企业按规定分配的股票股利。其借方登记分配给投资者的股票股利，贷方登记年末转入"未分配利润"明细账户的金额，年末结转后本账户应无余额。

6. "未分配利润"明细账户，核算企业累计尚未分配的利润（或尚未弥补的亏损）。年度终了，企业将本年度实现的净利润自"本年利润"账户转入"利润分配——未分配利润"明细账户的贷方,如为亏损,则转入"利润分配——未分配利润"明细账户的借方。同时将"利润分配"账户所属其他明细账户的余额转入"未分配利润"明细账户。年终结转后,除"未分配利润"明细账户外,"利润分配"账户所属的其他明细账户均无余额。"利润分配——未分配利润"明细账户的年末贷方余额为累计未分配的利润,如为借方余额则为累计未弥补的亏损。

现举例说明利润分配的核算方法。

【例 10-16】 依例 10-9 可知盛达建筑公司 2012 年 12 月份实现净利润 457160 元,2012 年 12 月初"本年利润"账户贷方余额 4042840 元。年末按 10%提取法定盈余公积金,按 5%提取任意盈余公积金,并向投资者分配利润 100 万元。有关账务处理为:

(1) 结转本年实现的净利润 4500000 元。会计分录为:

2012 年全年累计实现净利润:(457160+4042840)=4500000 元

借:本年利润   4500000
　　贷:利润分配——未分配利润   4500000

(2) 计提法定盈余公积金 45 万元,计提任意盈余公积金 22.5 万元。会计分录为:

提取法定盈余公积:4500000×10%=450000 元

提取任意盈余公积金:4500000 元×5%=225000 元

企业根据上述计算结果,做会计分录为:

借:利润分配——提取法定盈余公积   450000
　　利润分配——提取任意盈余公积   225000
　　贷:盈余公积——法定盈余公积   450000
　　　　盈余公积——任意盈余公积   225000

(3) 向投资者分配利润 100 万元。会计分录为:

借:利润分配——应付普通股股利   1000000
　　贷:应付股利   1000000

(4) 结转"利润分配"账户各明细账户的余额。会计分录如下:

借:利润分配——未分配利润   1675000
　　贷:利润分配——提取法定盈余公积   450000
　　　　利润分配——提取任意盈余公积   225000
　　　　利润分配——应付普通股股利   1000000

经过以上账务处理,年末"利润分配——未分配利润"账户有贷方余额 2825000 元,为该企业累计未分配利润(假设企业以前年度无未分配利润)。

【例 10-17】 某建筑公司本年发生亏损 37000 元,董事会决议用盈余公积金弥补。作结转"本年利润"账户余额的会计分录如下:

借:利润分配——未分配利润   37000
　　贷:本年利润   37000

用盈余公积金弥补当年亏损,做会计分录:

借:盈余公积——法定盈余公积金   37000
　　贷:利润分配——盈余公积补亏   37000

同时:

借：利润分配——盈余公积补亏　　　　　　　　　　　37000

　　贷：利润分配——未分配利润　　　　　　　　　　　37000

需要说明的是，企业用当年实现的利润弥补以前年度亏损时，无论是用税前利润弥补，还是用税后利润弥补，均无须专门做会计分录。只需将本年实现的利润转入"利润分配"账户，就可直接抵消亏损额。

本 章 小 结

施工企业的利润指标是由营业利润、利润总额和净利润三个层次组成的。

营业利润是企业利润的主要来源，是企业在一定期间的日常生产经营活动中取得的利润。营业利润的计算公式：

营业利润＝营业收入－营业成本－营业税金及附加－销售费用－管理费用

　　　　　　－财务费用－资产减值损失±公允价值变动损益±投资净收益

施工企业的利润总额是指施工企业在一定期间的营业利润，加上营业外收入减去营业外支出后的所得税前利润总额。利润总额的计算公式如下：

利润总额＝营业利润＋营业外收入－营业外支出

净利润为一定期间的利润总额减去所得税后的余额。其计算公式如下：

净利润＝利润总额－所得税费用

企业核算所得税费用，主要是确定当期应交所得税和递延所得税费用。确认递延所得税主要是确认递延所得税资产和递延所得税负债。利润表中的所得税费用由两个部分组成：即当期所得税和递延所得税费用（或收益）。

所得税费用的计算公式：

所得税费用＝当期所得税＋递延所得税费用（或收益）

当期所得税是指企业按照税法规定计算确定的针对当期发生的交易和事项，应交给税务机关的所得税金额，即当期应交所得税。应纳税所得额可在会计利润的基础上，考虑会计与税收规定之间的差异，计算公式是：

应纳税所得额＝税前会计利润＋纳税调整增加额－纳税调整减少额

企业当期所得税的计算公式为：

当期所得税＝当期应交所得税＝应纳税所得额×所得税税率

递延所得税费用（或收益）是指按照会计准则规定应予确认的递延所得税资产和递延所得税负债在会计期末应有的金额相对于原已确认金额之间的差额，即递延所得税资产和递延所得税负债的当期发生额，但不包括计入所有者权益的交易或事项的所得税影响。用公式表示即为：

递延所得税费用（或收益）＝当期递延所得税负债的增加

　　　　　　　　　　　　＋当期递延所得税资产的减少

　　　　　　　　　　　　－当期递延所得税负债的减少

　　　　　　　　　　　　－当期递延所得税资产的增加

核算所得税时，应设置"所得税费用"账户和"应交税金——应交所得税"明细账户，分别核算应从当期损益中扣除的所得税和应交所得税。应付税款法的特点是当期计入损益的所得税费用等于当期的应交所得税。

企业净利润的分配程序是：（1）弥补以前年度亏损；（2）提取法定盈余公积；（3）提取任意盈余公积金；（4）向投资者分配利润。企业应设置"利润分配"账户，核算企业净利润的分配（或亏损的弥补）及历年分配（或弥补）后的结存余额。

思 考 题

1. 施工企业的利润由哪些内容组成？如何计算营业利润、利润总额和净利润？
2. 营业外收入和营业外支出各包括哪些主要内容？如何进行核算？
3. 为什么会产生应税所得额与会计利润的差异？包括哪些差异？如何调整？
4. 什么是当期所得税及其计算公式？什么是递延所得税费用及其计算公式？
5. 什么是利润分配？简述利润分配的程序。
6. 什么是账结法？什么是表结法？它们有什么区别？
7. 如何进行利润分配的核算？

习 题

1. 练习利润形成的核算。

(1) 资料：华泰建筑公司 2012 年 12 月"本年利润"账户的月初余额为 4676300 元，2012 年 12 月 31 日各损益类账户发生额如下：

会计账户	结账前余额（元）
主营业务收入	945000（贷方）
主营业务成本	512000（借方）
营业税金及附加	31700（借方）
管理费用	58000（借方）
财务费用	9000（借方）
投资收益	21000（贷方）
营业外收入	25000（贷方）
营业外支出	38000（借方）
所得税费用	121319（借方）

(2) 要求：

1) 编制结转本月各损益类账户发生额的会计分录；
2) 登记"本年利润"账户；
3) 计算本月营业利润、利润总额和净利润。

2. 练习所得税费用的核算。

资料：中新公司递延所得税负债年初数为 570000 元，年末数为 790000 元，递延所得税资产年初数为 350000 元，年末数为 300000 元。当期应纳税所得额 23000000 元，公司适用 25% 的所得税税率。

要求：

(1) 计算当期应交所得税额；
(2) 计算递延所得税费用；
(3) 计算所得税费用；
(4) 编制会计分录。

3. 练习利润分配的核算。

(1) 资料：根据习题 1 可知华泰建筑公司全年实现的净利润，年末按 10% 提取法定盈余公积金，按 5% 提取任意盈余公积金，并向投资者分配利润 110 万元。

(2) 要求：作出下列有关会计处理

1）结转本年利润；

2）提取法定盈余公积金和任意盈余公积金；

3）向投资者分配利润；

4）将利润分配各明细账余额转入"利润分配——未分配利润"明细账；

5）登记"利润分配——未分配利润"明细账。

4. 练习利润分配的核算。

（1）资料：中阳建筑公司 2012 年 12 月"本年利润"账户的月初余额为 1212300 元，2012 年 12 月 31 日各损益类账户发生额如下：

会计账户	结账前余额（元）
主营业务收入	78000（贷方）
主营业务成本	35000（借方）
其他业务收入	48000（贷方）
其他业务成本	31000（借方）
营业税金及附加	4700（借方）
管理费用	12000（借方）
财务费用	1000（借方）
投资收益	15000（贷方）
营业外收入	4000（贷方）
营业外支出	18000（借方）

2012 年 12 月份，公司列入管理费用的业务招待费 3000 元，企业按营业收入计算的开支限额为 2000 元；投资收益中有国库券利息收入 7500 元，（已按 25％纳税）；本年发生的非公益性捐赠支出 10000 元，已列入营业外支出核算。

（2）要求：

1）编制结转本月各损益类账户发生额的会计分录；

2）登记"本年利润"账户，结出本月实现利润总额；

3）调整 12 月份的税前利润，计算应税所得额、按 25％计算应交所得税费用；

4）计算本月营业利润、利润总额和净利润；

5）全年实现的净利润，年末按 10％提取法定盈余公积金，按 5％提取任意盈余公积金，并向投资者分配可供分配利润的 70％，作出有关的会计分录；

6）将利润分配各明细账余额转入"利润分配——未分配利润"明细账，结出年末未分配利润。

11　财　务　报　表

本　章　提　要

本章重点介绍财务报告的内容、财务报表的分类、财务报表的编制方法以及财务报表分析的主要指标与评价方法。通过学习，要求掌握财务报表的编制方法，熟悉考核企业财务状况和经营成果的有关财务指标的计算与评价方法。

11.1　财　务　报　告　概　述

11.1.1　财务报告的构成

财务报告，是指企业对外提供的反映企业某一特定日期的财务状况和某一会计期间的经营成果、现金流量等会计信息的文件。财务报告包括财务报表和其他应当在财务会计报告中披露的相关信息和资料。

财务报表至少包括下列内容：资产负债表；利润表；现金流量表；所有者权益（或股东权益，下同）变动表；附注。其中附注是对在资产负债表、利润表、现金流量表和所有者权益变动表等报表中列示项目的文字描述或明细资料，以及对未能在这些报表中列示项目的说明等。

11.1.2　财务报表的分类

1. 按财务报表编制和报送的时间分类

（1）月报。在月份终了时编制，反映月末或当月情况的会计报表，要求简明扼要，及时反映。

（2）季报。在季度终了时编制，反映季末或当季情况的会计报表。

（3）年报。在年度终了时编制，反映年末或当年情况的会计报表，要求全面完整，能总结全年的经济活动。

2. 按服务对象分类

（1）内部报表。指为适应企业内部经营管理需要而编制的不对外公布的会计报表，如成本费用明细表、存货明细表。一般没有统一格式，各单位根据自身情况和需要制订。

（2）外部报表。指为满足会计信息使用者的需要，企业对外提供的会计报表，通常有统一的格式和规定的指标体系。

3. 按编制单位分类

（1）单位报表。指由企业在自身会计核算基础上对账簿记录进行加工而编制的会计报表，反映企业自身财务状况、经营成果和现金流量情况。

（2）汇总报表。指上级主管部门根据其所属单位报送的会计报表，连同本单位会计报表汇总编制的综合性会计报表。

11.1.3 财务报表编制要求

1. 数字真实、计算准确

企业财务报表必须真实准确地反映企业的财务状况和经营成果，因此财务报表中各项目的数字必须以核对无误的账簿记录和其他资料填写，不得弄虚作假，伪造报表数字。同时还应对财务报表中各项目的金额采用正确的计算方法，确保计算结果准确。

2. 内容完整

会计信息的内容必须全面、系统地反映企业经营活动的全部情况，企业必须按规定的报表种类、格式和内容进行编制，不得漏编、漏报，对不同会计期间应编报的各种财务报表都必须填列完整。不论是表内项目还是表外补充资料，企业都应填列齐全，对某些不便于列入报表的重要资料，应在括号内或以附注等形式说明。

3. 编报及时

企业财务报表所提供的资料具有很强的实效性，如果财务报表报送被不适当地拖延，即使最真实最完整的财务报表也将失去效用。因此财务报表必须按照规定的期限和程序，及时编制、报送。根据我国会计制度规定，月报应于月份终了后 6 天内报出；季报应于季度终了后 15 天内报出；中报应于年度中期结束后 60 天内报出；年报应于年度终了后 4 个月内报出。

11.2 资产负债表

资产负债表是反映企业在某一特定日期财务状况的报表，属于静态报表。它反映了企业在某一特定日期所拥有或控制的经济资源、所承担的现时义务和所有者对净资产的要求权。

11.2.1 资产负债表的结构

资产负债表是根据"资产＝负债＋所有者权益"的会计等式，将企业在一定日期的资产、负债、所有者权益项目按照一定的分类标准和顺序排列而成的。在我国，资产负债表采用账户式结构，报表分为左右两方，左方列示资产各项目，反映全部资产的分布及存在形态；右方列示负债和所有者权益各项目，反映全部负债和所有者权益的内容及构成情况。资产负债表的基本格式见表 11-1。

11.2.2 资产负债表项目的列示

资产和负债应当分为流动资产和非流动资产、流动负债和非流动负债列示。满足下列条件之一的资产，应当归类为流动资产：

(1) 预计在一个正常营业周期中变现、出售或耗用；

(2) 主要为交易目的而持有；

(3) 预计在资产负债表日起一年内（含一年）变现；

(4) 自资产负债表日起一年内，交换其他资产或清偿负债的能力不受限制的现金或现金等价物。

其中，正常营业周期通常是指企业从购买用于加工的资产起至实现现金或现金等价物的期间。施工企业正常营业周期通常长于一年，其承包的施工项目（房屋、道路、桥梁等），往往超过一年才能完工和出售（结算），应划分为流动资产。

流动资产以外的资产应当归类为非流动资产。

满足下列条件之一的负债，应当归类为流动负债：

（1）预计在一个正常营业周期中清偿；

（2）主要为交易目的而持有；

（3）自资产负债表日起一年内到期应予清偿；

（4）企业无权自主地将清偿推迟至资产负债表日后一年以上。

流动负债以外的负债应当归类为非流动负债。

特别注意：（1）对于在资产负债表日起一年内到期的负债，企业预计能够自主地将清偿义务展期至资产负债表日后一年以上的，应当归类为非流动负债；不能自主地将清偿义务展期的，即使在资产负债表日后、财务报告批准报出日前签订了重新安排清偿计划协议，该项负债仍应归类为流动负债。（2）企业在资产负债表日或之前违反了长期借款协议，导致贷款人可随时要求清偿的负债，应当归类为流动负债。贷款人在资产负债表日或之前同意提供在资产负债表日后一年以上的宽限期，企业能够在此期限内改正违约行为，且贷款人不能要求随时清偿，该项负债应当归类为非流动负债。

11.2.3 资产负债表的编制方法

企业应对日常会计核算数据进行归类、整理、汇总，根据总账和明细账相关科目余额，准确填列资产负债表各项目。

1."年初余额"的填列方法

资产负债表各项目的"年初余额"，应根据上年末资产负债表"期末余额"栏内所列数字填列。如果本年度资产负债表规定的各个项目的名称和内容同上年度不相一致，应对上年年末资产负债表各项目的名称和数字按本年度的规定进行调整，按调整后的数字填入本表"年初余额"栏内。

2."期末余额"的填列方法

"期末余额"是指某一资产负债表日的数字，即月末、季末、半年末或年末的数字。资产负债表各项目"期末余额"的数据，可以通过以下几种方式填列：

（1）直接根据总账科目的余额填列。如交易性金融资产、固定资产清理、长期待摊费用、递延所得税资产、短期借款、交易性金融负债、应付票据、应付职工薪酬、应交税费、应付利息、应付股利、其他应付款、递延所得税负债、实收资本、资本公积、库存股、盈余公积等项目，应当根据相关总账科目的余额直接填列。

（2）根据几个总账科目的余额计算填列。如"货币资金"项目，应当根据"库存现金"、"银行存款"、"其他货币资金"三个科目期末余额合计填列。"存货"项目应根据"材料采购"、"在途物资"、"原材料"、"周转材料"、"委托加工物资"、"库存商品"、"材料成本差异"等账户期末借方余额合计，减去"存货跌价准备"等科目期末余额后的金额填列。建造承包商的"工程施工"期末余额大于"工程结算"期末余额的差额反映在"存货"项目中；"工程施工"期末余额小于"工程结算"期末余额的差额反映在"应付账款"项目中。

（3）根据有关明细科目的余额计算填列。如"应付账款"项目，应当根据"应付账款"、"预付账款"两个科目所属明细科目期末贷方余额合计填列。若"应付账款"所属明细账户期末有借方余额，应填列在"预付账款"项目下。

（4）根据总账科目和明细科目的余额分析计算填列。例如，"长期应收款"项目，应当根据"长期应收款"总账科目余额，减去"未实现融资收益"总账科目余额，再减去所属相关明细科目中将于一年内到期的部分填列；"长期借款"项目，应当根据"长期借款"总账科目余额扣除"长期借款"科目所属明细科目中将于一年内到期，且企业不能自主地将清偿义务展期的部分后的金额填列；"应付债券"项目，应当根据"应付债券"总账科目余额扣除"应付债券"科目所属明细科目中将于一年内到期的部分填列；"长期应付款"项目，应当根据"长期应付款"总账科目余额，减去"未确认融资费用"总账科目余额，再减去所属相关明细科目中将于一年内到期的部分填列。

（5）根据总账科目与其备抵科目抵销后的净额填列。例如，"持有至到期投资"项目，应当根据"持有至到期投资"科目期末余额，减去"持有至到期投资减值准备"科目期末余额后的金额填列；"固定资产"项目，应当根据"固定资产"科目期末余额，减去"累计折旧"、"固定资产减值准备"等科目期末余额后的金额填列。

（6）根据有关明细科目的余额与其备抵科目抵销后的净额填列。如"应收账款"项目，应当根据"应收账款"、"预收账款"两个科目所属明细科目的期末借方余额合计数，减去"坏账准备"科目的金额填列。若"应收账款"所属明细账户期末有贷方余额，应填列在"预收账款"项目下。

11.2.4 资产负债表编制示例

【例 11-1】 盛达建筑公司 2011 年 12 月 31 日的资产负债表（年初余额略）及 2012 年 12 月 31 日的科目余额表分别见表 11-1 和表 11-2。假设盛达建筑公司 2012 年度除计提固定资产减值准备导致固定资产账面价值与其计税基础存在可抵扣暂时性差异外，其他资产和负债项目的账面价值均等于其计税基础。假定甲公司未来很可能获得足够的应纳税所得额用来抵扣可抵扣暂时性差异，适用的所得税税率为 25%。

资产负债表

表 11-1

会企 01 表

编制单位：盛达建筑公司　　　　　　　　2011 年 12 月 31 日　　　　　　　　单位：元

资产	期末余额	年初余额	负债和股东权益	期末余额	年初余额
流动资产：			**流动负债：**		
货币资金	1406300		短期借款	300000	
交易性金融资产	15000		交易性金融负债	0	
应收票据	246000		应付票据	200000	
应收账款	299100		应付账款	953800	
预付款项	100000		预收款项	0	
应收利息	0		应付职工薪酬	110000	
应收股利	0		应交税费	36600	
其他应收款	5000		应付利息	1000	
存货	2580000		应付股利	0	
一年内到期的非流动资产	0		一年内到期的非流动负债	1000000	
其他流动资产	100000		其他应付款	50000	

资产	期末余额	年初余额	负债和股东权益	期末余额	年初余额
流动资产合计	4751400		其他流动负债	0	
非流动资产：			流动负债合计	2651400	
可供出售金融资产	0		**非流动负债：**		
持有至到期投资	0		长期借款	600000	
长期应收款	0		应付债券	0	
长期股权投资	250000		长期应付款	0	
投资性房地产	0		专项应付款	0	
固定资产	1100000		预计负债	0	
在建工程	1500000		递延所得税负债	0	
工程物资	0		其他非流动负债	0	
固定资产清理	0		非流动负债合计	600000	
生产性生物资产	0		负债合计	3251400	
油气资产	0		**股东权益：**		
无形资产	600000		股本	5000000	
开发支出	0		资本公积	0	
商誉	0		减：库存股	0	
长期待摊费用	0		盈余公积	100000	
递延所得税资产	0		未分配利润	50000	
其他非流动资产	200000		股东权益合计	5150000	
非流动资产合计	3650000				
资产总计	8401400		负债和所有者权合计	8401400	

科 目 余 额 表　　　　　　　　　　　　　　表 11-2

2012 年 12 月 31 日　　　　　　　　　　　　　单位：元

科目名称	借方余额	科目名称	贷方余额
库存现金	2000	短期借款	50000
银行存款	786135	应付票据	100000
其他货币资金	7300	应付账款	953800
交易性金融资产	0	其他应付款	50000
应收票据	66000	应付职工薪酬	180000
应收账款	600000	应交税费	226731
坏账准备	−1800	应付利息	0
预付账款	100000	应付股利	32215
其他应收款	5000	一年内到期的非流动负债	0
在途物资	99250	长期借款	1160000
原材料	275000	股本	5000000
周转材料	38050	盈余公积	124770.40

科目名称	借方余额	科目名称	贷方余额
工程施工	3531100	利润分配（未分配利润）	190718.60
其他流动资产	90000	工程结算	1458700
长期股权投资	250000		
固定资产	2401000		
累计折旧	−170000		
固定资产减值准备	−30000		
工程物资	150000		
在建工程	578000		
无形资产	600000		
累计摊销	−60000		
递延所得税资产	9900		
其他非流动资产	200000		
合计	9526935		9526935

根据上述资料，编制盛达建筑公司 2012 年 12 月 31 日的资产负债表，见表 11-3。

资 产 负 债 表

表 11-3

会企 01 表

编制单位：盛达建筑公司　　　　　2012 年 12 月 31 日　　　　　单位：元

资产	期末余额	年初余额	负债和股东权益	期末余额	年初余额
流动资产：			**流动负债：**		
货币资金	795435	1406300	短期借款	50000	300000
交易性金融资产		15000	交易性金融负债	0	0
应收票据	66000	246000	应付票据	100000	200000
应收账款	598200	299100	应付账款	953800	953800
预付款项	100000	100000	预收款项	0	0
应收利息	0	0	应付职工薪酬	180000	110000
应收股利	0	0	应交税费	226731	36600
其他应收款	5000	5000	应付利息	0	1000
存货	2484700	2580000	应付股利	32215	0
一年内到期的非流动资产	0	0	其他应付款	50000	50000
其他流动资产	90000	100000	一年到期的非流动负债	0	1000000
流动资产合计	4139335	4751400	**其他流动负债：**		
非流动资产：			流动负债合计	1592746	2651400
可供出售金融资产	0	0	**非流动负债：**		
持有至到期投资	0	0	长期借款	1160000	600000
长期应收款	0	0	应付债券	0	0

资产	期末余额	年初余额	负债和股东权益	期末余额	年初余额
长期股权投资	250000	250000	长期应付款	0	0
投资性房地产	0	0	专项应付款	0	0
固定资产	2201000	1100000	预计负债	0	0
在建工程	578000	1500000	递延所得税负债	0	0
工程物资	150000	0	其他非流动负债	0	0
固定资产清理	0	0	非流动负债合计	1160000	600000
生产性生物资产	0	0	负债合计	2752746	3251400
油气资产	0	0	**股东权益:**		
无形资产	540000	600000	股本	5000000	5000000
开发支出	0	0	资本公积	0	0
商誉	0	0	减:库存股	0	0
长期待摊费用	0	0	盈余公积	124770.40	100000
递延所得税资产	9900	0	未分配利润	190718.60	50000
其他非流动资产	200000	200000	股东权益合计	5315489	5150000
非流动资产合计	3928900	3650000			
资产总计	8068235	8401400	负债和所有者权益合计	8068235	8401400

11.3 利 润 表

利润表是反映企业在一定会计期间经营成果的报表,表明企业在一定会计期间的收入、费用和利润(或亏损)的数额及构成情况,属于动态报表。

11.3.1 利润表的内容及结构

利润表的结构有单步式和多步式两种,我国一般采用多步式结构。

第一步,以营业收入(营业收入由主营业务收入和其他业务收入组成)为基础,减去营业成本(主营业务成本、其他业务成本)、营业税金及附加、销售费用、管理费用、财务费用、资产减值损失,加上公允价值变动收益(减去公允价值变动损失)和投资收益(减去投资损失),计算出营业利润。

第二步,以营业利润为基础,加上营业外收入,减去营业外支出,计算出利润总额。

第三步,以利润总额为基础,减去所得税费用,计算出净利润(或净亏损)。

第四步,以净利润(或净亏损)为基础,计算每股收益。

第五步,以净利润(或净亏损)和其他综合收益为基础,计算综合收益总额。

利润表的基本格式见表11-6。

11.3.2 利润表的编制方法

1. 利润表中的"上期金额"栏各项目应根据上年末利润表"本期余额"栏内所列数字填列。如果上年度利润表的项目名称和内容与本年度利润表不相一致,应对上年度利润表项目的名称和数字按本年度的规定进行调整,按调整后的数字填入报表的"上期金额"栏。

2. 利润表中的"本期金额"栏反映各项目的本期实际发生数，主要根据各损益类科目的发生额分析填列。其各项目的填列方法如表11-4：

利 润 表   表11-4

项　　目	填 列 方 法
一、营业收入	＝"主营业务收入"＋"其他业务收入"
减：营业成本	＝"主营业务成本"＋"其他业务成本"
营业税金及附加	＝"营业税金及附加"
销售费用	＝"销售费用"
管理费用	＝"管理费用"
财务费用（收益以"—"号填列）	＝"财务费用"
资产减值损失	＝"资产减值损失"
加：公允价值变动收益（损失以"—"号填列）	＝"公允价值变动损益"
投资收益（损失以"—"号填列）	＝"投资收益"
二、营业利润（亏损以"—"号填列）	推算认定
加：营业外收入	＝"营业外收入"
减：营业外支出	＝"营业外支出"
三、利润总额（亏损总额以"—"号填列）	推算认定
减：所得税费用	＝"所得税费用"
四、净利润（净亏损以"—"号填列）	推算认定
五、每股收益	
（一）基本每股收益	＝"归属于普通股股东的当期净利润"／"当期发行在外普通股的加权平均数"
（二）稀释每股收益	＝"归属于普通股股东的当期净利润"／"假定稀释性潜在普通股转换为已发行普通股的前提下普通股股数的加权平均数"
六、其他综合收益	直接计入所有者权益的利得和损失
七、综合收益总额	净利润＋其他综合收益

11.3.3 利润表编制示例

【例11-2】 盛达建筑公司2012年度有关损益类科目本年累计发生净额见表11-5。

损益类科目 2012 年度累计发生净额   表11-5

单位：元

科目名称	借方发生额	贷方发生额
主营业务收入		1250000
主营业务成本	750000	
营业税金及附加	37500	
管理费用	157100	

续表

科目名称	借方发生额	贷方发生额
财务费用	41500	
资产减值损失	30900	
投资收益		31500
营业外收入		50000
营业外支出		19700
所得税费用		112596

根据上述资料，编制盛达建筑公司2012年度利润表，见表11-6。

利 润 表　　　　　　　　　　表 11-6

会企 02 表

编制单位：盛达建筑公司　　　　2012 年　　　　　单位：元

项　　目	本期金额	上期金额
一、营业收入	1250000	
减：营业成本	750000	
营业税金及附加	37500	
销售费用	0	
管理费用	157100	
财务费用	41500	
资产减值损失	30900	
加：公允价值变动收益（损失以"—"号填列）	0	
投资收益（损失以"—"号填列）	31500	
其中：对联营企业和合营企业的投资收益	0	
二、营业利润（亏损以"—"号填列）	26450	
加：营业外收入	50000	
减：营业外支出	19700	
其中：非流动资产处置损失	（略）	
三、利润总额（亏损总额以"—"号填列）	294800	
减：所得税费用	112596	
四、净利润（净亏损以"—"号填列）	182204	
五、每股收益：	（略）	
（一）基本每股收益		
（二）稀释每股收益		
六、其他综合收益		
七、综合收益总额		

11.4　现金流量表

11.4.1　现金流量表概述

1. 现金流量表，是反映企业在一定会计期间现金和现金等价物流入和流出的报表。

通过现金流量表提供的信息，报表使用者可以了解和评价企业获得现金和现金等价物的能力，并据以预测企业未来的现金流量。

2. 现金流量表是以现金为基础编制的。这里的"现金"是指企业的现金和现金等价物。具体包括：

（1）库存现金。即指企业"库存现金"账户核算的金额。

（2）可随时用于支付的银行存款。如果存在银行或其他金融机构的款项中有不能随时用于支付的存款（比如定期存款），则不能作为现金流量表中的现金。但提前通知金融机构便可支取的定期存款，则属于现金的范畴。

（3）其他货币资金。是指企业存放在银行有特定用途的资金，如外埠存款、银行汇票存款、银行本票存款、信用证保证金存款、信用卡存款等。

（4）现金等价物。是指企业持有的期限短、流动性强、易于转换为已知金额现金、价值变动风险很小的投资。期限短，一般是指从购买日起三个月内到期。现金等价物通常包括三个月内到期的债券投资等。权益性投资变现的金额通常不确定，因而不属于现金等价物。企业应当根据具体情况确定现金等价物的范围，一经确定不得随意变更。

下文提及现金时，除非同时提及现金等价物，均包括现金和现金等价物。

3. 我国现金流量表采用报告式结构，分类反映经营活动产生的现金流量、投资活动产生的现金流量和筹资活动产生的现金流量，最后汇总反映企业某一期间现金及现金等价物的净增加额。现金流量表的基本格式见表 11-8 和表 11-9。

11.4.2　影响现金流量的因素

企业日常经济活动是影响现金流量的重要因素，但并不是所有的经济业务都影响现金流量。影响或不影响现金流量的因素主要包括：

1. 现金各项目之间的增减变动，不会引起现金流量净额发生变动。如从银行提取现金、将现金存入银行、用现金购买再有两个月即到期的债券等，均属于现金项目之间此增彼减的业务，不会使现金流量增加或减少。

2. 非现金项目之间的增减变动，也不会引起现金流量发生变动。如用固定资产或存货清偿债务、对外投资等，不涉及现金收支，不会使现金流量增加或减少。

3. 现金项目与非现金项目之间的增减变动会引起现金流量净额的变动，如用现金购买固定资产或材料、用现金对外投资、收回长期投资等，均会引起现金流入或流出。

现金流量表主要反映现金项目与非现金项目之间的增减变动对现金流量的影响。非现金项目之间的增减变动虽然不影响现金流量，但属于重要的投资和筹资活动，也在现金流量表补充资料中反映。

11.4.3　现金流量表的编制方法

1. 经营活动产生的现金流量

经营活动产生的现金流量应当采用直接法填列。直接法，是指通过现金收入和现金支出的主要类别列示经营活动的现金流量。现金流量一般应按现金流入和流出总额列报，但代客户收取或支付的现金，以及周转快、金额大、期限短的项目的现金流入和现金流出，可以按照净额列报。

（1）"销售商品、提供劳务收到的现金"项目

该项目反映企业承包工程、销售商品、提供劳务实际收到的现金（含收取的增值税销

项税额）。具体包括本期承包工程、销售商品、提供劳务收到的现金，以及前期承包工程、销售商品、提供劳务本期收到的现金和本期预收的款项，减去本期退回本期销售的商品和前期销售本期退回的商品支付的现金。企业销售材料和多种经营业务收到的现金也在本项目反映。本项目可以根据资产负债表上的"应收账款"、"应收票据"、"预收账款"和利润表上的"主营业务收入"、"其他业务收入"等项目的金额及有关账户记录分析计算填列。即：

销售商品、提供劳务收到的现金＝主营业务收入＋其他业务收入＋应收账款本期减少额（期初余额－期末余额）＋应收票据本期减少额（期初余额－期末余额）＋预收账款本期增加额（期末余额－期初余额）±特殊调整业务的金额

上式中的特殊调整业务作为加项或减项处理的原则是：应收账款、应收票据和预收账款等账户（不含三个账户之间的转账业务）借方对应的账户不是"收入和增值税销项税额类"账户的，则作为加项处理，如以非现金资产换入应收款项等；应收账款、应收票据和预收账款等账户（不含三个账户之间的转账业务）贷方对应的账户不是"现金类"账户的，则作为减项处理，如企业的债务人以非现金资产抵偿债务等。常见的特殊调整业务有：当期计提的坏账准备、票据贴现的利息、他人以非现金资产抵债转销的应收款项、债务重整时豁免的债权等。

【例 11-3】 某企业 2012 年度有关资料如下：（1）应收账款项目：年初数 100 万元，年末数 120 万元；（2）应收票据项目：年初数 40 万元，年末数 20 万元；（3）预收账款项目：年初数 80 万元，年末数 90 万元；（4）"主营业务收入"账户贷方发生额 600 万元；（5）其他有关资料如下：本期计提坏账准备 5 万元，收回客户用 11.7 万元商品（货款 10 万元，增值税 1.7 万元）抵偿前欠账款 12 万元。

销售商品、提供劳务收到的现金＝600＋（100－120）＋（40－20）＋（90－80）－5－12＝593 万元。

（2）"收到的税费返还"项目

该项目反映企业收到返还的各种税费，包括收到返还的增值税、消费税、营业税、关税、所得税、教育费附加等。本项目可以根据"库存现金"、"银行存款"、"营业外收入"、"其他应收款"等科目的记录分析填列。

（3）"收到其他与经营活动有关的现金"项目

该项目反映企业除了上述各项目以外所收到的其他与经营活动有关的现金，如罚款、流动资产损失中由个人赔偿的现金、经营租赁租金等。若某项其他与经营活动有关的现金流入金额较大，应单列项目反映。本项目可以根据"库存现金"、"银行存款"、"营业外收入"等科目的记录分析填列。

（4）"购买商品、接受劳务支付的现金"项目

该项目反映企业购买商品、接受劳务实际支付的现金（包括增值税进项税额），主要包括本期购买材料、商品、接受劳务支付的现金，以及本期支付前期购买商品、接受劳务的未付款项以及本期预付款项，减去本期发生的购货退回收到的现金。本项目可以根据资产负债表上的"存货"、"应付账款"、"应付票据"、"预付账款"和利润表上的"主营业务成本"、"其他业务成本"等项目的金额及有关账户记录分析计算填列。即：

购买商品、接受劳务支付的现金＝主营业务成本＋其他业务成本＋存货本期增加额

（期末余额－期初余额）＋应付账款本期减少额（期初余额－期末余额）＋应付票据本期减少额（期初余额－期末余额）＋预付账款本期增加额（期末余额－期初余额）±特殊调整业务的金额

上式中的特殊调整业务作为加项或减项处理的原则是：应付账款、应付票据、预付账款和存货类账户（不含四个账户之间的转账业务）借方对应的账户不是购买商品、接受劳务支付的"现金类"账户的，则作为减项处理，如分配工资费用等；应付账款、应付票据、预付账款和存货类账户（不含四个账户之间的转账业务）贷方对应的账户不是"主营业务成本、其他业务成本等"账户的，则作为加项处理，如债务重整时被豁免的债务等。常见的特殊调整业务有：当期计提的存货跌价准备、当期列入成本费用的职工薪酬、当期列入成本费用的折旧和摊销费、以非现金资产抵债转销的应付款项、债务重整时被豁免的债务等。

【例 11-4】 某企业 2012 年度资产负债表有关资料如下：（1）应付账款项目：年初数 100 万元，年末数 120 万元；（2）应付票据项目：年初数 40 万元，年末数 20 万元；（3）预付账款项目：年初数 80 万元，年末数 90 万元；（4）存货项目：年初数 100 万元，年末数 80 万元；（5）主营业务成本 400 万元；（6）其他有关资料如下：用固定资产偿还应付账款 10 万元，成本中含有本期发生的施工生产工人工资费用 40 万元，本期施工间接费用发生额为 6 万元（其中消耗的物料为 0.5 万元）。

根据上述资料，主营业务成本 400 万元作为计算购买商品、接受劳务支付现金的起点；加上应付账款项目－20 万（期初余额 100－期末余额 120），加上应付票据项目 20 万元（期初余额 40－期末余额 20），加上预付账款项目 10 万元（期末余额 90－期初余额 80），加上存货项目－20 万元（期末余额 80－期初余额 100）；用固定资产偿还应付账款 10 万元，成本中含有本期发生的生产工人工资费用 40 万元，本期施工间接费发生额为 5.5 万元（扣除消耗的物料为 0.5 万元），上述三项业务的合计数 55.5 万元应作为减项处理。

购买商品、接受劳务支付的现金＝主营业务成本－应付账款本期增加额＋应付票据本期减少额＋预付款项本期增加额－存货项目本期减少额±特殊调整项目＝400＋（100－120）＋（40－20）＋（90－80）＋（80－100）－（10＋40＋5.5）＝334.5 万元。

（5）"支付给职工以及为职工支付的现金"项目

该项目反映企业实际支付给职工以及为职工支付的现金，包括本期实际支付给职工的工资、奖金、各种津贴和补贴等，以及为职工支付的其他费用。企业代扣代缴的职工个人所得税也在本项目反映。本项目不包括支付给离退休人员的各项费用及支付给在建工程人员的工资及其他费用。企业支付给离退休人员的各项费用（包括支付的统筹退休金以及未参加统筹的退休人员的费用），在"支付其他与经营活动有关的现金"项目反映；支付给在建工程人员的工资及其他费用，在"购建固定资产、无形资产和其他长期资产支付的现金"项目反映。本项目可以根据"应付职工薪酬"、"库存现金"、"银行存款"等科目的记录分析填列。

企业为职工支付的养老、失业等社会保险基金、补充养老保险、住房公积金、支付给职工的住房困难补助，以及企业支付给职工或为职工支付的其他福利费用等，应按职工的工作性质和服务对象，分别在本项目和"购建固定资产、无形资产和其他长期资产支付的现金"项目反映。

【例 11-5】 某企业 2012 年度工资和福利费有关资料如表 11-7 所示。

某企业 2012 年度工资和福利费　　　　　　　　　　　　　　　　　表 11-7

单位：元

职工薪酬项目	年初数	本期分配或计提数	期末数
施工生产人员工资	100000	1000000	80000
现场管理人员工资	40000	500000	30000
行政管理人员工资	60000	800000	45000
在建工程人员工资	20000	300000	15000

假定应付职工薪酬项目期初、期末均为贷方余额，本期减少数均以银行存款支付，本期还以银行存款支付离退休人员费用 50000 元，不考虑其他事项。则：

支付给职工以及为职工支付的现金＝（100000＋40000＋60000）＋（1000000＋500000＋800000）－（80000＋30000＋45000）＝2345000（元）

支付的其他与经营活动有关的现金＝50000（元）

购建固定资产、无形资产和其他长期资产所支付的现金＝20000＋300000－15000＝305000（元）

（6）"支付的各项税费"项目

该项目反映企业按规定支付的各种税费，包括企业本期发生并支付的税费，以及本期支付以前各期发生的税费和本期预交的税费，主要有所得税、增值税、营业税、印花税、房产税、土地使用税、车船使用税、教育费附加等，但不包括实际支付的计入固定资产价值的耕地占用税，也不包括本期退回的增值税、所得税。本期退回的增值税、所得税在"收到的税费返还"项目反映。本项目可以根据"应交税费"、"库存现金"、"银行存款"等科目的记录分析填列。

【例 11-6】 某企业 2012 年有关资料如下：（1）2012 年利润表中的所得税费用为 500000 元（均为当期应交所得税产生的所得税费用）；（2）"应交税费－应交所得税"科目年初数为 20000 元，年末数为 10000 元。假定不考虑其他税费，则根据上述资料计算"支付的各项税费"项目的金额为：

支付的各项税费＝500000＋20000－10000＝510000（元）

（7）"支付其他与经营活动有关的现金"项目

该项目反映企业除上述各项目外所支付的其他与经营活动有关的现金，如经营租赁支付的租金、支付的罚款、差旅费、业务招待费、保险费等。若其他与经营活动有关的现金流出金额较大，应单列项目反映。本项目可以根据"库存现金"、"银行存款"、"管理费用"、"营业外支出"等科目的记录分析填列。

【例 11-7】 甲公司 2012 年度发生的管理费用为 220 万元，其中：以现金支付退休职工统筹退休金 35 万元和管理人员工资 95 万元，存货盘亏损失 2.5 万元，计提固定资产折旧 42 万元，无形资产摊销 20 万元，其余均以现金支付。则：

"支付的其他与经营活动有关的现金"项目的金额＝220－95－2.5－42－20＝60.5（万元）

2. 投资活动产生的现金流量

(1)"收回投资收到的现金"项目

该项目反映企业出售、转让或到期收回除现金等价物以外的对其他企业的权益工具、债务工具和合营中的权益等投资收到的现金。收回债务工具实现的投资收益、处置子公司及其他营业单位收到的现金净额不包括在本项目内。本项目可根据"可供出售金融资产"、"持有至到期投资"、"长期股权投资"、"库存现金"、"银行存款"等项目的记录分析填列。

【例 11-8】 某企业 2012 年有关资料如下:(1)"交易性金融资产"科目本期贷方发生额为 100 万元,"投资收益—转让交易性金融资产收益"贷方发生额为 5 万元;(2)"长期股权投资"科目本期贷方发生额为 200 万元,该项投资未计提减值准备,"投资收益—转让长期股权投资收益"贷方发生额为 6 万元。假定转让上述投资均收到现金。则:

$$收回投资所收到的现金 = (100 + 5) + (200 + 6) = 311(万元)$$

(2)"取得投资收益收到的现金"项目

该项目反映企业除现金等价物以外的其他权益工具、债务工具和合营中的权益投资分回的现金股利和利息等,不包括股票股利。本项目可以根据"库存现金"、"银行存款"、"投资收益"等科目的记录分析填列。

(3)"处置固定资产、无形资产和其他长期资产收回的现金净额"项目

该项目反映企业出售和报废固定资产、无形资产及其他长期资产收到的现金(包括因资产毁损收到的保险赔偿款),减去为处置这些资产而支付的有关费用后的净额。如所收回的现金净额为负数,则应在"支付其他与投资活动有关的现金"项目反映。本项目可以根据"固定资产清理"、"库存现金"、"银行存款"等科目的记录分析填列。

(4)"处置子公司及其他营业单位收到的现金净额"项目

该项目反映企业处置子公司及其他营业单位所取得的现金,减去相关处置费用以及子公司及其他营业单位持有的现金和现金等价物后的净额。本项目可以根据"长期股权投资"、"银行存款"、"库存现金"等科目的记录分析填列。

(5)"收到其他与投资活动有关的现金"项目

该项目反映企业除了上述各项目以外,所收到的其他与投资活动有关的现金流入。比如,企业收回购买股票和债券时支付的已宣告但尚未领取的现金股利或已到付息期但尚未领取的债券利息。若其他与投资活动有关的现金流入金额较大,应单列项目反映。本项目可以根据"应收股利"、"应收利息"、"银行存款"、"库存现金"等科目的记录分析填列。

(6)"购建固定资产、无形资产和其他长期资产支付的现金"项目

该项目反映企业本期购买或建造固定资产、取得无形资产和其他长期资产实际支付的现金,以及用现金支付的应由在建工程和无形资产负担的职工薪酬,不包括为购建固定资产而发生的借款利息资本化部分,以及融资租入固定资产支付的租赁费。企业支付的借款利息和融资租入固定资产支付的租赁费,在筹资活动产生的现金流量中反映。本项目可以根据"固定资产"、"在建工程"、"无形资产"、"库存现金"、"银行存款"等科目的记录分析填列。

(7)"投资支付的现金"项目

该项目反映企业取得除现金等价物以外的对其他企业的权益工具、债务工具和合营中的权益投资所支付的现金,以及支付的佣金、手续费等交易费用,但取得子公司及其他营

业单位支付的现金净额除外。本项目可以根据"可供出售金融资产"、"持有至到期投资"、"长期股权投资"、"库存现金"、"银行存款"等科目的记录分析填列。

（8）"取得子公司及其他营业单位支付的现金净额"项目

该项目反映企业购买子公司及其他营业单位购买出价中以现金支付的部分，减去子公司及其他营业单位持有的现金和现金等价物后的净额。本项目可以根据"长期股权投资"、"库存现金"、"银行存款"等科目的记录分析填列。

（9）"支付其他与投资活动有关的现金"项目

该项目反映企业除上述各项以外所支付的其他与投资活动有关的现金流出，如企业购买股票时实际支付的价款中包含的已宣告而尚未领取的现金股利，购买债券时支付的价款中包含的已到期尚未领取的债券利息等。若某项其他与投资活动有关的现金流出金额较大，应单列项目反映。本项目可以根据"应收股利"、"应收利息"、"银行存款"、"库存现金"等科目的记录分析填列。

3. 筹资活动产生的现金流量

（1）"吸收投资收到的现金"项目

该项目反映企业以发行股票、债券等方式筹集资金实际收到的款项，减去直接支付的佣金、手续费、宣传费、咨询费、印刷费等发行费用后的净额。本项目可以根据"实收资本（或股本）"、"库存现金"、"银行存款"等科目的记录分析填列。

（2）"取得借款收到的现金"项目

该项目反映企业举借各种短期、长期借款实际收到的现金。本项目可以根据"短期借款"、"长期借款"、"库存现金"、"银行存款"等科目的记录分析填列。

（3）"收到其他与筹资活动有关的现金"项目

该项目反映企业除上述各项目外所收到的其他与筹资活动有关的现金流入，如接受现金捐赠等。若某项其他与筹资活动有关的现金流入金额较大，应单列项目反映。本项目可以根据"银行存款"、"库存现金"、"营业外收入"等科目的记录分析填列。

（4）"偿还债务支付的现金"项目

该项目反映企业偿还债务本金所支付的现金，包括偿还金融企业的借款本金、偿还债券本金等。企业支付的借款利息和债券利息在"分配股利、利润或偿付利息支付的现金"项目反映，不包括在本项目内。本项目可以根据"短期借款"、"长期借款"、"应付债券"、"库存现金"、"银行存款"等科目的记录分析填列。

【例 11-9】 某企业 2012 年度"短期借款"账户年初余额为 120 万元，年末余额为 140 万元；"长期借款"账户年初余额为 360 万元，年末余额为 840 万元。2012 年借入短期借款 240 万元，借入长期借款 460 万元，长期借款年末余额中包括确认的 20 万元长期借款利息费用。除上述资料外，债权债务的增减变动均以货币资金结算。则：

借款所收到的现金＝240＋460＝700（万元）；

偿还债务所支付的现金＝（120＋240－140）＋（360＋460－840－20）＝220（万元）

（5）"分配股利、利润或偿付利息支付的现金"项目

该项目反映企业实际支付的现金股利、支付给其他投资单位的利润或用现金支付的借款利息、债券利息等。本项目可以根据"应付股利"、"应付利息"、"财务费用"、"库存现金"、"银行存款"等科目的记录分析填列。

【例 11-10】　某企业 2012 年度"财务费用"账户借方发生额为 40 万元，均为利息费用，包括计提的长期借款利息 20 万元，其余财务费用均以银行存款支付。"应付股利"账户年初余额为 30 万元，无年末余额。除上述资料外，债权债务的增减变动均以货币资金结算。则：分配股利、利息和偿还利息所支付的现金＝（40－20）＋（30－0）＝50（万元）

（6）"支付其他与筹资活动有关的现金"项目

该项目反映企业除上述各项目外所支付的其他与筹资活动有关的现金流出，如捐赠现金支出、融资租入固定资产支付的租赁费等。若某项其他与筹资活动有关的现金流出金额较大，应单列项目反映。本项目可以根据"营业外支出"、"长期应付款"、"银行存款"、"库存现金"等科目的记录分析填列。

4. 汇率变动对现金及现金等价物的影响

该项目反映企业外币现金流量以及境外子公司的现金流量折算为人民币时，所采用的现金流量发生日的即期汇率或按照系统合理的方法确定的、与现金流量发生日即期汇率近似汇率折算的人民币金额与"现金及现金等价物净增加额"中的外币现金净增加额按期末汇率折算的人民币金额之间的差额。

在编制现金流量表时，可逐笔计算外币业务发生的汇率变动对现金的影响，也可采用简化的计算方法，即通过现金流量表补充资料中"现金及现金等价物净增加额"数额与现金流量表中"经营活动产生的现金流量净额"、"投资活动产生的现金流量净额"、"筹资活动产生的现金流量净额"三项之和比较，其差额即为"汇率变动对现金及现金等价物的影响"项目的金额。

5. 现金流量表补充资料

除现金流量表反映的信息外，企业还应在补充资料中披露将净利润调节为经营活动现金流量、不涉及现金收支的重大投资和筹资活动、现金及现金等价物净变动情况等信息。

（1）将净利润调节为经营活动现金流量

除在现金流量表中采用直接法反映经营活动产生的现金流量外，企业还应同时在补充资料中采用间接法反映经营活动产生的现金流量，以对现金流量表中采用直接法反映的经营活动现金流量进行核对和补充说明。间接法是以本期净利润为起点，通过对有关项目进行调整来计算经营活动产生的现金流量。其基本原理是：经营活动产生的现金流量净额＝净利润＋不影响经营活动现金流量但减少了净利润的项目－不影响经营活动现金流量但增加了净利润的项目＋与净利润无关但增加经营活动现金流量的项目－与净利润无关但减少了经营活动现金流量的项目。具体项目说明如下：

1）资产减值准备

该项目反映企业本期实际计提的各项资产减值准备，包括坏账准备、存货跌价准备、长期股权投资减值准备、持有至到期投资减值准备、投资性房地产减值准备、固定资产减值准备、在建工程减值准备、无形资产减值准备、商誉减值准备等。本项目可以根据"资产减值损失"科目的记录分析填列。

2）固定资产折旧

该项目反映企业本期累计计提的固定资产折旧。本项目可根据"累计折旧"、科目的贷方发生额分析填列。

3）无形资产摊销

该项目反映企业本期累计摊入成本费用的无形资产价值。本项目可以根据"累计摊销"科目的贷方发生额分析填列。

4）长期待摊费用摊销

该项目反映企业本期累计摊入成本费用的长期待摊费用。本项目可以根据"长期待摊费用"科目的贷方发生额分析填列。

5）处置固定资产、无形资产和其他长期资产的损失

该项目反映企业本期处置固定资产、无形资产和其他长期资产发生的净损失（或净收益）。如为净收益以"－"号填列。本项目可以根据"营业外支出"、"营业外收入"等科目所属有关明细科目的记录分析填到。

6）固定资产报废损失

该项目反映企业本期发生的固定资产盘亏净损失。该项目可以根据"营业外支出"和"营业外收入"科目所属有关明细科目的记录分析填列。

7）公允价值变动损失

该项目反映企业持有的交易性金融资产、交易性金融负债、采用公允价值模式计量的投资性房地产等公允价值变动形成的净损失。如为净收益以"－"号填列。本项目可以根据"公允价值变动损益"科目所属有关明细科目的记录分析填列。

8）财务费用

该项目反映企业本期实际发生的属于投资活动或筹资活动的财务费用。属于投资活动、筹资活动的部分，在计算净利润时已扣除，但这部分发生的现金流出不属于经营活动现金流量的范畴，所以在将净利润调节为经营活动现金流量时需要予以加回。本项目可以根据"财务费用"科目的本期借方发生额分析填列。

9）投资损失

该项目反映企业对外投资实际发生的投资损失减去收益后的净损失。本项目可以根据利润表"投资收益"项目的数字填列，如为投资收益以"－"号填列。

10）递延所得税资产减少（增加以"－"号填列）

该项目反映企业资产负债表"递延所得税资产"项目的期初余额与期末余额的差额。本项目可以根据"递延所得税资产"科目发生额分析填列。

11）递延所得税负债增加（减少以"－"号填列）

该项目反映企业资产负债表"递延所得税负债"项目的期初余额与期末余额的差额。本项目可以根据"递延所得税负债"科目发生额分析填列。

12）存货的减少

该项目反映企业资产负债表"存货"项目的期初与期末余额的差额。期末数大于期初数的差额，以"－"号填列。

13）经营性应收项目的减少

该项目反映企业本期经营性应收项目（包括应收票据、应收账款、预付账款、长期应收款和其他应收款等经营性应收项目中与经营活动有关的部分及应收的增值税销项税额等）的期初与期末余额的差额。期末数大于期初数的差额以"－"号填列。

14）经营性应付项目的增加

该项目反映企业本期经营性应付项目（包括应付票据、应付账款、预收账款、应付职

工薪酬、应交税费和其他应付款等经营性应付项目中与经营活动有关的部分）的期初余额与期末余额的差额。期末数小于期初数的差额以"一"号填列。

（2）不涉及现金收支的重大投资和筹资活动

该项目反映企业一定会计期间内影响资产和负债但不形成该期现金收支的所有重大投资和筹资活动的信息。这些投资和筹资活动是企业的重大理财活动，对以后各期的现金流量会产生重大影响，因此应单列项目在补充资料中反映。目前，我国企业现金流量表补充资料中列示的不涉及现金收支的重大投资和筹资活动项目主要有以下几项：

1）"债务转为资本"项目，反映企业本期转为资本的债务金额。

2）"一年内到期的可转换公司债券"项目，反映企业一年内到期的可转换公司债券的本息。

3）"融资租入固定资产"项目，反映企业本期融资租入固定资产的最低租赁付款额扣除应分期计入利息费用的未确认融资费用后的净额。

（3）现金及现金等价物净变动情况

该项目反映企业一定会计期间现金及现金等价物的期末余额减去期初余额后的净增加额（或净减少额），是对现金流量表中"现金及现金等价物净增加额"项目的补充说明。该项目的金额应与现金流量表"现金及现金等价物净增加额"项目的金额核对相符。

11.4.4 现金流量表编制示例

【例 11-11】 沿用例 11-1 和例 11-2，盛达建筑公司其他相关资料如下：

（1）2012 年度利润表有关项目的明细资料如下：

1）管理费用的组成：职工薪酬 17100 元，无形资产摊销 60000 元，税金 40135 元（未付），折旧费 20000 元，支付其他费用 19865 元。

2）财务费用的组成：借款利息 21500 元，支付应收票据贴现利息 20000 元。

3）资产减值损失的组成：计提坏账准备 900 元，计提固定资产减值准备 30000 元。上年年末坏账准备余额 1800 元。

4）投资收益的组成：收到股息收入 30000 元，与本金一起收回的交易性股票投资收益 500 元，自公允价值变动损益结转投资收益 1000 元。

5）营业外收入的组成：处置固定资产净收益 50000 元（其所处置固定资产原价为400000 元，累计折旧为 150000 元，收到处置收入 300000 元）。假定不考虑与固定资产处置有关的税费。

6）营业外支出的组成：报废固定资产净损失 19700 元（其所报废固定资产原价为200000 元，累计折旧 180000 元，支付清理费用 500 元，收到残值收入 800 元）。

7）所得税费用的组成：当期所得税费用为 122496 元，递延所得税收益 9900 元。

（2）资产负债表有关项目的明细资料如下：

1）本期收回交易性股票投资本金 15000 元、公允价值变动 1000 元，同时实现投资收益 500 元。

2）存货中工程成本的内容：职工薪酬 324900 元，折旧费 80000 元。

3）应交税费的组成：应交营业税期初无余额，期末余额为 37500 元；应交所得税期初余额为 36600 元，期末余额为 149096 元。其他税费期初无余额，期末余额 40135 元。

4）应付职工薪酬的期初数无应付在建工程人员的部分，本期支付给在建工程人员薪酬 200000 元。应付职工薪酬的期末数中应付在建工程人员的部分为 28000 元。

5）应付利息均为短期借款利息，其中本期计提利息 21500 元，支付利息 22500 元。

6）本期用现金购买固定资产 101000 元，购买工程物资 150000 元。

7）本期用现金偿还短期借款 250000 元，偿还一年内到期的长期借款 1000000 元；借入长期借款 355500 元。

根据以上资料，采用分析填列的方法，编制盛达建筑公司 2012 年度的现金流量表。

（1）盛达建筑公司 2012 年度现金流量表各项目金额，分析确定如下：

1）承包工程、销售商品、提供劳务收到的现金＝主营业务收入＋（应收账款期初余额－应收账款期末余额）＋（应收票据年初余额－应收票据期末余额）－当期计提的坏账准备－票据贴现的利息＝1250000＋（299100－598200）＋（246000－66000）－900－20000＝1110000（元）

2）购买商品、接受劳务支付的现金＝主营业务成本－（存货期末余额－存货年初余额）＋（应付账款年初余额－应付账款期末余额）＋（应付票据年初余额－应付票据期末余额）＋（预付账款期末余额－预付账款年初余额）－当期列入成本的职工薪酬－当期列入成本的折旧费＝750000－（2580000－2484700）＋（953800－953800）＋（200000－100000）＋（100000－100000）－324900－80000＝349800（元）

3）支付给职工以及为职工支付的现金＝成本、费用中的职工薪酬＋（应付职工薪酬年初余额－应付职工薪酬期末余额）－［应付职工薪酬（在建工程）年初余额－应付职工薪酬（在建工程）期末余额］＝324900＋17100＋（10000－180000）－（0－28000）＝300000（元）

4）支付的各项税费＝当期所得税费用＋营业税金及附加－应交营业税本期增加额－应交所得税本期增加额＝122496＋37500－（37500－0）－（149096－36600）＝10000（元）

5）支付其他与经营活动有关的现金＝其他管理费用＝19865（元）

6）收回投资收到的现金＝交易性金融资产贷方发生额＋与交易性金融资产一起收回的投资收益＝16000＋500＝16500（元）

7）取得投资收益所收到的现金＝收到的股息收入＝30000（元）

8）处置固定资产收回的现金净额＝300000＋（800－500）＝300300（元）

9）购建固定资产支付的现金＝用现金购买的固定资产和工程物资＋支付给在建工程人员的薪酬＝101000＋150000＋200000＝451000（元）

10）取得借款所收到的现金＝355500（元）

11）偿还债务支付的现金＝250000＋1000000＝1250000（元）

12）偿还利息支付的现金＝22500（元）

13）支付的其他与筹资活动有关的现金＝20000（元）

（2）将净利润调节为经营活动现金流量各项目计算分析如下：

1）资产减值准备＝900＋30000＝30900（元）

2）固定资产折旧＝20000＋80000＝100000（元）

3）无形资产摊销＝60000（元）

4）处置固定资产、无形资产和其他长期资产的损失（减：收益）＝－50000（元）

5）固定资产报废损失＝19700（元）

6）财务费用＝21500（元）

7)投资损失(减:收益)＝－31500(元)

8)递延所得税资产减少＝0－9900＝－9900(元)

9)存货的减少＝258000－2484700＝95300(元)

10)经营性应收项目的减少＝(246000－66000)＋(299100＋900－598200－1800)＝－12000(元)

11)经营性应付项目的增加＝(100000－200000)＋(953800－953800)＋[(180000－28000)－110000]＋(226731－36600)＝132131(元)

根据上述数据，编制现金流量表（见表11-8）及其补充资料（见表11-9）。

现 金 流 量 表

表 11-8

会企 03 表

编制单位：盛达建筑公司 　　　　　2012 年度 　　　　　单位：元

项　　目	本期金额	上期金额
一、经营活动产生的现金流量：		略
销售商品、提供劳务收到的现金	1110000	
收到的税款返还	0	
收到其他与经营动有关的现金	0	
经营活动流入小计	1110000	
购买商品、接受劳务支付的现金	349800	
支付给职工以及为职工支付的现金	300000	
支付的各项税费	10000	
支付其他与经营活动有关的现金	19865	
经营活动现金流出小计	679665	
经营活动产生的现金流量净额	430335	
二、投资活动产生的现金流量：		
收回投资收到的现金	16500	
取得投资收益收到的现金	30000	
处置固定资产、无形资产和其他长期资产收回的现金净额	300300	
处置子公司及其他营业单位收到的现金净额	0	
收到其他与投资活动有关的现金	0	
投资活动现金流入小计	346800	
购建固定资产、无形资产和其他长期资产支付的现金	451000	
投资支付的现金	0	
取得子公司及其他营业单位支付的现金净额	0	
支付其他与投资活动有关的现金	0	
投资活动现金流出小计	451000	
投资活动产生的现金流量净额	－104200	

续表

项　　目	本期金额	上期金额
三、筹资活动产生的现金流量：		
吸收投资收到的现金	0	
取得借款收到的现金	355500	
收到其他与筹资活动有关的现金	0	
筹资活动现金流入小计	355500	
偿还债务支付的现金	1250000	
分配股利、利润或偿付利息支付的现金	22500	
支付其他与筹资活动有关的现金	20000	
筹资活动现金流出小计	1292500	
筹资活动产生的现金流量净额	−937000	
四、汇率变动对现金及现金等价物的影响	0	
五、现金及现金等价物净增加额	−610865	
加：期初现金及现金等价物余额	1406300	
六、期末现金及现金等价物余额	795435	

现金流量表补充资料　　　　　　　　　　　　　　表 11-9

补充资料	本期金额	上期金额
1. 将净利润调节为经营活动现金流量：		略
净利润	182204	
加：资产减值准备	30900	
固定资产折旧、油气资产折耗、生产性生物资产折旧	100000	
无形资产摊销	60000	
长期待摊费用摊销	0	
处置固定资产、无形资产和其他长期资产的损失（收益以"−"号填列）	−50000	
固定资产报废损失（收益以"−"号填列）	19700	
公允价值变动损失（收益以"−"号填列）	0	
财务费用（收益以"−"号填列）	21500	
投资损失（收益以"−"号填列）	−31500	
递延所得税资产损失（增加以"−"号填列）	−9900	
递延所得税负债增加（减少以"−"号填列）	0	
存货的减少（增加以"−"号填列）	95300	
经营性应收项目的减少（增加以"−"号填列）	−120000	
经营性应付项目的增加	132131	
其他		
经营活动产生的现金净额	430335	
2. 不涉及现金收支的重大投资和筹资活动		
债务转为资本	0	

补充资料	本期金额	上期金额
一年内到期的可转换公司债券	0	
融资租入固定资产	0	
3. 现金及现金等价物净变动情况：		
现金的期末余额	795435	
减：现金的期初余额	1406300	
加：现金等价物的期末余额	0	
减：现金等价物的期初余额	0	
现金及现金等价物净增加额	−610865	

11.5 所有者权益变动表

11.5.1 所有者权益变动表的内容及结构

所有者权益变动表，是指反映构成所有者权益各组成部分当期增减变动情况的报表。当期损益、直接计入所有者权益的利得和损失，以及与所有者的资本交易导致的所有者权益的变动，应当分别列示。

在所有者权益变动表中，企业至少应当单独列示反映下列信息的项目：（1）净利润；（2）直接计入所有者权益的利得和损失项目及其总额；（3）会计政策变更和差错更正的累积影响金额；（4）所有者投入资本和向所有者分配利润等；（5）提取的盈余公积；（6）实收资本或股本、资本公积、盈余公积、未分配利润的期初和期末余额及其调节情况。

通过所有者权益变动表，既可以为报表使用者提供所有者权益总量增减变动的信息，也能为其提供所有者权益增减变动的结构性信息，特别是能够让报表使用者理解所有者权益增减变动的根源。所有者权益变动表的格式见表 11-8。

11.5.2 所有者权益变动表的编制方法

1. "上年年末余额"项目，反映企业上年资产负债表中实收资本（或股本）、资本公积、库存股、盈余公积、未分配利润的年末余额。

2. "会计政策变更"、"前期差错更正"项目，分别反映企业采用追溯调整法处理的会计政策变更的累积影响金额和采用追溯重述法处理的会计差错更正的累积影响金额。

3. "本年增减变动额"项目

（1）"净利润"项目，反映企业当年实现的净利润（或净亏损）金额。

（2）"直接计入所有者权益的利得和损失"项目，反映企业当年直接计入所有者权益的利得和损失金额。

1）"可供出售金融资产公允价值变动净额"项目，反映企业持有的可供出售金融资产当年公允价值变动的金额。

2）"权益法下被投资单位其他所有者权益变动的影响"项目，反映企业对按照权益法核算的长期股权投资，在被投资单位除当年实现的净损益以外其他所有者权益当年变动中应享有的份额。

3）"与计入所有者权益项目相关的所得税影响"项目，反映企业根据《企业会计准则第18号——所得税》规定应计入所有者权益项目的当年所得税影响金额。

（3）"所有者投入和减少资本"项目，反映企业当年所有者投入的资本和减少的资本。

1）"所有者投入资本"项目，反映企业接受投资者投入形成的实收资本（或股本）和资本溢价（或股本溢价）。

2）"股份支付计入所有者权益的金额"项目，反映企业处于等待期中的权益结算的股份支付当年计入资本公积的金额。

（4）"利润分配"项目，反映企业当年的利润分配金额。

1）"提取盈余公积"项目，反映企业按照规定提取的盈余公积。

2）"对所有者（或股东）的分配"项目，反映对所有者（或股东）分配的利润（或股利）金额。

（5）"所有者权益内部结转"项目，反映企业构成所有者权益的组成部分之间的增减变动情况。

1）"资本公积转增资本（或股本）"项目，反映企业以资本公积转增资本或股本的金额。

2）"盈余公积转增资本（或股本）"项目，反映企业以盈余公积转增资本或股本的金额。

3）"盈余公积弥补亏损"项目，反映企业以盈余公积弥补亏损的金额。

11.5.3　所有者权益变动表编制示例

【例11-12】　沿用例11-1、例11-2和例11-11现金流量表，盛达建筑公司其他相关资料为：提取盈余公积24770.4元，向投资者分配现金股利16715元。

根据上述资料，盛达建筑公司编制2012年的所有者权益变动表，见表11-10。

所有者权益权变动表　　　　　　　　　　表11-10

会企04

编制单位：盛达建筑公司　　　　　　　　2012年度　　　　　　　　　　单位：元

项　　目	本年金额						上年金额					
	实收资本（或股本）	资本公积	减：库存股	盈余公积	未分配利润	所有者权益合计	实收资本（或股本）	资本公积	减：库存股	盈余公积	未分配利润	所有者权益合计
一、上年年末余额	5000000	0	0	100000	50000	5150000						
加：会计政策变更												
前期差错更正												
二、本年年初余额	5000000	0	0	100000	50000	5150000						
三、本年增减变动金额（减少以"一"号填列）												
（一）净利润					182204	182204						

项　目	本年金额						上年金额					
	实收资本（或股本）	资本公积	减：库存股	盈余公积	未分配利润	所有者权益合计	实收资本（或股本）	资本公积	减：库存股	盈余公积	未分配利润	所有者权益合计
（二）直接计入所有者权益的利得和损失												
1. 可供出售金融资产公允价值变动净额												
2. 权益法下被投资单位其他所有者权益变动的影响												
3. 与计入所有者权益项目相关的所得税影响												
4. 其他												
上述（一）（二）小计												
（三）所有者投入和减少资本												
1. 所有者投入资本												
2. 股份支付计入所有者权益的金额												
3. 其他												
（四）利润分配												
1. 提取盈余公积				24770.4	−24770.4	0						
2. 对所有者（或股东）的分配					−16715	−16715						
3. 其他												
（五）所有者权益内部结转												
1. 资本公积转增资本（或股本）												
2. 盈余公积转增资本（或股本）												
3. 盈余公积弥补亏损												
4. 其他												
四、本年年末余额	5000000	0	0	124770.4	190718.6	5315489						

11.6 成 本 报 表

为了加强企业成本管理，考核计划任务和责任目标完成情况，施工企业还需根据管理需要和具体情况设计和编制成本报表。通过编制成本报表，可以将工程实际成本与预算成本、计划成本比较，找出成本节超的原因，挖掘降低工程成本的潜力；可以考核各有关部门和人员在执行成本计划、费用预算过程中的成绩与差距，奖励先进，鞭策后进，调动各施工生产单位和职工增产节约的积极性；可以作为下期成本计划编制的重要参考资料，为不同类型工程、产品积累经济技术资料，管理部门可以根据成本报表资料对未来时期的成本进行预测，为企业制定正确的经营决策和加强成本控制与管理提供必要的依据。

施工企业的成本报表主要有工程成本表、竣工工程成本表、施工间接费用明细表、管理费用明细表、财务费用明细表等。

11.6.1 工程成本表

工程成本表用以反映在月份、季度或年度内已经向发包单位办理工程价款结算的工程成本的构成和成本节超情况的报表。一般可按成本项目反映本期和本年累计已经办理价款结算的已完工程的预算成本、实际成本、成本降低额和降低率。

"预算成本"栏反映本期和本年累计已完工程的预算成本，根据实际完成的工程量按施工图预算所列工程单价和间接费用取费标准计算分析填列。如有单独计算计入工程成本的工程费用，也要按成本项目分析记录。

"实际成本"栏反映本期和本年累计已完工程的实际成本，根据"工程施工"科目所属明细科目的借方发生额和期初、期末未完施工实际成本计算填列。

工程实际成本＝本期实际发生的生产成本＋期初未完施工实际成本－期末未完施工实际成本

工程成本表中"降低额"栏内数字，根据"预算成本"栏内数字减"实际成本"栏内数填列。出现成本超支时应以"－"号填列。

"降低率"栏按本项目的降低额和预算成本计算填列。

"工程成本表"的格式列示如表11-11所示。

工程成本表   表11-11

编制单位：   2012 年 2 季度   单位：元

成本项目	预算成本	实际成本	成本降低额	降低率（%）
1. 人工费：	626580	646780	－20200	－3.22
其中：分包人工费				
2. 材料费	3532760	3183760	349000	9.88
3. 机械使用费	284900	294700	－9800	－3.43
4. 其他直接费	398860	376060	22800	5.7
工程直接成本	4843100	4501300	341800	7.06
5. 工程间接费用	854700	803700	51000	6
工程总成本	5697800	5305000	392800	6.9

11.6.2　竣工工程成本表

竣工工程成本用以反映施工企业在各个季度和年度内已经完成设计文件所规定的全部工程内容，并已向发包单位办理移交和竣工结算手续的全部成本的报表。利用它可以全面、完整地考核其成本的节约或超支情况及其原因，为今后编制同类工程成本计划、进行成本预测提供依据。该报表可由企业或其所属内部独立核算的施工单位编制。

竣工工程成本表可分"工程名称"、"竣工工程量"、"预算成本"、"实际成本"、"成本降低额"和"成本降低率"等栏。

"工程名称"栏的第一项"自年初起至上季末止的竣工工程累计"即上季度本表第三项"自年初起至本季末止的竣工工程累计"，第一季度编制本表时，本项末空置不填。本季竣工的各项工程应加总填入第二项"本季竣工工程合计"，其中主要工程应按成本计算对象分别逐行填列。

"竣工工程量"栏填列竣工工程的实物工程量，如对房屋建筑工程填列竣工房屋建筑面积。

"预算总成本"栏反映各项竣工工程自开工到竣工止的全部预算成本，根据"工程施工成本明细分类账"中的已完工程预算成本（也就是"竣工成本结算"表中的工程预算成本）加总填列，其中："上年结转"数是指跨年度工程在以前年度已办理过工程价款结算，在本季度竣工的工程预算成本，根据"工程施工成本明细分类账"中上年度已完工程预算成本加总填列。竣工工程的预算总成本减去上年结转预算总成本，就是竣工工程本年完成预算成本。将它与"工程成本表"的本年累计已完工程预算总成本比较，就可算得按价值形式表示的竣工率。

"实际成本"栏反映各项竣工工程自开工起至竣工止的全部实际成本，根据"工程施工成本明细分类账"中工程实际成本加总填列。"竣工工程成本表"，其格式如表11-12所示。

竣工工程成本表　　　　　　　　　　　　　　　　表11-12

编制单位：　　　　　　　　　　2012年2季度　　　　　　　　　　单位：元

工程名称	竣工工程量/m²	预算成本		实际成本/元	成本降低额/元	成本降低率/%
		总成本/元	其中：上年结转/元			
1. 自年初至上季末止的竣工工程累计		322328150	63287200	310345500	11982650	3.72
2. 本季度竣工工程合计		121375420	41234556	106432345	14943075	12.3
其中：（按主要工程分项列示）						
（1）教学楼工程	14680	20712680		20101256	611424	2.95
（2）实训楼工程	3240	4322140	1243560	4498765	−176625	−4.09
……						
……						
3. 自年初起至本季末止的竣工工程累计		443703570	104521756	416777845	26925725	

本 章 小 结

财务报告，是指对外提供的反映企业某一特定日期财务状况和某一会计期间经营成果、现金流量等会计信息的文件。财务报告包括财务报表和其他应当在财务报告中披露的相关信息和资料。财务报表至少应当包括下列组成部分：资产负债表；利润表；现金流量表；所有者权益（或股东权益，下同）变动表；附注。

资产负债表是反映企业在某一特定日期所拥有或控制的经济资源、所承担的现时义务和所有者对净资产的要求权的会计报表。资产负债表采用账户式结构，根据"资产＝负债＋所有者权益"的会计等式，左方列示资产项目，反映全部资产的分布及存在形态；右方列示负债和所有者权益项目，反映全部负债和所有者权益的内容及构成情况。资产负债表的"期末余额"栏的金额一般根据有关账户的期末余额分析计算填列。

利润表是反映企业在一定会计期间经营成果的报表。利润表的结构有单步式和多步式两种，我国一般采用多步式结构。利润表主要包括营业收入、营业利润、利润总额、净利润和每股收益等内容。利润表中的"本期金额"栏反映各项目的本期实际发生数，主要根据各损益类账户的发生额分析填列。

现金流量表是反映企业在一定会计期间现金和现金等价物流入和流出情况的报表。现金流量表中反映的"现金"包括库存现金、可随时用于支付的银行存款、其他货币资金以及现金等价物。现金流量，是指企业一定会计期间内现金流入和流出的数量。现金流量表按照经济业务的性质，分别反映企业经营活动产生的现金流量、投资活动产生的现金流量和筹资活动产生的现金流量。

所有者权益变动表是反映构成所有者权益各组成部分当期增减变动情况的报表。当期损益、直接计入所有者权益的利得和损失，以及与所有者的资本交易导致的所有者权益的变动，应当分别列示。

附注是资产负债表、利润表、现金流量表和所有者权益变动表等报表中列示项目的文字描述或明细资料，以及对未能在这些报表中列示项目的说明等。附注是财务报表的重要组成部分。

思 考 题

1. 什么是财务报告？施工企业的财务报告包括哪些内容？
2. 简述资产负债表的结构、编制依据以及各项目的填列方法。
3. 什么是利润表？简述利润表的结构和编制方法。
4. 什么是现金流量表？如何对现金流量进行分类？不同的现金流量各包括哪些内容？
5. 简述所有者权益变动表的结构和内容。
6. 施工企业为什么要编制成本报表？一般有哪些成本报表，各有什么作用？

习 题

1. 练习资产负债表的编制。

（1）资料：某企业 2012 年 12 月 31 日有关总账及明细账余额见表 11-13 和表 11-14。

总分类账户余额表　　　　　　　　　　　　　　表 11-13

总账账户	借方余额	总账账户	贷方余额
库存现金	7800	短期借款	225120
银行存款	110040	应付票据	149520

总账账户	借方余额	总账账户	贷方余额
其他货币资金	51000	应付账款	244860
交易性金融资产	465024	其他应付款	3360
应收票据	368508	预收账款	67200
应收账款	342620	应付职工薪酬	2940
其他应收款	4200	应付股利	336588
原材料	1166303	应交税费	31658
周转材料	106353	坏账准备	9980
低值易耗品	88680	累计折旧	1528800
材料成本差异	19397	临时设施摊销	46452
固定资产	4326000	长期借款	663163
在建工程	471408	实收资本	3865680
无形资产	252000	资本公积	781200
长期待摊费用	130200	盈余公积	385012
临时设施	147252	利润分配	387479
工程施工	672227		
合计	8729012	合计	8729012

有关明细账户余额表　　　　　　表 11-14

总账账户	明细账户	借方余额	贷方余额	备　注
应收账款	甲企业	240600		
	乙企业	164500		
	丙企业		62480	
	合计	405100	62480	
应付账款	A公司		186000	
	B公司		82400	
	C公司	23540		
	合计	23540	268400	
长期借款	建设银行		663163	3年期

（2）要求：根据上列资料编制 2012 年 12 月 31 日资产负债表。

2. 练习利润表的编制。

（1）资料：某企业 2012 年 12 月有关损益类账户的发生额见表 11-15。

有关损益类账户的发生额表   表 11-15

单位：元

账户名称	借方发生额	贷方发生额
主营业务收入		950000
其他业务收入		20000
主营业务成本	500000	
其他业务成本	18000	
营业税金及附加	30700	
管理费用	50000	
财务费用	6170	
投资收益		4920
营业外收入		2080
营业外支出	1030	
所得税费用	113200	

（2）要求：根据上列材料编制 2012 年 12 月份的利润表。

参 考 文 献

[1] 中华人民共和国财政部. 企业会计准则. 北京：经济科学出版社，2006.
[2] 中华人民共和国财政部. 企业会计准则——应用指南. 北京：中国财政经济出版社，2006.
[3] 财政部会计司编写组. 企业会计准则讲解. 北京：人民出版社，2008.
[4] 财政部会计资格评价中心. 中级会计实务. 北京：经济科学出版社，2007.
[5] 韩洪云. 建筑工程会计与财务管理. 西安：陕西师范大学出版社，2002.
[6] 朱宾梅. 施工企业会计. 北京：中国冶金工业出版社，2005.
[7] 王玉红. 施工企业会计. 大连：东北财经大学出版社，2009.
[8] 吴军. 建筑施工企业会计. 北京：化学工业出版社，2011.
[9] 周霞. 施工企业会计. 北京：经济科学出版社，2011.
[10] 李跃珍. 工程财务与会计. 武汉：武汉理工大学出版社，2011.
[11] 王俊媛. 施工企业会计. 北京：化学工业出版社，2009.